算法通关之路

路志鹏 俞俊 海凡路 黄乐兴 李冰◎著

电子工业出版社·
Publishing House of Electronics Industry
北京·BEIJING

内 容 简 介

这是一本图文并茂的力扣（LeetCode）题解书，旨在让广大读者理解数据结构和算法的必备知识，掌握解决各类经典题目的基本技能，陪伴读者攻克算法难关。

本书通过算法题解的形式讲解了基本数据结构和算法知识，包括分治、贪心、回溯和动态规划等算法思想，二分查找、深度优先遍历和广度优先遍历、双指针、滑动窗口、位运算、并查集等解题思路和技巧，以及通用解题"套路"和解题模板等内容，引导读者了解并掌握解决算法题目的方式、方法，旨在循序渐进地提高读者应对算法题目的能力。

本书适合数据结构和算法知识的学习者，希望学习如何解算法题或正在刷题的计算机行业从业者，也可作为大、中专院校相关专业的辅导参考书。

图书在版编目（CIP）数据

算法通关之路/路志鹏等著. —北京：电子工业出版社，2021.8

ISBN 978-7-121-41278-3

Ⅰ. ①算…　Ⅱ. ①路…　Ⅲ. ①计算机算法　Ⅳ. ①TP301.6

中国版本图书馆 CIP 数据核字（2021）第 105851 号

责任编辑：孙学瑛

印　　　刷：三河市君旺印务有限公司

装　　　订：三河市君旺印务有限公司

出版发行：电子工业出版社

　　　　　北京市海淀区万寿路 173 信箱　　　　邮编：100036

开　　本：787×980　　1/16　　印张：26　　　字数：567.8 千字

版　　次：2021 年 8 月第 1 版

印　　次：2021 年 8 月第 1 次印刷

定　　价：99.00 元

凡所购买电子工业出版社图书有缺损问题，请向购买书店调换。若书店售缺，请与本社发行部联系，联系及邮购电话：（010）88254888，88258888。

质量投诉请发邮件至 zlts@phei.com.cn，盗版侵权举报请发邮件至 dbqq@phei.com.cn。

本书咨询联系方式：（010）51260888-819，faq@phei.com.cn。

前言

作为计算机科学永恒的主题之一，数据结构和算法被誉为程序的灵魂，对其掌握程度往往是衡量一个软件工程师内功的标准。但驾驭数据结构和算法并非易事，除了反复阅读理论知识，借助算法题目进行训练也是学习的必经之路。

1. 本书的特点

本书围绕"做最好的力扣（LeetCode）题解"的指导思想，对力扣（LeetCode）中的经典题目及背后的知识体系进行系统的梳理，依次展开讲解，由浅入深，力求全书内容系统而扼要，分析过程条理清晰，代码实现易读、易学。本书总计20 章内容，在深入剖析近百道经典算法题目的过程中，带领读者理解算法知识、总结解题"套路"、掌握通关技巧。希望读者可以通过阅读本书并动手练习，让知识和技能得到质的提升。

作为专门针对力扣（LeetCode）题目的题解书，本书对数据结构和算法知识的讲解存在一定的局限性：为了不影响阅读的流畅性，不得不舍弃过于详细的解释证明，对部分知识点的讲解进行精简压缩，力求让内容通俗易懂。我们希望帮助读者奠定数据结构和算法知识的基础，指明方向。在本书的基础上，期望对算法理论进行深入学习的读者可以通过诸如《算法》等工具书，继续探索算法的奥妙。我们也会在第 1 章详细阐述学习路线。

2. 读者对象

本书适用于如下类型的读者对象。

● 你正在学习数据结构和算法，希望边学边实践知识。

● 你没有刷过题，但具备一定的数据结构和算法的基础知识。

● 你刚开始刷题，希望极大地提升自己的学习效率。

- 你在刷题过程中遇到瓶颈，希望得到指引。
- 算法爱好者，希望了解更多不一样的思路。

对于完全没有接触过数据结构和算法的读者，作者强烈建议你先学习一下基础知识，比如数组、链表、二叉树，以及基础的排序、递归算法，等等。这个过程不需要很长时间，用几天时间了解一下即可。尽管越深入的理论学习对解题的帮助越大，但它们两者的关系是相辅相成的，解题对于巩固理论知识也会很有帮助，千万不要等到认为理论都完全掌握了才开始练习。

3．内容介绍

作为一本追求覆盖尽量多经典场景、经典问题的算法题解书，制定一种完美的题目编排顺序几乎是不可能的，不同的题目和不同的解题思路构成了网状的联系，很难做出取舍，因此，本书根据题目场景、算法思想、解题"套路"等主要特点将近百道算法题分散在了20章内容之中，它们并没有按照特定的顺序进行编排，读者可以根据自己的兴趣来挑选阅读。对于希望由易到难、循序渐进进行阅读的读者来说，下面的介绍可以作为一个阅读参考。

本书的20章内容总体可以被分为四大类别。

第一类是算法基础知识，包括第1章预备知识、第2章数学之美，旨在进行知识铺垫，解答一些读者关注较多的问题。

第二类是算法思想和算法技巧，这是涉及内容最多的一个类别。第6章二分法和第14章分治法可以被看作对**分治**思想的实践；第9章双指针和第11章滑动窗口主要讲解了使用**指针**的技巧；第7章位运算旨在引导读者从二进制的角度思考问题；还有一些非常经典的算法思想，由易到难来看，包括第15章贪心法、第5章深度优先遍历和广度优先遍历、第16章回溯法、第10章动态规划。

第三类是经典算法问题，这些题目可能与某种具体的算法无关，但这些解题场景可以帮助读者在解答类似题目时拓展思路。其主要包括第3章回文的艺术、第4章游戏之乐、第8章设计、第12章博弈问题、第13章股票问题和第17章一些有趣的题目。

最后一类是解题"套路"，顾名思义，这一类内容为读者总结了不少解题的模板和"套路"，包括第18章一些通用解题模板、第19章融会贯通、第20章解题技巧和面试技巧。

4．配套资源

本书中的源码使用 Python 语言编写，但为了方便读者学习、参考，书中每一段代码都给出了多种语言的实现，请通过本书的官方网站 **leetcode-solution（cn 域名）** 访问查看，目前已涵盖 Java 语言、Python 语言和 C++语言相关的版本，我们会根据读者的反馈增加更多具体实现。

本书也提供了读者交流群，读者之间及读者和作者之间能够在这里进行有意义的交流，获得远超图书内容本身的学习体验。本书还在相应位置提供了参考链接以方便读者更好地了解书中提到的相关技术。

请在本书封底的"读者服务"处获取官方网站的地址、读者交流群二维码及相关参考链接。

5．本书的约定

本书使用不同的字体区分代码和一般正文内容，对重要的概念会进行加粗。

本书章节之间并没有逻辑上的先后顺序，读者可以根据自己的实际情况进行选择阅读。对于知识间有依赖关系的章节，我们会在具体位置给出指引，便于读者查阅其他相关章节的内容。每一章会尽量使用本章所要论述的算法来解题，但这也导致针对部分题目给出的解法有可能并不是最优的，这一点需要特别注意。

除个别证明过程较为复杂的解法没有进行说明外，大多数题目会有复杂度说明，另外，提交可能会超时的题解会在标题上注明。

6．写在最后

为了让读者深入理解基本知识，掌握基本技能，在撰写本书的过程中，每一道题解都经过多位作者和审阅者的把关，他们不仅在专业性方面下足了功夫，更是从读者的角度反复揣摩。希望本书对读者的学习有所帮助，成为读者掌握数据结构和算法知识的奠基石、解题过程中的助推器。能够帮助读者解决学习和工作中遇到的问题，将是作者的荣幸。由于作者能力有限，本书难免存在不足之处，希望读者不吝赐教。

另外，推荐关注作者 lucifer 创办的公众号"力扣加加"，如果想突击学习算法，可以参加公众号上的"91 天学算法"活动（在公众号中回复关键字"91"进行查看）。

7．致谢

为本书做出直接贡献的人很多，除几位作者外，还要感谢侯佳琳、李荣新、樊恒岩和王一村的耐心审阅。没有你们，就没有本书的出版。

感谢本书的编辑，你每次审稿都非常耐心，让我们一点点看到了出版的希望。

最后，感谢我们的家人，没有你们的支持，我们可能无法坚持下来。

读者服务

微信扫码回复：41278

· 获取本书代码资源。
· 加入本书读者交流群，与本书作者互动。
· 获取【百场业界大咖直播合集】（持续更新），仅需 1 元。

作者序

力扣（LeetCode），不同于信息学相关的竞赛，其题目虽然有一定难度，但出题角度并不会特别刁钻。通常，通过考查对力扣（LeetCode）题目的掌握程度可以大概估量一个人的算法能力，可以说练好力扣（LeetCode）算法题已经成为互联网大厂校招或社招技术面试必备的"敲门砖"。

1. 如何入门

算法知识体系对于解题来说很重要，而体系的建立依赖于扎实的基础，因此了解数据结构和算法基础是入门的起点。

学习算法像拓扑排序，若没有任何的解题经验，普通人不可能独立创造一个算法来解决问题。积累经验是十分关键的，当我们积累的经验达到一定程度的时候，就可以从新问题中找到旧问题的影子，进一步联想过去所使用的解法，并加以转换，从而解决新的问题了。

几位作者大都已经完成了近千道题目，讨论发现，前一二百道题目大都是看着答案写的。刚开始接触力扣（LeetCode）时，我们会尝试独立解题，经常是一道题目想一天，这样的效率不够高，并会极大地影响刷题的心情。之后就会转换策略，以积累经验为目标去刷题，不强求自己想到解题方案，而更注重学习解题思路，理解算法思想。这样逐渐就学会了各种算法"套路"，在后面刷题的过程中也就更加得心应手了。

如何快速积累经验呢？首先是明确**刷题策略**，推荐每次集中火力攻克一种 **tag** 的题目，不断地重复对同类题型的理解和记忆，短期内快速提高对这类题型的解题能力。然后是**题目选择**，可以查阅别人整理好的力扣（LeetCode）题目清单，重点关注经典题型，跟随本书挑选的题目进行学习就是一个不错的策略。最后是**解题方法**，给每道题目限定一个思考时间，一般不超过半小时，想不到答案的话就看题解，从题解中理解算法的思想及主要流程。

这里给各位读者推荐几本算法学习的图书。

经典图书

- 入门书：《算法图解》《大话数据结构》。
- 面试准备：《剑指 Offer》《编程之美》。
- 系统学习：《算法》（第 4 版）。

为了帮助读者更有效率地刷题，作者 lucifer 开发了一个 Chrome 插件 leetcode cheatsheet（插件地址见参考链接/文前[1]），插件提供了解题模板、题解及专题等辅助功能。

2．跨越瓶颈

有人问为什么刷了很多题，但遇到新的题目还是不会呢？

相信大部分人在刷题过程中都有迷失自我的时期，感觉"刷了很多题，但是看到新的题目还是不会"，甚至"看到了以前刷过的题目，还是不会"。这实际上和多种因素有关，我们总结了两个主要原因：基础不牢固和没有良好的刷题方法。

- 如果本身基础比较薄弱，那么刷再多的题目也是枉然，很容易事倍功半，这和高考前绝大多数人并不能通过题海战术真正提高成绩是一样的道理。当大家走上考场碰到新的问题时，如果没有真正掌握相关知识，即使之前刷了很多题，但还是很难现场解决新问题。这时应该多看书或视频学习并总结基础知识，而不是一味地刷题。
- 所谓"磨刀不误砍柴工"，掌握良好的刷题方法可以让你事半功倍。本书的内容可以作为很好的刷题参考，几位作者从自身经验出发总结出了这条算法通关之路，希望可以帮助读者成为解题高手。当然，除本书外，读者还可以通过各种渠道搜集、总结自己的刷题方法，学习的具体路径是因人而异的。

3．如何进阶

有了一定的基础之后，想进一步提高的话不在于做的题目有多少，而在于是否做得"精"。在做题时，研究题目的所有解法和解法背后的含义，举一反三，善于总结、思考才是必胜之道。

学习的过程不仅仅需要输入，有时输出也能够帮助你进行梳理总结，扫清知识盲点。输出可以有多种形式，比如做练习题、写题解、给他人讲解等。如果说输入能够在大脑中留存一部分知识，那么输出可以将这一部分进一步扩大。不断输出各方面的学习内容，在帮助他人的同时，也帮助自己建立强大的知识体系。在这一过程中，会有人和你讨论更优的解法，帮你厘清思路，这些对个人提升也很有帮助。

目 录

第 1 章　预备知识⋯⋯⋯⋯⋯⋯⋯⋯⋯⋯⋯⋯⋯⋯⋯⋯⋯⋯⋯⋯⋯⋯⋯⋯⋯⋯1

  1.1　学习算法需要数学知识吗⋯⋯⋯⋯⋯⋯⋯⋯⋯⋯⋯⋯⋯⋯⋯⋯⋯⋯1

  1.2　基础数据结构和算法⋯⋯⋯⋯⋯⋯⋯⋯⋯⋯⋯⋯⋯⋯⋯⋯⋯⋯⋯⋯2

  1.3　复杂度分析⋯⋯⋯⋯⋯⋯⋯⋯⋯⋯⋯⋯⋯⋯⋯⋯⋯⋯⋯⋯⋯⋯⋯3

  总结⋯⋯⋯⋯⋯⋯⋯⋯⋯⋯⋯⋯⋯⋯⋯⋯⋯⋯⋯⋯⋯⋯⋯⋯⋯⋯⋯12

第 2 章　数学之美⋯⋯⋯⋯⋯⋯⋯⋯⋯⋯⋯⋯⋯⋯⋯⋯⋯⋯⋯⋯⋯⋯⋯⋯⋯13

  2.1　两数之和⋯⋯⋯⋯⋯⋯⋯⋯⋯⋯⋯⋯⋯⋯⋯⋯⋯⋯⋯⋯⋯⋯⋯⋯14

  2.2　三数之和⋯⋯⋯⋯⋯⋯⋯⋯⋯⋯⋯⋯⋯⋯⋯⋯⋯⋯⋯⋯⋯⋯⋯⋯17

  2.3　四数之和⋯⋯⋯⋯⋯⋯⋯⋯⋯⋯⋯⋯⋯⋯⋯⋯⋯⋯⋯⋯⋯⋯⋯⋯18

  2.4　四数相加 II⋯⋯⋯⋯⋯⋯⋯⋯⋯⋯⋯⋯⋯⋯⋯⋯⋯⋯⋯⋯⋯⋯⋯22

  2.5　最接近的三数之和⋯⋯⋯⋯⋯⋯⋯⋯⋯⋯⋯⋯⋯⋯⋯⋯⋯⋯⋯⋯23

  2.6　最大子序列和⋯⋯⋯⋯⋯⋯⋯⋯⋯⋯⋯⋯⋯⋯⋯⋯⋯⋯⋯⋯⋯⋯25

  2.7　最大数⋯⋯⋯⋯⋯⋯⋯⋯⋯⋯⋯⋯⋯⋯⋯⋯⋯⋯⋯⋯⋯⋯⋯⋯30

  2.8　分数到小数⋯⋯⋯⋯⋯⋯⋯⋯⋯⋯⋯⋯⋯⋯⋯⋯⋯⋯⋯⋯⋯⋯⋯32

  2.9　最大整除子集⋯⋯⋯⋯⋯⋯⋯⋯⋯⋯⋯⋯⋯⋯⋯⋯⋯⋯⋯⋯⋯⋯34

  2.10　质数排列⋯⋯⋯⋯⋯⋯⋯⋯⋯⋯⋯⋯⋯⋯⋯⋯⋯⋯⋯⋯⋯⋯⋯36

  总结⋯⋯⋯⋯⋯⋯⋯⋯⋯⋯⋯⋯⋯⋯⋯⋯⋯⋯⋯⋯⋯⋯⋯⋯⋯⋯⋯38

第 3 章　回文的艺术⋯⋯⋯⋯⋯⋯⋯⋯⋯⋯⋯⋯⋯⋯⋯⋯⋯⋯⋯⋯⋯⋯⋯40

  3.1　验证回文字符串 II⋯⋯⋯⋯⋯⋯⋯⋯⋯⋯⋯⋯⋯⋯⋯⋯⋯⋯⋯⋯40

  3.2　回文链表⋯⋯⋯⋯⋯⋯⋯⋯⋯⋯⋯⋯⋯⋯⋯⋯⋯⋯⋯⋯⋯⋯⋯⋯43

  3.3　回文数⋯⋯⋯⋯⋯⋯⋯⋯⋯⋯⋯⋯⋯⋯⋯⋯⋯⋯⋯⋯⋯⋯⋯⋯45

  3.4　最长回文子串⋯⋯⋯⋯⋯⋯⋯⋯⋯⋯⋯⋯⋯⋯⋯⋯⋯⋯⋯⋯⋯⋯47

  3.5　最长回文子序列⋯⋯⋯⋯⋯⋯⋯⋯⋯⋯⋯⋯⋯⋯⋯⋯⋯⋯⋯⋯⋯49

3.6 超级回文数 ···································· 52

总结 ··· 55

第 4 章 游戏之乐 ································ 57

4.1 外观数列（报数）···························· 57

4.2 24 点 ······································· 60

4.3 数独游戏 ···································· 66

4.4 生命游戏 ···································· 74

总结 ··· 77

第 5 章 深度优先遍历和广度优先遍历 ········ 78

5.1 深度优先遍历 ································ 78

5.2 广度优先遍历 ································ 80

5.3 路径和系列问题 ······························ 81

5.4 岛屿问题 ···································· 90

总结 ··· 99

第 6 章 二分法 ································· 100

6.1 二分查找 ···································· 100

6.2 寻找旋转排序数组中的最小值 ················ 103

6.3 爱吃香蕉的珂珂 ······························ 105

6.4 x 的平方根 ·································· 107

6.5 寻找峰值 ···································· 110

6.6 分割数组的最大值 ···························· 113

总结 ··· 116

第 7 章 位运算 ································· 117

7.1 位 1 的个数 ································ 118

7.2 实现加法 ···································· 120

7.3 整数替换 ···································· 122

7.4 只出现一次的数字 ···························· 125

总结 ··· 131

第 8 章　设计 ··· 133

8.1　最小栈 ··· 133

8.2　实现 Trie（前缀树） ··· 140

8.3　LRU 缓存机制 ·· 144

8.4　LFU 缓存 ·· 148

8.5　设计跳表 ·· 153

总结 ··· 161

第 9 章　双指针 ··· 162

9.1　头/尾指针 ··· 164

9.2　快慢指针 ·· 169

总结 ··· 180

第 10 章　动态规划 ·· 181

10.1　爬楼梯 ·· 184

10.2　打家劫舍系列 ··· 186

10.3　不同路径 ··· 193

10.4　零钱兑换 ··· 197

总结 ··· 202

第 11 章　滑动窗口 ·· 203

11.1　滑动窗口最大值 ·· 204

11.2　最小覆盖子串 ··· 207

11.3　替换后的最长重复字符 ··· 211

11.4　字符串的排列 ··· 214

总结 ··· 216

第 12 章　博弈问题 ·· 218

12.1　石子游戏 ··· 218

12.2　预测赢家 ··· 223

12.3　Nim 游戏 ··· 228

12.4　猜数字大小 II ··· 231

总结 ··· 234

第 13 章　股票问题 ··· 235

13.1　买卖股票的最佳时机 ··· 235

13.2　买卖股票的最佳时机 II ·· 238

13.3　买卖股票的最佳时机（含手续费） ······························ 240

13.4　买卖股票的最佳时机（含冷冻期） ······························ 245

13.5　买卖股票的最佳时机 IV ··· 248

　　总结 ··· 251

第 14 章　分治法 ··· 253

14.1　合并 k 个排序链表 ··· 254

14.2　数组中的第 k 个最大元素 ·· 259

14.3　搜索二维矩阵 II ·· 264

　　总结 ··· 273

第 15 章　贪心法 ··· 275

15.1　分发饼干 ··· 275

15.2　跳跃游戏 ··· 277

15.3　任务调度器 ·· 281

15.4　分发糖果 ··· 283

15.5　无重叠区间 ·· 286

　　总结 ··· 288

第 16 章　回溯法 ··· 289

16.1　组合总和 I ·· 289

16.2　组合总和 II ·· 295

16.3　子集 ··· 298

16.4　全排列 ·· 299

16.5　解数独 ·· 301

　　总结 ··· 303

第 17 章　一些有趣的题目 ··· 305

17.1　求众数 II ··· 305

17.2　柱状图中最大的矩形 ·· 308

17.3　一周中的第几天 ·· 313

17.4　水壶问题 ·· 316

17.5　可怜的小猪 ··· 320

总结 ··· 324

第 18 章　一些通用解题模板 ·· 325

18.1　二分法 ··· 325

18.2　回溯法 ··· 328

18.3　并查集 ··· 329

18.4　BFS ··· 332

18.5　滑动窗口 ·· 333

18.6　数学 ··· 335

总结 ··· 338

第 19 章　融会贯通 ··· 339

19.1　循环移位问题 ··· 339

19.2　编辑距离 ·· 348

19.3　第 k 问题 ·· 356

总结 ··· 368

第 20 章　解题技巧和面试技巧 ··· 369

20.1　看限制条件 ··· 370

20.2　预处理 ··· 379

20.3　不要忽视暴力法 ·· 387

20.4　降维与状态压缩 ·· 394

20.5　猜测 tag ··· 401

总结 ··· 402

第 **1** 章

预备知识

在正式开始学习本书之前，需要一点预备知识，来帮助我们更好地学习。这些知识包括如下内容。

● 一门编程语言，最好对 Python 语言有所了解。本书的代码采用 Python 语言编写，当然不了解 Python 语言也没关系，书中的每一段代码，作者都使用了多种语言来实现，读者可以到本书的官方网站（leetcode-solution，cn 域名）免费查看和获取。另外，本书只用到了 Python 语言的一小部分，并且尽量不使用语言特有的 API，以减轻读者的语言认知负担。

● 基础的数据结构和算法知识。本书主要围绕力扣（LeetCode）上那些经典、高频的题目进行讲解，帮助读者建立系统的知识体系，更有效率地刷题，因此读者需要提前掌握基础的数据结构和算法知识，了解数组、链表、队列、栈、树等数据结构，对二分法、分治法、动态规划、回溯法等要有一个简单的认识。本书将在 1.2 节对基础的数据结构和算法知识进行梳理。

● 对算法复杂度的分析。要想真正分析透一道算法题目，一定要对其复杂度了如指掌。关于如何分析一个算法的复杂度，本书将在 1.3 节复杂度分析部分进行讲解。

1.1 学习算法需要数学知识吗

首先来看一个读者问的比较多的问题，学习算法需要数学知识吗？

不得不承认学习算法确实需要一些数学知识。除了实现某种具体的算法，后面讲到的复杂度分析也需要一些数学知识。

不过这些内容涉及的数学知识大多比较简单，一般不会涉及高等数学的内容。其实学习大部分的算法知识，尤其是解力扣（LeetCode）题目，并不需要你在高等数学、几何学、概率统计等方面有多深的造诣，掌握基础的数学知识，具备逻辑分析的能力足矣。当然如果你要从事算法岗位或者进行理论研究，情况会有所不同，不过这不在本书的讨论范围内。

个别题目的复杂度分析特别难，比如本书个别回溯类型的题目，通常对于这种题目的复杂度，大家只需要知道大致量级即可。

退一步讲，面对一道数学题目，即便我们无法借助数学思维解决，通常来说，也可以采用变通的方式来解决，比如力扣（LeetCode）有一道水壶倒水的问题：

给你一个 8L 的装满水的水壶和两个分别是 5L、3L 的空壶，请想出一个"优雅"的办法，使其中一个水壶恰好装 4L 水，每一步操作只能是倒空或倒满。

这道题可以运用最大公约数（Greatest Common Divisor，GCD）定理解决，想不到这一点也没有关系，我们也可以通过广度优先遍历（Breadth First Search，BFS）来解决。

1.2 基础数据结构和算法

力扣（LeetCode）是世界上最知名的编程技能练习网站，支持用户在线使用 C、C++、Java、Python、JavaScript 等十几种编程语言解决超过 1000 道编程题目。除了考查对编程语言的掌握程度，力扣（LeetCode）题目的核心目的是对答题者数据结构和算法水平的考验。掌握基础的数据结构和算法，是刷题的必要条件。

从广义上来说，数据结构是数据的存储结构，算法是操作数据的方法。平时我们探讨时使用的是更为狭义的概念，特指某些具体种类的数据结构和算法，例如数组、链表、栈、队列等数据结构，又如二分法、动态规划、快速排序等经典算法。

数据结构是为算法服务的，算法通常也要建立在某一种或几种数据结构之上才可以发挥作用，两者之间是相辅相成的关系。相信读完本书后，你会对这句话有更为深刻的理解。

下面罗列了常见的数据结构、算法思想和算法技巧。牢固地掌握这些基础的数据结构和算法知识，可以让你刷题时事半功倍，学习更为复杂的算法时也能得心应手。

- 常见的数据结构：数组、栈、队列、链表、二叉树、散列表、图。
- 常见的算法思想：分治、贪心、回溯、动态规划。
- 常见的算法技巧：二分法、排序、双指针、滑动窗口、并查集、深度优先遍历和广度优先遍历等。

相信通过阅读、学习本书，读者将逐渐掌握和巩固这些知识。牢固掌握这些基础的数据结构和算法，刷题才会事半功倍，学习更为复杂的算法也能得心应手。力扣（LeetCode）的题目虽然不断出新，但是最终用到的算法思想永远是那么几个，很多题目都是"新壶装旧酒"，即在原有的题目基础上做适当的扩展（比如两数和、两数和 II、三数和、四数和，等等）或者改造，使你不能一下子看出问题的本质。

希望读者对以上内容有一个初步的认知，然后结合本书所讲的知识进行加强与巩固。

1.3　复杂度分析

所有的数据结构教程都会把复杂度分析放在前面来讲，这不仅是因为复杂度分析是基础，更因为它们真的非常重要。学会了复杂度分析，才能够对算法进行正确分析，从而写出复杂度更优的算法。如果你对一种算法的复杂度推导很熟悉，就意味着你已经完全理解了这个算法。

算法的复杂度分析分为两个方面：时间复杂度和空间复杂度，通常我们更加关注前者。两者的分析方法类似，并且在大多数情况下，对空间复杂度的分析更为容易，本章将围绕如何求时间复杂度展开。

通常来说，算法决定了程序的性能，性能可以从完成同一项任务所使用的时间的长短、占用内存的大小两个方面去考量。内存大小可以清晰地用数字进行量化，但是运行时长，由于不同计算机的性能不同，执行时间也会不同，甚至有可能有数倍的差距，那么究竟应该如何衡量程序运行时间的长短呢？

《计算机程序设计艺术》的作者高德纳（Donald Knuth）提出了一种方法，这种方法的核心思想很简单，就是一个程序的运行时间主要和两个因素有关：

1. 执行每条语句的耗时。
2. 执行每条语句的频率。

前者取决于硬件，后者取决于算法本身和程序的输入。在相同的硬件环境下，不同算法的执行时间只取决于语句的执行频率，因此可以将对执行时间的关注进一步简化为对执行频率的关注。那么如何统计算法执行每条语句的频率呢？我们举个例子来说明。

如下是一段计算从 1 累加到 n 的代码，使用了一层循环，并且借助了一个变量 res 来存储计算结果。

```
01  def sum(n: int) -> int:
02      res = 0
03      for i in range(1, n + 1):
04          res += i
05      return res
```

上述代码会执行 n 次循环体的内容，假设每一次执行时间都是常数，不妨假设其执行时间是 x，res = 0 和 return res 的执行时间分别为 y 和 z，那么总的执行时间就等于 $nx + y + z$。如果粗略地将 x、y 和 z 都看成一样的，那么可以得出总时间为 $(n + 2) x$，如下图所示。

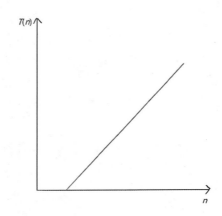

可以明显看出，算法的运行时间和数据的规模成正比。

随着数据规模的不断扩大，即 n 的值成百上千倍地变大，从渐进的趋势上讲，我们常常忽略较小项，如上面的 $2x$，而仅保留最大项，如上面的 nx，这样可以大大减少分析的工作量，因此这种复杂度分析方法也被称为渐进复杂度分析。实际上，这在现实中也很常见，即程序运行时间往往取决于其中一小部分指令。

基于以上思想，产生了大 O 表示法，它是一种描述算法性能的记法，这种描述和编译系统、机器结构、处理器的快慢等因素无关。假设参数 n 表示数据的规模，这里的 O 表示量级（order），比如说"二分查找的时间复杂度是 $O(\log n)$"，表示它需要"通过 $\log n$ 量级的操作去查找一个规模为 n 的数据结构"。这种估测对算法的理论分析和比较是非常有价值的，我们可以快速地对算法效率进行大致的估算。

例如，一个拥有较小系数的 $O(n^2)$ 算法在规模 n 较小的情况下可能比一个高系数的 $O(n)$ 算法运行得更快，但是随着 n 变得足够大以后，具有较慢上升趋势的算法必然运行得更快，因此在采用大 O 表示法表示复杂度时，可以忽略系数，这也是我们可以忽略不同性能的计算机执行时间差异的原因，因为你可以把不同性能的计算机性能差异看成系数的差异。

除此之外，我们还应该区分算法的最好情况、最坏情况和平均情况，更多关于复杂度分析的理论知识，读者可以阅读《算法》（第 4 版）中 1.4 节算法分析的内容获得。

接下来，我们介绍几种常见的复杂度以及其对应的分析方法。

1.3.1　迭代复杂度分析

下面介绍几种常见的时间复杂度，绝大多数算法的时间复杂度都是如下中的一种。

● 第 1 类是常数阶，即 $O(1)$。

只要算法中不存在循环语句、递归语句，即使有成千上万行的代码，其时间复杂度也是 $O(1)$。

```
01  cnt = 1
02  l = 0
03  r = len(list) - 1
04  # 不管这种代码有多少行，都是常数复杂度，即 O(1)，因为系数是被忽略的
```

● 第 2 类是多项式，例如 $O(n)$、$O(n^2)$、$O(n^3)$。

判断一个算法是不是属于这种时间复杂度的一个简单方法是关注循环**执行次数最多**的那一段代码，这段代码执行次数对应 n 的量级，就是整个算法的时间复杂度。如果是一层 n 的循环，那么时间复杂度就是 $O(n)$；如果嵌套了两层 n 的循环，那么时间复杂度就是 $O(n^2)$，以此类推。

```
01  class Solution:
02      def twoSum(self, nums: List[int], target: int) -> List[int]:
03          n = len(nums)
04          mapper = {}
```

```
05        for i in range(n):
06            if target - nums[i] in mapper:
07                return [mapper[target - nums[i]], i]
08            else:
09                mapper[nums[i]] = i
10
11        return []
```

上面的代码进行了一层循环，那么时间复杂度就是 $O(n)$。实际情况可能会比较复杂，需要结合具体的代码逻辑进行判断，代码示例如下。

```
01 class Solution:
02    def dailyTemperatures(self, T: List[int]) -> List[int]:
03        stack = []
04                ans[peek] = i - peek
05            stack.append(i)
06        return ans
```

这是力扣（LeetCode）第 739 题每日温度中使用单调栈解法的代码。外层 for 循环和内层 while 循环嵌套，执行次数最多的代码很显然是 while 循环内部的语句，那是不是说该算法的时间复杂度就是 $O(n^2)$ 呢？其实不是，该算法的时间复杂度为 $O(n)$，其中 n 为数组长度。原因在于，内层 while 循环执行的**总次数**是 n，究其根本是因为对于数组 T 中的每一项来说，其仅会进栈一次并出栈一次，因此内存代码执行的总次数和数组长度线性相关。

● 第 3 类是对数阶：$O(\log n)$ 和 $O(n\log n)$。

对数阶同样是一种非常常见的时间复杂度，多见于二分查找和一些排序算法。

二分查找的时间复杂度通常是 $O(\log n)$，一些基于比较的排序算法的时间复杂度可以达到 $O(n\log n)$，典型的有快速排序、归并排序。

```
01 def searchInsert(self, nums: List[int], target: int) -> int:
02    l = 0
03    r = len(nums) - 1
04
05    while l < r:
06        mid = l + r >> 1
07        if nums[mid] >= target:
08            r = mid
09        else:
10            l = mid + 1
11    return r
```

上面的代码是一个典型的二分查找，由于每次循环都可以将问题的规模缩减一半，其时间复杂度是 $O(\log n)$。

● 第 4 类是指数阶 $O(2^n)$。

指数的增长非常恐怖，一个指数阶的算法通常是不可用的，或者存在优化的空间。一个典型的例子是 fibonacci 数列的递归实现版本。

```
01 def fibonacci(n: int) -> int:
02     if n < 2:
03         return n
04     return fibonacci(n - 1) + fibonacci(n - 2)
```

可以看出 fibonacci(n)等价于 fibonacci(n - 1) + fibonacci(n - 2)。这一过程可以持续下去，即 fibonacci(n - 1)等价于 fibonacci(n - 2) + fibonacci(n - 3) ……如果你把上述每一个计算过程看成树的一个节点，那么整个计算过程就像一棵很大的树。一个节点分裂为 2 个节点，2 个节点分裂为 4 个节点。

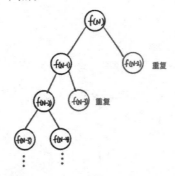

算法的时间复杂度和图中树的节点数同阶，而树的节点数的数量级为 $O(2^n)$，因此这个算法的时间复杂度是 $O(2^n)$。可以看出其中有许多重复的计算，可以通过存储记忆的方式进行优化。

● 第 5 类是阶乘复杂度 $O(n!)$。

旅行商问题（Travelling Salesman Problem，TSP）是著名的 NP 问题，暴力的解法可以枚举点的排列，这种算法的时间复杂度是 $O(n!)$。另外一个比较典型的问题是全排列。

如下代码是力扣（LeetCode）第 46 题全排列的解法（这里使用了 18.2 节提供的回溯模板）。

```
01 class Solution:
02     def permute(self, nums: List[int]) -> List[List[int]]:
03         def dfs(idx: int, path: List[int]) -> None:
04             # 结束条件
05              # 1. 找到解
06             if len(path) == n:
07                 ans.append(path.copy())
08                 return
09             # 2. 搜索完毕
10             if idx == n:
11                 return
12
13             # 考虑可能的解，进入下一层递归
14             for num in nums:
15                 # 忽略非法解
16                 if num in visited:
17                     continue
18                 # 更新状态
19                 visited.add(num)
20                 path.append(num)
21                 dfs(idx + 1, path)
22                 # 恢复状态
23                 path.pop()
24                 visited.remove(num)
25         ans = []
26         visited = set()
27         n = len(nums)
28         dfs(0, [])
29         return ans
```

我们来简单分析一下上面代码的执行过程，这样可以帮助你理解 $O(n!)$ 是如何计算出来的。

为了描述方便，假设最终生成的具体的排列是 a，所有排列形成的全排列是 A。上述计算全排列的过程，可以看成如下步骤。

● 先选择 a 的第 1 个元素。

● 再选择 a 的第 2 个元素。

● ……

● 直到 a 中的所有元素都被选择，即 a 的长度和 nums 的长度相同。

上面的过程用图来表示，则如下所示。

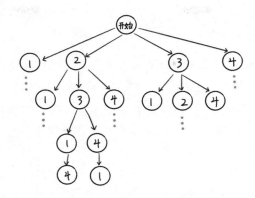

实际上，可以将其看作一个决策树。树的每一个非叶子节点都要进行选择，选择的范围是其子节点。不考虑内部代码，只考虑回溯过程，总的计算次数就是节点总数。不难得出如下结论。

● 第 1 层（不考虑开始的那一层）节点总数为 n，其中 n 为 nums 数组的长度（下同）。

● 第 2 层节点总数为 $n×(n-1)$。

● ……

● 第 n 层节点总数为 $n×(n-1)\cdots×1$。

因此节点总数应该是 $n+n×(n-1)+n×(n-1)×(n-2)+\cdots+n×(n-1)\cdots×1$。忽略低次项，得到 $n×(n-1)\cdots×1$，很明显这就是 $O(n!)$，因此上面全排列的代码时间复杂度大致是 $O(n!)$。

1.3.2　递归算法复杂度分析

与迭代相比，递归在书写上有很大的优势，本书也大量使用了递归解法，因此掌握递归的时间复杂度分析也非常重要。接下来，我们来看一下如何分析递归算法的时间复杂度。

递归算法采用的是分治的思想，把一个大问题分解为若干个相似的子问题求解。识别子问题之间的递归公式是进行递归复杂度分析的前提和根本。这里介绍两种方法来分析递归的时间复杂度，分别是递归树法和代入法。

递归树法

递归树分析是一种将递归过程描述成树结构的方法。初始树只有一个节点，随着每一次递归，树的深度加 1。每一层的节点数取决于具体的场景。

在得到递归树后，将树每层中的节点求和，然后将所有层的节点求和，就大致可以得出树的总节点数 n 了。而整个算法的基本操作数等于树上每一个节点的基本操作数 t 乘以树的总节点个数 n。

以归并排序为例，它是一个典型的分治算法。其基本过程分成两个阶段：分与合。其中分的过程采用自顶向下的方式，每次将问题规模缩小一半，直到问题规模缩小到寻常情况，即可以被直观解决的情况。合的过程恰好相反，采用自底向上的方式，将问题一步步解决，直到还原到原问题规模。

如果你将这两个过程化成递归树的话，就会发现这两个过程递归树的深度都是 $\log n$。而每一层的节点数都是 n，也就是说总节点数是 $n\log n$，而节点的基本操作数是常数（这一点读者可以通过归并代码发现），因此总的算法时间复杂度为 $O(n\log n)$。

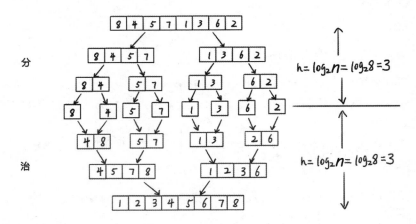

代入法

这种分析方法需要一点数学知识，相对来说没有那么直观，这种方法的入手点在于递归公式。比如有如下递归公式：$T(n) = T(n-1) + T(0)$，如何求解其时间复杂度？

$T(n) = T(n-1) + T(0)$ 指的是规模为 n 的问题，可以转化为规模为 $n-1$ 的子问题和一个常数的操作。

我们来尝试代入，就像高中数学那样。

$T(n) = T(n{-}1) + T(0)$

$= T(n{-}2) + T(0) + T(0)$

$= T(n{-}3) + T(0) + T(0) + T(0)$

$= T(0) + \cdots + T(0) + T(0) + T(0)$

$= n \times T(0)$

可以得出其时间复杂度为 $O(n)$。

趁热打铁，再来一个稍微复杂一点的：$T(n) = 2 \times T(n/2) + n$，只要模仿上述过程进行代入操作即可。

$T(n) = 2 \times T(n/2) + n$ 指的是规模为 n 的问题，可以转化为规模为 $n/2$ 的子问题和一个 n 的操作。

$T(n) = 2 \times T(n/2) + n$

$= 4 \times T(n/4) + 2 \times n/2 + n$

$= \cdots$

$= \cdots 4 \times n/4 + 2 \times n/2 + n$

也就是 $T(n)$ 约等于 $\log n$ 个 n 相加，因此时间复杂度大致为 $O(n\log n)$。当你熟练了上面的分析过程之后，下次看到这样的递推公式，甚至不需要分析，就会立马想到对应的复杂度，这就是量变引起质变的过程。

除了上面提到的常见方法，进行复杂度分析的方法还有很多，比如数学归纳法，感兴趣的读者可以参考《算法设计与分析》和《算法导论》相关章节去学习、了解。

需要注意的是，递归算法的调用栈空间经常被大家忽略，其实我们可以将递归算法看作使用了栈的迭代算法，这个栈就是递归中的调用栈，因此计算递归的空间复杂度需要加上开辟的栈空间。一个递归算法的调用栈大小取决于递归的最大深度。如果你能画出递归树的话，这其实就是递归树的最大深度。

最后给大家列举几种常见的时间复杂度的趋势对比图，手绘图并不精确，但也能直观地反映出不同时间复杂度的趋势变化。我们也会在 20.1 节看限制条件部分进一步介绍关于复杂度的实用技巧。

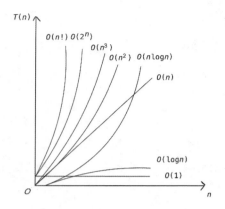

总结

学习算法以便更好地面试或刷力扣（LeetCode）题目，并不需要掌握高深的数学知识，很多"需要数学"的题目，数学方法并不是唯一解，通常也可以使用其他方法来解决。

掌握基础数据结构和算法知识永远是你提高自身能力的必要条件，没有这些底层知识很难往上走。另外，力扣（LeetCode）的题型就那么几种，算法思维也就那么几个，掌握这些常见的数据结构、算法思想对于解决新的题目来说至关重要。

时间复杂度分析是算法的基石，掌握它对我们学习后面的章节有很大的帮助。本章首先引入了衡量算法性能的好坏的方法和大 O 表示法，接着通过若干实例介绍了常见的时间复杂度，掌握相关分析方法就已经足够应付绝大多数算法问题了。对于迭代，分析起来比较简单，而分析递归可能就比较复杂了，需要辅助手段，本章介绍了递归树法和代入法。

掌握某种算法的复杂度规律后，有时根据题目的时间复杂度要求，就可以猜测出可能用到的算法，比如算法要求时间复杂度为 $O(\log n)$，那么就有可能是二分法，关于这一点，将在第 20 章做更多的介绍。

空间复杂度分析比时间复杂度分析要简单得多，常见的空间复杂度有 $O(1)$、$O(n)$、$O(n^2)$，而 $O(\log n)$、$O(n\log n)$、$O(n!)$ 这样的空间复杂度基本不会有。

第 **2** 章
数学之美

截至本书出版之时，力扣（LeetCode）中带数学标签的题目一共有 190 道，这个比重还是挺大的。虽然带数学标签，但是正如第 1 章所说，通常不会涉及特别高深的数学知识。另外，在很多情况下，这些题目仍然可以采用非数学的方法来解决。

本章一共 10 道题目，虽然不足以覆盖力扣（LeetCode）所有涉及数学知识的题目，但希望读者看完本章之后，再遇到类似题目时，能够运用本章中的一些思路来应对。

- 其中前 5 道是 n 数和问题。

- 第 6 道题是最大子序列和问题，我们分别使用数学和非数学的方法来解决。通过这道题，我们可以看到，数学题也可以使用非数学的方法来求解，但是使用数学方法来思考有时会更简单和纯粹。

- 第 7 道题是最大数问题。我们将这种题目定义为"伪数学题"，是披着数学外衣的题目。

- 第 8、9、10 道题分别是分数到小数、最大整除子集、质数排列，这些题目需要有一点数学知识才能理解和解决。

当然，这些题目中的数学知识不足以覆盖力扣（LeetCode）所有数学题涉及的数学知识点，但是希望读者看完本章的内容之后，再遇到数学题目时，能够运用本章中的一些思路进行应对。

2.1 两数之和

我们先拿最基础的加法运算来入门。两数之和是一道很简单的题目，作为力扣（LeetCode）上的第一个问题，相信它是大多数人刷题的起点。

题目描述（第 1 题）

给定一个整数数组 nums 和一个目标值 target，请你在该数组中找出和为目标值的那两个整数，并返回它们的索引值。你可以假设每种输入只会对应一个答案，但是，你不能重复利用这个数组中同样的元素。

示例

给定 nums = [2, 7, 11, 15]，target = 9

因为 nums[0] + nums[1] = 2 + 7 = 9，所以返回 [0, 1]

解法一 排序 + 双指针（不符合题意）

思路

首先想到的最简单粗暴的方法是，使用两层循环找出所有的两两组合，逐个判断其和是否等于 target，如果相等则直接返回。暴力解法的时间复杂度是 $O(n^2)$，空间复杂度是 $O(1)$，平方阶意味着算法效率不高，不妨尝试一下别的方法。

可以先对数组进行一次排序，不妨采用升序，这样就可以使用双指针中的头/尾指针法来解决这个问题了。以题目中的[2, 7, 11, 15]为例，由于数组本身就是有序的，经过一次升序排序不会发生变化。之后建立头/尾指针，分别指向 2 和 15，将两者相加即 2 + 15 = 17，得到 17。

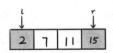

17 大于目标值 9，由于数组是升序的，因此需要将尾指针向前移动，这样加起来的值才可能变小。经过一次移动之后，头/尾指针分别指向 2 和 11，此时 2 + 11 = 13。

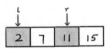

13 还是大于目标值 9，因此尾指针继续前移，现在头/尾指针分别指向 2 和 7。

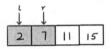

将其相加，2 + 7 = 9，发现正是要找的数，于是返回其对应的索引值[0, 1]。

总结一下，在进行一次升序排序后，分别取首/尾元素，即最小值和最大值，如果相加大于 target，那么较大的数和其他所有的数相加的结果就没有必要看了，肯定都不满足，向前移动一下尾指针将其剔除。按照这样的逻辑继续执行，直到找到满足条件的数的组合。

代码

```
01 class Solution:
02     def twoSum(self, nums: List[int], target: int) -> List[int]:
03         n = len(nums)
04         nums.sort()
05         l = 0
06         r = len(nums) - 1
07         while(l < r):
08             if (nums[l] + nums[r] < target):
09                 l += 1
10             elif (nums[l] + nums[r] > target):
11                 r -= 1
12             else:
13                 return [l, r]
14         return []
```

复杂度分析

● 时间复杂度：算法瓶颈在于排序，因此时间复杂度为 $O(n\log n)$，其中 n 为数组长度。

● 空间复杂度：不确定，取决于内部排序算法的具体实现。

上面的解法是有缺陷的，因为排序会导致原数组的索引发生变化，在本题要求下这种方法是不可取的（如果仍然想用排序法解决，可以将索引值作为第二维信息保存）。不过发散思维、多做尝试是正确的，对之后做题会有帮助，将来碰到类似的问题时也能够很快提取到这些信息。另外，这种算法的时间复杂度是 $O(n\log n)$，时间复杂度并不是很好，那么是否可以在线性时间内解决这个问题呢？

解法二　空间换时间

思路

我们可以通过一个辅助的哈希表来降低时间复杂度，具体思路是：对数组进行遍历，遍历每一项时都判断 target − nums[i]（其中 i 是当前数组项的索引值）是否在之前遍历中遇到过，如果是，则直接返回；如果不是，则将其放在哈希表中，然后继续遍历下一项。

代码

```
01  class Solution:
02      def twoSum(self, nums: List[int], target: int) -> List[int]:
03          n = len(nums)
04          mapper = {}
05          for i in range(n):
06              if (target - nums[i] in mapper):
07                  # 实际上这里返回的索引顺序是不重要的
08                  # 即返回 [i, mapper[target - nums[i]]] 也是正确的
09                  return [mapper[target - nums[i]], i]
10              else:
11                  mapper[nums[i]] = i
12
13          return []
```

复杂度分析

- 时间复杂度：$O(n)$，其中 n 为数组长度。
- 空间复杂度：$O(n)$，其中 n 为数组长度。

这种方法能够在线性时间内完成，但是相应地使用了额外的 n 的空间。这在很多情况下是值得的，不但可以使程序运行得更快，代码也更简洁，**这种算法对于这种需要返**

回索引的场景非常有效。比如题目要求返回的两个索引值按照在原数组中出现的先后顺序返回；又或者题目要求按照元素值的大小返回，我们也只需要拿出来比较一下，返回即可。总的来说，这种算法**能应用的场景更多，代码更简洁**，在没有对空间复杂度有特殊要求的场景下是首选。

2.2　三数之和

题目描述（第 15 题）

给定一个包含 n 个整数的数组 nums，判断 nums 中是否存在 3 个元素 a、b、c，使 a + b + c = 0。找出所有满足条件且不重复的三元组。

注意：答案中不可以包含重复的三元组。

例如，给定数组 nums = [-1, 0, 1, 2, -1, -4]，满足要求的三元组集合为[[-1, 0, 1]，[-1, -1, 2]]。

题目的要求如下。

● 　找到 3 个数相加等于 0，而不是"两数之和"中的不定值 target，因此本题相当于是个特例。

● 　题目要求返回的是数本身，而不是索引值。

● 　这道题存在多个答案，与上一题不同，本题要求返回所有可能的答案。

● 　答案中不可以包含重复的三元组，所以需要考虑去重。

思路

由于这道题要求的不再是返回索引值，因此先排序，然后使用双指针的思路是可行的。具体算法是先对原数组进行一次排序，然后一层循环固定一个元素，循环内部利用双指针找出剩下的两个元素，这里要特别注意需要去重。上述算法除去排序部分的时间复杂度为 $O(n^2)$，相比之下排序过程不会成为性能瓶颈。

代码

```
01 class Solution:
02     def threeSum(self, nums: List[int]) -> List[List[int]]:
03         n = len(nums)
```

```
04        nums.sort()
05        res = []
06
07        # 要找到 3 个数，因此只需要找到倒数 n-3 个数即可
08        for i in range(n - 2):
09            # 去重
10            if i > 0 and nums[i] == nums[i-1]:
11                continue
12            # 固定 i，寻找 l 和 r，使用双指针法
13            l = i + 1
14            r = n - 1
15            while(l < r):
16                if (nums[i] + nums[l] + nums[r] < 0):
17                    l += 1
18                elif(nums[i] + nums[l] + nums[r] > 0):
19                    r -= 1
20                else:
21                    res.append([nums[i], nums[l], nums[r]])
22                    # 去重
23                    while(l < r and nums[l] == nums[l + 1]):
24                        l += 1
25                    while(l < r and nums[r] == nums[r - 1]):
26                        r -= 1
27                    l += 1
28                    r -= 1
29
30        return res
```

复杂度分析

● 时间复杂度：上述代码 for 循环内部虽然有两个 while 循环，但是这两个 while 循环也仅仅会扫描一遍数组（最里面的 while 循环只是跳过一些重复的元素而已），因此总的时间复杂度仍然是 $O(n^2)$，而不是 $O(n^3)$，其中 n 为数组长度。

● 空间复杂度：不确定，取决于内部排序算法的具体实现。

2.3　四数之和

题目描述（第 18 题）

给定一个包含 n 个整数的数组 nums 和一个目标值 target，判断 nums 中是否存在 4

个元素 a、b、c、d，使 a + b + c + d 的值与 target 相等？找出所有满足条件且不重复的四元组。

注意：答案中不可以包含重复的四元组。

示例

给定数组 nums = [1, 0, -1, 0, -2, 2]和 target = 0。

满足要求的四元组集合为 [[-1, 0, 0, 1],[-2, -1, 1, 2],[-2, 0, 0, 2]]。

解法一　暴力法（超时）

这道题目在三数之和的基础上，数的个数又增加了一个，变成了 4 个，并且与上一题相比，本题的 target 不恒等于 0。

首先考虑使用暴力法来解决。

思路

一个符合直觉的算法是暴力地将所有的四元组枚举出来，并判断其和是否等于 target。唯一需要注意的是去重，比如[-1, 0, 0, 1] 和 [0, 0, -1, 1]只能算一个四元组。在这里，使用了序列化数组作为 key，四元组作为 value 的方法，将其保存到 hashmap 中来达到去重的目的。

这里会用到回溯法，而回溯法的基本思路是，首先固定 1 个元素，然后固定第 2 元素……，直到全部元素（在这里是 4 个元素）确定下来，判断是否满足要求（在这里是不重复且和为 target）。如果满足要求，则将其加入结果集；如果不满足要求，则回退一步走其他分支。这种每次面临多个选择，选择其中一个走到头，之后回退到选择点继续其他选择的方法，被称为回溯法。关于回溯法的解题思路可以参考第 16 章的内容，关于回溯法解题的模板可以参考 18.2 节的内容。

代码

```
01 class Solution:
02     def backtrack(self, res: List[List[int]], nums: List[int], n:int, 03
    tempList: List[int], remain:int, start:int, hashmap:dict):
04         if (len(tempList) > 4):
05             return
06         if (remain == 0 and len(tempList) == 4):
07             if (str(tempList) in hashmap):
```

```
08          return
09      else:
10          hashmap[str(tempList)] = True
11          return res.append(tempList.copy())
12  for i in range(start, n):
13      tempList.append(nums[i])
14      self.backtrack(res, nums, n, tempList,
15                     remain - nums[i], i + 1, hashmap)
16      tempList.pop()
17
18  def fourSum(self, nums: List[int], target: int) -> List[List[int]]:
19      res = []
20      hashmap = {}
21      nums.sort()
22      self.backtrack(res, nums, len(nums), [], target, 0, hashmap)
23      return res
```

复杂度分析

● 时间复杂度：时间复杂度取决于组合数，由排列组合原理可知，组合数共有 $n(n-1)(n-2)(n-3)$ 个，因此时间复杂度为 $O(n^4)$ 个，其中 n 为数组长度。

● 空间复杂度：由于使用了 hashmap 来存储所有访问过的组合，因此空间复杂度为 $O(n^4)$，其中 n 为数组长度。

解法二　分治法

上面的算法比较直观，容易想到，直接套模板就可以解，但是有超时的风险，我们来看一下更优的算法。

思路

可以将问题分解为若干子问题，对子问题求解后将解合并即可。具体来看，可以先将四数和 four_sum 分解为两数和，即 twoSum(a, threeSum(A))，其中 a 是数组中的任意数，A 是除 a 之外的其他数的集合；接下来继续对三数和 threeSum 进行分解，将其分解为 twoSum(b, twoSum(B))。这样就将四数和问题转化为了两数和问题，至此，使用前面讲过的两数和的解法即可解决。

代码

```
01 class Solution:
02     def fourSum(self, nums: List[int], target:int):
03         nums.sort()
04         results = []
05         self.findNsum(nums, target, 4, [], results)
06         return results
07
08     def findNsum(self, nums: List[int], target:int, N:int, tempList:
09                     List[int], results:List[List[int]]):
10         if len(nums) < N or N < 2:
11             return
12
13         # two-sum
14         if N == 2:
15             l = 0
16             r = len(nums) - 1
17             while l < r:
18                 if nums[l] + nums[r] == target:
19                     results.append(tempList + [nums[l], nums[r]])
20                     l += 1
21                     r -= 1
22                     # skip duplicated
23                     while l < r and nums[l] == nums[l - 1]:
24                         l += 1
25                     while r > l and nums[r] == nums[r + 1]:
26                         r -= 1
27                 elif nums[l] + nums[r] < target:
28                     l += 1
29                 else:
30                     r -= 1
31         # 缩减问题规模
32         else:
33             for i in range(0, len(nums)):
34                 # skip duplicated
35                 if i == 0 or i > 0 and nums[i-1] != nums[i]:
36                     self.findNsum(nums[i + 1:], target - nums[i],
37                         N - 1, tempList + [nums[i]], results)
38         return
```

复杂度分析

● 时间复杂度：$O(n^3)$。

● 空间复杂度：本算法的空间消耗主要由 tempList、调用栈和排序算法这 3 块组成。和 tempList 的空间消耗相比，调用栈及排序算法产生的空间消耗更少，因此空间复杂度为 $O(n)$，其中 n 为数组长度。

2.4 四数相加II

题目描述（第454题）

给定 4 个包含整数的数组列表 A、B、C、D，计算有多少个元组(i, j, k, l)能使 A[i] + B[j] + C[k] + D[l] = 0。

为了使问题简单化，所有的 A、B、C、D 具有相同的长度 n，且 $0 \leqslant n \leqslant 500$。所有整数的范围在–228 到 228 – 1 之间，最终结果不会超过 $2^{31} - 1$。

示例

输入：A = [1, 2]，B = [-2, -1]，C = [-1, 2]，D = [0, 2]

输出：2

解释：

两个元组如下。

● (0, 0, 0, 1) → A[0] + B[0] + C[0] + D[1] = 1 + (-2) + (-1) + 2 = 0

● (1, 1, 0, 0) → A[1] + B[1] + C[0] + D[0] = 2 + (-1) + (-1) + 0 = 0

这是四数之和的第 2 个版本。这道题不再是 1 个数组，而是 4 个数组，并在每个数组中挑选一个数，使其相加等于 0。

思路

类似地，我们仍然可以固定两个元素，然后将所有的两两组合存起来，然后去寻找另外两个元素。这样的时间复杂度为 $O(n^2)$。如果你愿意的话，也可以固定 1 个元素然后寻找 3 个元素，但是这样的时间复杂度是 $O(n^3)$。

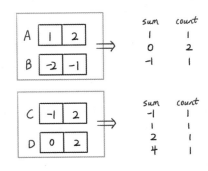

代码

```
01  class Solution:
02      def fourSumCount(self, A: List[int], B: List[int], C: List[int],
                            D: List[int]) -> int:
03          mapper = {}
04          res = 0
05          for i in A:
06              for j in B:
07                  mapper[i + j] = mapper.get(i + j, 0) + 1
08
09          for i in C:
10              for j in D:
11                  res += mapper.get(-1 * (i + j), 0)
12          return res
```

复杂度分析

● 时间复杂度：$O(n^2)$。

● 空间复杂度：我们使用 mapper 来存储 A 和 B 两两相加的结果，因此空间复杂度为 $O(n)$，其中 n 为数组长度（题目限定了 A、B、C、D 这 4 个数组长度是相同的）。

2.5 最接近的三数之和

题目描述（第 16 题）

给定一个包括 n 个整数的数组 nums 和一个目标值 target。找出 nums 中的 3 个整数，使它们的和与 target 最接近。返回这 3 个数的和。假定每组输入只存在唯一答案。

例如，给定数组 nums = [-1,2,1,-4]和 target = 1。

与 target 最接近的 3 个数的和为 2，即-1 + 2 + 1 = 2。

思路

和上面三数之和的题目描述几乎一样，唯一不同的是，这次数组中的 3 个数相加可能永远达不到 target，这里要返回三数相加最接近 target 的和，从数学角度说就是三数之和与 target 的差的绝对值最小。

和上面的思路一样，仍然先进行排序，然后固定 1 个元素，内部循环使用双指针即可。唯一不同的是判断逻辑有所不同，不再是三数之和等于 target，而是三数之和与 target 的差的绝对值最小。由于题目要求返回 3 个数之和，因此用一个变量 res 去记录 3 个数相加的和，如果该和与 target 的差的绝对值更小，就去更新 res。

代码

```
01  class Solution:
02      def threeSumClosest(self, nums: List[int], target: int) -> int:
03          n = len(nums)
04          if (n < 3):
05              return
06          nums.sort()
07          res = nums[0] + nums[1] + nums[2]
08          for i in range(n - 2):
09              # 去重
10              if i > 0 and nums[i] == nums[i-1]:
11                  continue
12              # 固定 i，寻找 l 和 r，使用双指针法
13              l = i + 1
14              r = n - 1
15              while l < r:
16                  s = nums[i] + nums[l] + nums[r]
17                  if s == target:
18                      return s
19
20                  if abs(s - target) < abs(res - target):
21                      res = s
22
23                  if s < target:
24                      l += 1
25                  elif s > target:
26                      r -= 1
27
28          return res
```

复杂度分析

- 时间复杂度：和三数之和一样，时间复杂度为 $O(n^2)$。

- 空间复杂度：不确定，取决于内部排序算法的具体实现。

n 数和问题是力扣（LeetCode）比较经典的系列题目之一，我们从最经典的两数之和、三数之和、四数之和开始，到最接近的三数之和，以及四数之和 II，不难发现它们有着很强的关联性。希望读者从这些题目中可以找到规律和"套路"，不管是思路上、解法上，还是代码模板上。

2.6 最大子序列和

题目描述（第 53 题）

求数组中最大连续子序列和，例如，给定数组 A = [1, 3, -2, 4, -5]，则最大连续子序列和为 6，即 1 + 3 + (-2) + 4 = 6。

首先明确一下题意。

- 题目说的子数组是连续的。
- 题目只需要求和，不需要返回子数组的具体位置。
- 数组中的元素是整数，可能是正数、负数和 0。
- 子序列的最小长度为 1。

比如：

- 对于数组 [1, -2, 3, 5, -3, 2]，应该返回 3 + 5 = 8。
- 对于数组 [0, -2, 3, 5, -1, 2]，应该返回 3 + 5 + (-1) + 2 = 9。
- 对于数组 [-9, -2, -3, -5, -3]，应该返回 -2。

解法一 暴力法（超时）

一般情况下，可以先用暴力法进行分析，再一步步进行优化。

思路

首先来试一下最直接的方法，就是计算所有的子序列和，然后取出最大值。定义 $Sum[i,\cdots,j]$ 为数组 A 中第 i 个元素到第 j 个元素的和，其中 $0 \leqslant i \leqslant j < n$，遍历所有可能的 $Sum[i,\cdots,j]$ 即可。

代码

```
01 class Solution:
02     def maxSubArray(self, nums: List[int]) -> int:
03         n = len(nums)
04         maxSum = float('-inf')
```

```
05        total = 0
06        for i in range(n):
07            total = 0
08            for j in range(i, n):
09                total += nums[j]
10                maxSum = max(maxSum, total)
11
12        return maxSum
```

复杂度分析

● 时间复杂度：$O(n^2)$，其中 n 为数组长度。

● 空间复杂度：$O(1)$。

解法二　分治法

解法一的空间复杂度非常理想，但是时间复杂度有点高，该怎么优化呢？

思路

这道题实际上是一个可以用多种方法解决的题目，如果你想到了上面的解法，我想面试官肯定不会满意，而如果你一时想不到更好的解决方法的话，有两种方法可以帮助你厘清思路。

1. 举几个简单的例子。这种方法通常适用于很复杂的问题，人们一时难以发现其中的规律。树和链表等题目使用这种方法比较好，搭配画图来将问题进行可视化的展现效果会更好。

2. 将大问题拆解为若干子问题，通过解决子问题，以及探寻子问题和大问题之间的关系来解决。

这里我们采用第 2 种方法。

假如先把数组平均分成左、右两部分，那么此时有 3 种情况。

● 最大子序列全部在数组左部分，不妨用 left 表示。

● 最大子序列全部在数组右部分，不妨用 right 表示。

● 最大子序列横跨数组左右部分，不妨用 crossMaxSum 表示。

对于前两种情况，相当于将原问题转化成了规模更小的同类问题。对于第 3 种情况，由于已知循环的起点（即中点），只需要向左、向右分别找出左边和右边的最大子序列，那么当前最大子序列就是向左能够达到的最大子序列 + nums[mid] + 向右能够达到的最大子序列。因此，一个思路就是每次都将数组分成左、右两部分，然后分别计算上面这 3 种情况的最大子序列和，最后返回最大值即可。

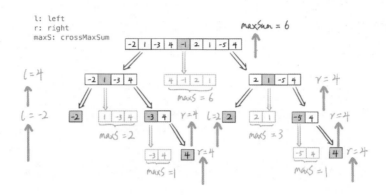

代码

```
01  class Solution:
02      def maxSubArray(self, nums: List[int]) -> int:
03          return self.helper(nums, 0, len(nums) - 1)
04      def helper(self, nums: List[int], l:int, r:int):
05          if l > r:
06              return float('-inf')
07          mid = (l + r) // 2
08          left = self.helper(nums, l, mid - 1)
09          right = self.helper(nums, mid + 1, r)
10          left_suffix_max_sum = right_prefix_max_sum = 0
11          total = 0
12          for i in reversed(range(l, mid)):
13              total += nums[i]
14              left_suffix_max_sum = max(left_suffix_max_sum, total)
15          total = 0
16          for i in range(mid + 1, r + 1):
17                  total += nums[i]
18              right_prefix_max_sum = max(right_prefix_max_sum, total)
19          cross_max_sum = left_suffix_max_sum + right_prefix_max_sum
20                                              + nums[mid]
21          return max(cross_max_sum, left, right)
```

复杂度分析

● 时间复杂度：从上图可以看出每层的节点在 $[n,2n]$ 之间，且一共有 $\log n$ 层，因此时间复杂度为 $O(n\log n)$，其中 n 为数组长度。

● 空间复杂度：空间复杂度取决于函数调用栈的深度，故空间复杂度为 $O(\log n)$，其中 n 为数组长度，这也可以从上图直观地感受到。

解法三　动态规划

思路

我们重新思考一下这个问题，观察能否将其拆解为规模更小的问题，并找出递推关系来解决？

不妨假设问题 $Q(\text{list}, i)$ 表示 list 中以索引 i 结尾的最大子序列和，那么原问题就转化为 $Q(\text{list}, i)$ 中的最大值，其中 $i = 0,1,2,\cdots,n\text{-}1$。

继续来看一下 $Q(\text{list}, i)$ 和 $Q(\text{list}, i\text{-}1)$ 的关系，即如何根据 $Q(\text{list}, i\text{-}1)$ 推导出 $Q(\text{list}, i)$。

1. 如果 $Q(\text{list}, i\text{-}1) > 0$，则表示以索引 $i\text{-}1$ 结尾的最大子序列和大于 0，因此 nums[i] 一定要和 $Q(\text{list}, i\text{-}1)$ 部分结合，这样才能使结果更优，即 $Q(\text{list}, i)=Q(\text{list}, i\text{-}1)+\text{nums[i]}$，这是一种贪心的思想。

2. 如果 $Q(\text{list}, i\text{-}1) \leq 0$，则为了使结果更优，nums[i] 应该不与 $Q(\text{list}, i\text{-}1)$ 相加。

分析到这里，递推关系就很明朗了，即 $Q(\text{list}, i) = \max(0, Q(\text{list}, i\text{-}1)) + \text{nums[i]}$。

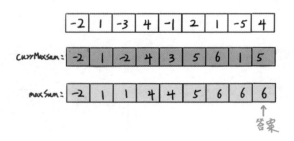

代码

```
01 class Solution:
02    def maxSubArray(self, nums: List[int]) -> int:
03        n = len(nums)
04        max_sum_ending_curr_index = max_sum = nums[0]
05        for i in range(1, n):
06            max_sum_ending_curr_index = max(max_sum_ending_curr_index
07                                            + nums[i], nums[i])
08            max_sum = max(max_sum_ending_curr_index, max_sum)
09
10        return max_sum
```

复杂度分析

- 时间复杂度：$O(n)$，其中 n 为数组长度。
- 空间复杂度：$O(1)$。

解法四　前缀和

思路

下面从数学分析的角度来看一下这个题目。定义函数 $S(i)$，它的功能是计算从 0（包括 0）开始加到 i（包括 i）的值，即 $S(i) = \text{list}[0] + \text{list}[1] + \cdots + \text{list}[i]$。那么 $S(j) - S(i-1)$ 就等于从 i 开始（包括 i）加到 j（包括 j）的值，这在数学上被称为前缀和求差，因此实际上只需要遍历一次计算出所有的 $S(i)$，其中 i 等于 $0,1,2,\cdots,n-1$，然后利用前缀和就可以计算出任意区间的和。这种算法的时间复杂度为 $O(n)$，空间复杂度为 $O(1)$。

其实很多题目都有这样的思想，比如每日一题——电梯问题（见参考链接/正文[1]）。甚至可以将此方法扩展到二维空间，即对二维空间计算前缀和，利用前缀和的技巧计算任意矩阵区域的和，由于篇幅原因，这里就不展开讲解了。

代码

```
01 class Solution:
02    def maxSubArray(self, nums: List[int]) -> int:
03        n = len(nums)
04        maxSum = nums[0]
05        minSum = sum = 0  # minSum 保存已经计算过的最小的前缀和
06        for i in range(n):
07            sum += nums[i]
08            maxSum = max(maxSum, sum - minSum)
```

```
09          minSum = min(minSum, sum)
10
11      return maxSum
```

复杂度分析

- 时间复杂度：$O(n)$，其中 n 为数组长度。
- 空间复杂度：$O(1)$。

小结

我们使用了 4 种方法来解决最大子序列和问题，并详细分析了各个解法的思路及复杂度。即使你无法通过数学方法解决，通过分治法或动态规划解决也是可以的。相信下次你碰到相同或类似的问题时也能够发散思维，做到一题多解、多题一解。

这里只是求出了最大的和，如果题目进一步要求求出最大子序列和的子序列呢？如果题目允许不连续呢？又该如何思考和变通？如果将数组改成二维的，求解最大矩阵和该怎么计算？这些问题就留给读者自己思考了。

2.7 最大数

题目描述（第 179 题）

给定一组非负整数，重新排列它们的顺序使之组成一个最大的整数。

示例 1

输入：[10,2]

输出：210

示例 2

输入：[3,30,34,5,9]

输出：9534330

说明：输出结果可能非常大，所以你需要返回一个字符串而不是整数。

思路

这道题其实是排序题目的变种，是一道披着数学外衣的排序题。

首先我们要知道一个数学常识。

1. 如果两个数位数不同,那么位数大的数更大。

2. 如果两个数位数相同,比如两个数 123a456 和 123b456,如果 $a > b$,那么 123a456 大于 123b456,否则 123a456 小于或等于 123b456。也就是说,两个相同位数的数的大小关系取决于第一个不同的数字的大小。

这道题由于总的位数是确定的,就是数组全部位数之和,因此我们的入手点就是上面提到的第 2 点,即越高位的数字越大越好,但是这里需要考虑特殊情况,题目给出的测试用例就能够很好地说明问题。示例 2 中按降序排序得到的数是 9534303,然而交换 3 和 30 的位置可以得到正确答案 9534330,因此,在排序的比较过程中,我们需要自定义排序的策略,即自己决定哪个元素排在前面。一种方式是将比较元素(即题目中的非负整数)转化为字符串,然后用字符串的比较即可避免上述问题。比如上述例子中的 3 和 30,按照拼接后的字符串比较'303'和'330'哪个大,从而决定谁排在前面就好了。

我们可以先将数字数组转化为字符串数组,然后排序,这个过程需要定制比较逻辑。和其他编程语言一样,Python 支持这种自定义的比较逻辑,如果你不熟悉也没关系,这里简单地讲解一下,熟悉的读者可以选择跳过本部分内容。

对于 s.sort(reverse=True, key=functools.cmp_to_key(comp))而言,comp 是我们自定义的比较函数,它接收两个参数,分别是 a 和 b,表示需要进行比较的两个元素。接下来是重点。

● 如果返回值为正,则 b 在前,a 在后。

● 如果返回值为负,则 a 在前,b 在后。

● 如果返回值为 0,则保持相对位置不变。

你只需要自定义并实现比较逻辑,然后返回正数、负数或 0 即可。

代码

```
01 | import functools
02 |
03 |
04 | class Solution:
05 |    def largestNumber(self, nums: List[int]) -> str:
06 |        s = [str(i) for i in nums]
07 |
08 |        def comp(a, b):
09 |            if (a + b) > (b + a):
10 |                return 1
```

```
11          if (a + b) < (b + a):
12              return -1
13          return 0
14
15      # 这里加了一次 int 转换过程，用于处理第 1 个数为 0 的情况
16      s.sort(reverse=True, key=functools.cmp_to_key(comp))
17      return str(int("".join(s)))
```

如果你喜欢短小精悍的代码，可以参考下面这段代码。

```
01 def largestNumber(self, nums):
02    return str(int(''.join(sorted(map(str, nums), cmp=lambda a,
03                                  b:cmp(b+a,a+b)))))
```

复杂度分析

● 时间复杂度：这里总的时间复杂度是由排序决定的，因此这种算法的时间复杂度为 $O(n\log n)$，其中 n 为数组长度。

● 空间复杂度：由于我们将输入转化成了字符串数组，因此这里的空间复杂度为 $O(n)$，其中 n 为数组长度。

扩展

如果改为求最小数该怎么做？我们的解题策略需要做怎样的调整？

2.8 分数到小数

题目描述（第 166 题）

给定两个整数，分别表示分数的分子 numerator 和分母 denominator，以字符串形式返回小数。

如果小数部分为循环小数，则将循环的部分放在括号内。

示例 1

输入：numerator = 1，denominator = 2

输出："0.5" 。

示例 2

输入：numerator = 2，denominator = 1

输出："2"

示例 3：

输入：numerator = 2，denominator = 3

输出："0.(6)"

思路

首先需要明确的一点是，只要是能够被分数表示的数都是有理数。还有一点需要了解，有理数只能是有限数或无限循环小数，因此题目中不可能出现无限不循环的情况，也就是说问题是可解的。这道题目的难点是找出循环节，一旦找到循环节，剩下要做的就是简单地将商的整数部分和循环节（如果存在）进行拼接。

为了厘清思路，不妨从几个寻常的例子入手。既然问题的难点是找到循环节，那么我们直接来看一个有循环节的例子：numerator = 2，denominator = 3。

步骤 1：让分子除以分母。

步骤 2：如果余数是 0，则直接退出，否则执行步骤 3。

步骤 3：把余数乘以 10 作为分子，分母不变，然后继续执行步骤 1。

以 2/3 为例，上面的过程会无限循环，因此必须手动退出，计算出循环节并返回。上述例子中分母始终不变，分子将会是类似 2,6,6,6,6,6,6,…这样的序列，容易看出循环节是 6。如何证明其正确性呢？

由于分母是不变的，因此下一个分子如果在前面序列中出现过，那么一定会形成循环。假设分子为 m，那么理论上循环节的长度不会超过 m-1。一个简单的思路是用哈希表记录分子出现的情况，如果下一个分子在之前出现过，我们就找到了循环节。将上一次和这一次分子出现的位置之间的部分（左闭右开）作为循环节即可。由于我们需要用到分子出现的位置信息，因此使用数组来代替哈希表，不过这对于结果来说并不重要。如果愿意你也可以使用哈希表。

代码

最终结果由两部分组成，分别是符号和值。简单起见，首先取绝对值，计算出值部分。然后通过二者相除是否大于 0 计算出符号部分。

```
01 class Solution:
02
```

```
03    def fractionToDecimal(self, numerator: int, denominator: int)
                                        -> str:
04        # 长除法
05        n, remainder = divmod(abs(numerator), abs(denominator))
06        sign = ''
07        if(numerator // denominator < 0):
08            sign = '-'
09
10        res = [str(n), '.']
11        seen = []
12        while(remainder not in seen):
13            seen.append(remainder)
14            n, remainder = divmod(remainder * 10, abs(denominator))
15            res.append(str(n))
16        # 处理循环节的格式
17        index = seen.index(remainder)
18        res.insert(index + 2, '(')
19        res.append(')')
20
21        return sign + "".join(res).replace('(0)', '').rstrip('.')
```

复杂度分析

● 时间复杂度：由于 seen 数组的长度最多为 denominator-1，我们最多执行 denominator-1 次循环体，因此时间复杂度为 $O(\text{denominator})$。

● 空间复杂度：由于 seen 数组的长度最多为 denominator-1，因此空间复杂度为 $O(\text{denominator})$。

2.9 最大整除子集

题目描述（第 368 题）

给出一个由无重复的正整数组成的集合，找出其中最大的整除子集，子集中任意一对 (S_i, S_j) 都要满足 $S_i \% S_j = 0$ 或 $S_j \% S_i = 0$。

如果有多个目标子集，返回其中任何一个均可。

示例 1

输入：[1,2,3]

输出：[1,2]（当然，[1,3] 也正确）

示例 2

输入：[1,2,4,8]

输出：[1,2,4,8]

思路

符合直觉的想法是求出所有的子集，一共是 2^n 个，然后判断是否满足"整除子集"的条件，并最终取出最大的即可，但这样做的复杂度非常高，我们来思考如何优化。

首先明确一点：如果存在一个整除子集 S 及整数 x，x 能够被 S 中最大的数整除，那么将 x 加入 S 就可以组成一个更大的整除子集。这个其实就是递推公式，因此可以维护一个集合，集合的 key 是整除子集中最大的数，value 是整除子集 S 本身。具体算法如下。

● 对数组进行排序，这里不妨进行一次升序排序。

● 遍历元素，对于数组中的每一项 x，检查 x 能否被 S 中的每一项 $S[d]$ 整除，也就是检查 $x \% d$ 是否等于 0。

● 如果可以，则说明最大整除子集可以+1，我们找到的新的最大整除子集为 $S[d] + x$。如果不可以，什么都不需要做。

● 当 S 全部遍历完成时，我们找出 $S[d] + x$ 中的最大者，将其写回 $S[x]$。

● 最后取 S 集合中的长度最大值即可。

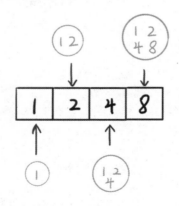

代码

```
01 class Solution:
02     def largestDivisibleSubset(self, nums: List[int]) -> List[int]:
03         # base case for simplicity
04         S = {-1: set()}
05         nums.sort()
06         for x in nums:
07             temp = []
08             for d in S:
09                 if (x % d == 0):
10                     S[d].add(x)
11                     temp.append(S[d])
12                     S[d].remove(x)
13             S[x] = max(temp, key=len) | {x}
14         return list(max(S.values(), key=len))
```

如果你喜欢短小精悍的代码，可以参考下面这段代码。

```
01 class Solution:
02     def largestDivisibleSubset(self, nums: List[int]) -> List[int]:
03         S = {-1: set()}
04         for x in sorted(nums):
05             S[x] = max((S[d] for d in S if x % d == 0), key=len) | {x}
06         return list(max(S.values(), key=len))
```

复杂度分析

● 时间复杂度：由于 S 会在循环的过程逐渐增大，最大会增大到 n，因此时间复杂度为 $O(n^2)$，其中 n 为数组长度。

● 空间复杂度：我们使用的额外空间有 S 和 temp，其中 temp 长度最大为 n，而 S 中的 key 共有 $n + 1$ 个，value 为一个 set，set 的平均长度为 n，因此总的空间复杂度为 $O(n^2)$，其中 n 为数组长度。

2.10 质数排列

题目描述（第 1175 题）

请你帮忙给从 1 到 n 的数设计排列方案，使所有的质数都被放在质数索引（索引值从 1 开始）上；你需要返回可能的方案总数。

让我们一起来回顾一下质数：质数一定是大于 1 的，并且不能用两个小于它的正整数的乘积来表示。

由于答案可能会很大，所以请你返回答案模 mod $10^9 + 7$ 之后的结果即可。

示例 1

输入：n = 5

输出：12

解释：举个例子，[1,2,5,4,3]是一个有效的排列，但[5,2,3,4,1]不是，因为在第 2 种情况下质数 5 被错误地放在索引值为 1 的位置上了。

示例 2

输入：n = 100

输出：682289015

提示

$1 \leqslant n \leqslant 100$。

思路

这道题其实就是输出全排列的个数，并且这个全排列有要求，即所有的质数都应该被放在质数索引（索引值从 1 开始）上。由于不需要返回每一个排列，因此这道题相对比较简单。

符合直觉的思路是算出所有的排列然后判断是否满足"所有的质数都在质数索引上"，如果是，则计数器+1。最后返回计数器的值即可。由排列组合原理可知，这种时间复杂度是阶乘，很明显会超时，我们需要换一种思路。

先观察一下题目给的例子。

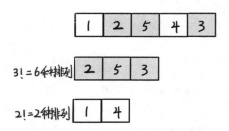

上图中灰色表示质数，白色表示非质数。两者具有非相关性，并且彼此不可以在对方的位置出现。也就是说，可以将原问题分解为两个独立的子问题，最后的结果就是两个独立子问题的排列数的乘积，而两个子问题分别是"质数的排列"和"非质数的排列"。假设 n 以内（包括 n）一共有 m 个质数，那么由排列组合原理可知其结果分别是 $m!$ 和 $(n-m)!$，因此最终结果即为 $m! \times (n-m)!$。

由于题目中 n 的范围是 $1 \leqslant n \leqslant 100$，我们将所有的质数写出来，类似技巧也会用在 26 个字母等有限集合中，这个技巧会在第 20 章进行详细讲解。

代码

```
01 class Solution:
02     def numPrimeArrangements(self, n: int) -> int:
03
04         def factorial(n) -> int:
05             if (n <= 1):
06                 return 1
07             return n * factorial(n - 1)
08         primes = [2, 3, 5, 7, 11, 13, 17, 19, 23, 29, 31, 37, 41, 43,
09                 47, 53, 59, 61, 67, 71, 73, 79, 83, 89, 97, 101]
10
11         primeCount = 0
12         while(primes[primeCount] <= n):
13             primeCount += 1
14         return factorial(primeCount) * factorial(n - primeCount) % (10 ** 9 + 7)
```

复杂度分析

● 时间复杂度：算法的瓶颈在于计算 factorial 的部分，因此总的时间复杂度为 $O(n)$。

● 空间复杂度：这里使用了递归来求解 factorial，因此总的空间复杂度为 $O(n)$，不过你完全可以使用迭代的方法求解。

总结

本章先从 n 数和开始，从最简单的两数和，到三数和、四数和，再到最后的最接近的三数和，通过多种方法多个角度来解决问题，相信之后你碰到类似的题目，也能够采取类似的方法，打开思路。

最大子序列和是一个经典的动态规划问题，很多人的第一反应就是动态规划，这本身并没有问题，但是从数学角度来看，也可以转化为前缀和问题，这何尝不是一种从数学角度的降维打击。

如果说前面的 6 道题不是真正的数学题，那么后面的 4 道题可以算是真正的数学题了，需要有点数学基础知识才能解决，但是其涉及的数学知识又非常简单，甚至题目已经对部分内容进行了解释，以至于即使你之前对相关知识点并不了解，也不影响你解决问题。

除本章列举的 10 道题之外，还有很多经典题目。由于篇幅有限，不方便在这里进行展开讲解。下面我列举了几个有代表性的题目，读者可以结合本章学习的内容进行针对性练习。

- 面试题 17.01. 不用加号的加法（见参考链接/正文[2]）。
- 第 29 题两数相除（见参考链接/正文[3]）。
- 第 43 题字符串相乘（见参考链接/正文[4]）。
- 第 69 题 x 的平方根（见参考链接/正文[5]）。
- 第 50 题 Pow(x, n)（见参考链接/正文[6]）。
- 第 204 题计数质数（见参考链接/正文[7]）。
- 丑数系列

另外，我列举一下力扣（LeetCode）中常见的数学知识点。

- 质数：质数的概念、性质及质数筛选法。
- 实现加/减/乘/除、平方、次方及开根号。
- 矩阵运算、矩阵的基本性质、矩阵的旋转等。
- 最大公约数：如何计算两个数的最大公约数，最大公约数的性质。
- 排列组合：排列组合的概念及计算。

如果读者对上面的知识点比较陌生，建议有针对性地学习加强。

第 **3** 章

回文的艺术

回文，是指正读反读结果都一样的句子，是一种修辞方法和文字游戏。回文又是很多算法教材中经常被提到的一类题目，并且在这些教材中其通常作为栈的一道练习题出现。力扣（LeetCode）中有关回文的题目也很多，单从数据结构这一层面上看就有字符串、数字和链表等相关的回文题。

本章先从最简单的回文字符串开始，到稍微复杂一点的回文链表，再到不那么直观的回文数。了解了回文的基本结构之后，我们再来看一下如何计算最长回文子串和最长回文子序列，最后尝试解决一个更复杂的例子——超级回文数。

3.1 验证回文字符串 II

从数据结构上讲，字符串或许是最简单的回文类型了，我们就先从回文字符串讲起。

题目描述（第 680 题）

给定一个非空字符串 s，要求最多删除一个字符，判断其是否能成为回文字符串。

示例 1

输入："aba"

输出：True

示例 2

输入："abca"

输出：True

解释：可以删除 c 字符。

注意：字符串只包含从 a~z 的小写字母，字符串的最大长度是 50000。

思路

这是一道 Facebook 的面试题，在力扣（LeetCode）上标记的难度级别为简单，是一道热身题。

上文提到了回文，回文是正读反读结果都一样的句子，因此一种直接的思路是建立两个指针，分别指向头和尾，然后同步地"读"。如果发现不一致，那么说明不是回文，如果两个指针相遇了都没有发现不一致，就说明是一个回文字符串。

具体算法如下。

1. 建立头/尾双指针 l 和 r，分别指向字符串的第一个元素和最后一个元素。

2. 比较两个指针对应的字符。

● 如果两个字符相同，则更新双指针，即 l += 1，r -= 1。

● 如果两个字符不同，则直接返回 False。

3. 重复步骤 2。如果 l 和 r 交会，则表示该字符串是回文字符串，直接返回 True 即可。

代码如下所示。

```
01  def isPalindrome(s: str, n: int) -> bool:
02      l = 0
03      r = n - 1
04      while l < r:
05          if s[l] != s[r]:
06              return False
07          l += 1
08          r -= 1
09
10      return True
```

基于此，我们继续考虑"最多删除一个字符，然后判断其能否成为回文字符串"。对上述回文字符串算法稍加改造，然后加上一些额外的逻辑来解决本题。我们仍然采用头/尾双指针的方法，并且更新指针的逻辑和上面也是一样的，不同之处如下。

1．如果头/尾指针对应的字符相同，那么没有必要删除任何字符。

2．如果头/尾指针对应的字符不同，那么必须删除一个字符才可能使之回文，并且由于只能删除一次，接下来只需要判断剩下的字符串是否能够构成回文即可。

具体算法如下。

1．建立头/尾双指针 l 和 r，分别指向字符串的第一个元素和最后一个元素。

2．如果 l 和 r 没有交会，则比较两个指针对应的字符。

● 如果两个字符相同，则更新双指针，即 l += 1，r -= 1，重复执行步骤 2。

● 如果两个字符不同，考虑删除左指针对应的字符或删除右指针对应的字符，并观察删除之后是否可以构成回文字符串。如果可以，则直接返回 True；如果不可以，则直接返回 False。

3．表示该字符串不需要删除字符就已经是回文字符串，直接返回 True。

代码

```
01  class Solution:
02      def validPalindrome(self, s: str) -> bool:
03          n = len(s)
04
05          def isPalindrome(s: str, i: int, n: int) -> bool:
06              l = 0
07              r = n - 1
08              while l < r:
09                  if l == i:
10                      l += 1
11                  elif r == i:
12                      r -= 1
13                  if s[l] != s[r]:
14                      return False
15                  l += 1
16                  r -= 1
17
18              return True
19
20          l = 0
21          r = n - 1
22
23          while l < r:
```

```
24          if s[l] != s[r]:
25              return isPalindrome(s, l, n) or isPalindrome(s, r, n)
26          l += 1
27          r -= 1
28      return True
```

复杂度分析

● 时间复杂度：虽然使用了一层循环，且循环内部调用了 isPalindrome，但由于每次循环 isPalindrome 最多只会执行两次，因此总的时间复杂度仍然是 $O(n)$，其中 n 为字符串的长度。

● 空间复杂度：$O(1)$。

思考

你能够将上述代码改造成迭代形式的吗？

3.2　回文链表

链表相对于字符串来说难度会增加一点，但其实二者都属于线性数据结构，因此难度也只表现在写法上，在思路上并没有增加太大的难度。

题目描述（第 234 题）

请判断一个链表是否为回文链表。

示例 1

输入：1→2

输出：False

示例 2

输入：1→2→2→1

输出：True

进阶

你能否用 $O(n)$ 时间复杂度和 $O(1)$ 空间复杂度解决此题？

思路

这是一道 Amazon 的面试题，难度级别为简单，是一道热身题。链表不同于数组（字符串本质上是字符数组），不支持随机访问。对于单链表来说，只有一个指向下一个节点的指针。如果不考虑复杂度，可以将链表进行一次遍历，遍历的同时将值放到一个数组中，然后可以采用字符串的思路去解决。这种算法需要额外的数组存储链表的值，因此这种算法的空间复杂度是 $O(n)$。空间上可以进一步优化。下面介绍一种空间复杂度为 $O(1)$ 的解法。

首先使用快/慢指针的技巧找到中点，找到中点的同时将前半部分链表进行反转。然后将慢指针和慢指针的前一个指针同时移动，如果两者指向的数字有一个不同则说明不是回文，否则则是回文。这里有两个要点。

● 如何找到中点？我们只需要建立快/慢指针，快指针 fast 每次走两步，慢指针 slow 每次走一步。这样当快指针走到终点时，慢指针刚好走到中间位置。

● 如何进行反转？其实链表反转是一个单独且常见的考点，力扣（LeetCode）上也有原题（第 206 题反转链表，见参考链接/正文[8]）。我们使用一个变量记录前驱 pre，一个变量记录后继 next，不断更新 current.next = pre 就好了。

反转链表的代码如下所示。

```
01 class Solution:
02     def reverseList(self, head: ListNode) -> ListNode:
03         if not head:
04             return None
05         prev = None
06         cur = head
07         while cur:
08             cur.next, prev, cur = prev, cur, cur.next
09         return prev
```

找到中点时链表情况如下图所示。

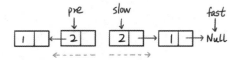

之后 pre 和 slow 分别向前、向后遍历即可。当然这里的"向前"本质上还是借助于 next

指针移动，只不过我们已经对前半部分进行了反转，因此可以通过 next 找到前驱节点。

代码

```
01 class Solution:
02     def isPalindrome(self, head: ListNode) -> bool:
03         pre = None
04         slow = fast = head
05         # 一边反转前半部分，一边找中点
06         while fast and fast.next:
07             # 先更新 fast 指针
08             fast = fast.next.next
09             # 再反转和更新 slow 指针
10             next = slow.next
11             slow.next = pre
12             pre = slow
13             slow = next
14         # 处理奇数个节点的情况
15         if fast:
16             slow = slow.next
17         # 从中点开始分别向前和向后遍历，逐个比较是否相同即可
18         while slow:
19             if slow.val != pre.val:
20                 return False
21             pre = pre.next
22             slow = slow.next
23         return True
```

复杂度分析

● 时间复杂度：算法由两部分组成。第 1 部分是找到中点，这部分的时间复杂度为 $O(n)$；第 2 部分是从中点分别向左和向右移动，这部分的时间复杂度同样是 $O(n)$，因此总的时间复杂度为 $O(n)$，其中 n 为节点数。

● 空间复杂度：$O(1)$。

3.3　回文数

题目描述（第 9 题）

判断一个整数是否是回文数。回文数是指正序（从左向右）和倒序（从右向左）读

都是一样的整数。

示例 1

输入：121

输出：True

示例 2

输入：-121

输出：False

解释：从左向右读为-121，从右向左读为 121-，因此它不是一个回文数。

示例 3

输入：10

输出：False

解释：从右向左读为 01，因此它不是一个回文数。

进阶

你能不将整数转化为字符串来解决这个问题吗？

如果将整数转化为字符串，问题就转化为前面讲过的判断字符串的回文算法。我们可以不将整数转化为字符串来解决这个问题吗？当然可以，并且也十分简单。

思路

在计算机程序中，整数中的各位数字不能像数组那样被随机访问，因此采用头/尾指针的方法行不通。

如果我们能够得到原数的倒序，那么只需要和原数进行比较，观察是否相同就可以了。一个简单的做法是将其转化为字符串然后让字符串逆序，但是这种做法还不如转化为字符串之后直接使用双指针，并且题目进阶中要求不将整数转化为字符串来解决这个问题，问题的关键在于得到原数的倒序。一个思路是从高位到低位依次得到整数每一位上的值，然后从低位到高位构建新的值。

不妨假设要判断的整数为 x，我们可以通过 $x\%10$（取余操作）获取 x 的最后一位，然后将 x 整除 10 得到的商更新到 x。这样不断循环直到 x 等于 0 为止。最后只要判断从后往前取的数和原来的数是否相同即可。

简单来说，检验一个整数是否为回文数，对于正数只需要检查它是否等于它的倒序即可，而构造一个整数的倒序，可以按位处理（这里假设倒序的整数不会越界）。

代码

```
01 class Solution:
02     def isPalindrome(self, x: int) -> bool:
03         if x < 0:
04             return False
05         if x == 0:
06             return True
07         if x % 10 == 0:
08             return False
09
10         res = 0
11         copy = x
12         while x > 0:
13             res = res * 10 + (x % 10)
14             x = x // 10
15
16         return copy == res
```

复杂度分析

- 时间复杂度：$O(n)$，其中 n 为整数的位数。

- 空间复杂度：$O(1)$。

3.4　最长回文子串

前面讲的是不同数据结构下的回文判断，并且都是难度级别为简单的题目。这一节来讲一道力扣（LeetCode）中难度级别为中等的题目。

题目描述（第 5 题）

给定一个字符串 s，找到 s 中最长的回文子串。可以假设 s 的最大长度为 1000。

示例 1

输入："babad"

输出："bab"

注意："aba" 也是一个有效答案。

示例 2

输入："cbbd"

输出："bb"

思路

暴力法是直接枚举出所有的子串，然后判断是否回文，用一个变量记录最大回文字符串即可。找出所有子串的时间复杂度为 $O(n^2)$，判断回文的时间复杂度为 $O(n)$，因此这种算法的时间复杂度是 $O(n^3)$，下面考虑优化。

可以使用一种叫作"中心扩展法"的算法。由回文的性质可以知道，回文一定有一个中心点，从中心点向左和向右所形成的字符序列是一样的，并且如果字符串的长度为偶数的话，中心点在中间的两个字符的中间位置（不对应具体字符）；如果是奇数的话，则中心点会在中间的字符上。

明白了这一点之后，我们进行一次遍历，然后对于每一个点，我们都认为它或它和它的下一个字符是中心点，然后我们从中心不断扩展即可。毫无疑问，这种算法是完备且正确的。

当然这道题也可以使用动态规划来解决，这里暂时不考虑这种解法，读者不妨自己使用动态规划试做一下。

代码

```
01 class Solution:
02     def longestPalindrome(self, s: str) -> str:
03         n = len(s)
04         if n == 0:
05             return ""
06         res = s[0]
07
08         def extend(i: int, j: int, s: str) -> str:
09             while i >= 0 and j < len(s) and s[i] == s[j]:
10                 i -= 1
11                 j += 1
12             return s[i + 1 : j]
13
14         for i in range(n - 1):
15             # 以自身为中心点
16             e1 = extend(i, i, s)
17             # 以自身和自身的下一个元素为中心点
18             e2 = extend(i, i + 1, s)
19             if max(len(e1), len(e2)) > len(res):
20                 res = e1 if len(e1) > len(e2) else e2
21         return res
```

复杂度分析

● 时间复杂度：枚举所有中心点的时间复杂度为 $O(n)$，extend 函数的时间复杂度仍然是 $O(n)$，因此总的时间复杂度为 $O(n^2)$，其中 n 为字符串的长度。

● 空间复杂度：$O(1)$。

扩展

你可以使用动态规划来解决这个题目吗？

3.5　最长回文子序列

和上面的题目类似，只是这道题从回文子串变成了回文子序列。力扣（LeetCode）上有很多题目都是这样的，只是将子串改成子序列就变成了另一道题。下面通过这两道题来看一下回文子串和回文子序列的不同。

题目描述（第 516 题）

给定一个字符串 s，找到其中最长的回文子序列。可以假设 s 的最大长度为 1000。

示例 1

输入："bbbab"

输出：4

一个可能的最长回文子序列为"bbbb"。

示例 2

输入："cbbd"

输出：2

一个可能的最长回文子序列为"bb"。

思路

如果还是采取最长回文子串的思路，问题会比较复杂，因为子序列的数量会很多，我们考虑换一种思路。绝大多数字符串子序列的题目都可以使用动态规划来解决，从而避免让算法达到指数级复杂度。

假设字符串中间部分的最长回文子序列长度已经算出，下面比较两侧的字符。

● 如果两侧字符相同，那么新的最长回文子序列就加 2。

● 如果两侧字符不同，那么新的最长回文子序列不变。

具体如下。

● 初始化一个 n 行 n 列的 dp 数组，其中 n 表示字符串的长度，dp[i][j]表示字符串 s[i:j+1] 中的最大回文子序列的长度。

● 使用两层循环找出所有的子串。

● 对每一个子串，我们考虑如下 3 种情况。

1．如果子串长度为 1，那么 dp[i][j]= 1。

2．如果 s[i] == s[j]，那么可以进行扩展 dp[i+1][j-1] + 2。

3．如果 s[i] != s[j]，则无法进行扩展，我们取 dp[i+1][j]和 dp[i][j-1]较大者即可。

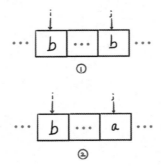

● 最后返回 dp[0][n-1]即可。

由于 dp[i][…]依赖于 dp[i+1][…]，因此外层循环需要从后往前进行遍历。

代码

```
class Solution:
    def longestPalindromeSubseq(self, s: str) -> int:
        n = len(s)
        dp = [[0] * n for i in range(n)]

        for i in reversed(range(n)):
            for j in range(i, n):
                if i == j:
                    dp[i][j] = 1
```

```
10          elif s[i] == s[j]:
11              dp[i][j] = dp[i + 1][j - 1] + 2
12          else:
13              dp[i][j] = max(dp[i + 1][j], dp[i][j - 1])
14      return dp[0][n - 1]
```

复杂度分析

● 时间复杂度：$O(n^2)$，其中 n 为字符串长度。

● 空间复杂度：这里使用了 $O(n^2)$ 的二维 dp 数组来存储中间状态，因此空间复杂度为 $O(n^2)$，其中 n 为字符串长度。

由于 dp[i][j] 仅依赖 dp[i + 1][j] 和 dp[i][j-1]，因此可以使用滚动数组技巧使空间复杂度降低到 $O(n)$，这个技巧将在动态规划章节进行讲解。

```
01  class Solution:
02      def longestPalindromeSubseq(self, s: str) -> int:
03          n = len(s)
04          pre = [0] * n
05          cur = [0] * n
06
07          for i in reversed(range(n)):
08              for j in range(i, n):
09                  if i == j:
10                      cur[j] = 1
11                  elif s[i] == s[j]:
12                      cur[j] = pre[j - 1] + 2
13                  else:
14                      cur[j] = max(pre[j], cur[j - 1])
15              pre = cur.copy()
16          return pre[-1]
```

复杂度分析

● 时间复杂度：$O(n^2)$，其中 n 为字符串长度。

● 空间复杂度：我们使用了两个长度为 n 的数组来存储中间状态，因此空间复杂度为 $O(n)$，其中 n 为字符串长度。

实际上，我们可以只使用一个数组和一个 pre 变量来解决这个题目，这次 pre 不再是数组而是一个数，具体解法留给读者来思考。

3.6 超级回文数

这是一道力扣（LeetCode）上难度级别为困难的题目，让我们一起来看一下。

题目描述（第 906 题）

如果一个正整数自身是回文数，而且它也是另一个回文数的平方，那么我们称这个数为超级回文数。

现在，给定两个正整数 L 和 R（以字符串形式表示），返回包含在范围 [L, R] 中的超级回文数的数目。

示例

输入：L = "4"，R = "1000"

输出：4

解释：4、9、121 和 484 是超级回文数。

注意：676 不是超级回文数：26 * 26 = 676，但 26 不是回文数。

提示

- $1 \leqslant len(L) \leqslant 18$。
- $1 \leqslant len(R) \leqslant 18$。
- L 和 R 表示在 $[1, 10^{18})$ 范围内的整数的字符串。
- $int(L) \leqslant int(R)$。

思路

暴力地对 math.floor($\sqrt{L}$)到 math.ceil($\sqrt{R}$)范围内的数进行遍历，并逐个判断其是否为回文数，如果是，则继续判断其平方是否是回文即可。

```
01  import math
02
03  class Solution:
04      def superpalindromesInRange(self, L: str, R: str) -> int:
```

```
05        cnt = 0
06
07        def validPalindrome(s: str) -> bool:
08            l = 0
09            r = len(s) - 1
10            while l < r:
11                if s[l] != s[r]:
12                    return False
13                l += 1
14                r -= 1
15            return True
16
17        for i in range(math.floor(int(L) ** 0.5), math.ceil(int(R)
                                        ** 0.5)):
18            if validPalindrome(str(i)) and validPalindrome(str(i ** 2)):
19                cnt += 1
20        return cnt
```

上面代码的时间复杂度显然已经大于 $O(\sqrt{R} - \sqrt{L})$，代入题目给出的数据范围大概率会超时，需要考虑剪枝。关于如何根据题目数据范围判断算法是否可行可参考第 20.1 节的相关内容。

剪枝是一种非常重要的思想，本书会在第 20 章进行详细讲述。

为什么不直接构造一个回文数 Q 呢？这样就省去了判断 Q 是否是一个回文数的过程，直接判断 Q 的平方即可。

这样的话，问题被转化为如何构造回文数，其核心代码如下。

```
01  i = 1
02  while i < 10 ** 5:
03      power = Math.floor(Math.log10(i));
04      x = i
05      # r 是倒序的 i
06      r = 0
07      while x > 0:
08          r = r * 10 + (x % 10)
09          x = x // 10
10      Q = i * 10 ** power + (r % 10 ** power)
11      # 我们得到了一个回文数 Q
12      i += 1
```

如果 i 是 123，那么 r 就应该为 321，Q 就应该为 123 × 100 + 321 % 100，即 12300 + 21，即 12321。

回文中心有两种，一种是回文中心为单个字符，一种是回文中心为两个字符，因此上面的算法并不完备，我们还需要考虑回文中心为两个字符的情况。拿上面的例子来说，就少考虑了 123321 这种情况。我们只需要补充这种情况即可。

代码如下所示。

```
01 | Q = i * 10 ** (power + 1) + r
```

这种算法的时间复杂度会比上面的稍微好一点，可以通过力扣（LeetCode）所有的测试用例，但是还有优化空间，读者不妨思考一下如何优化该算法。我也会在后面的章节带读者一步一步优化类似的题目，帮助读者打开思路。

代码

```
01 import math
02
03 class Solution:
04     def superpalindromesInRange(self, L: str, R: str) -> int:
05         cnt = 0
06         i = 1
07         # 防止重复的数据
08         seen = {}
09
10         def validPalindrome(s: str) -> bool:
11             l = 0
12             r = len(s) - 1
13             while l < r:
14                 if s[l] != s[r]:
15                     return False
16                 l += 1
17                 r -= 1
18             return True
19
20         while i < 10 ** 5:
21             # log10 防止精度丢失问题的出现
22             power = math.floor(math.log10(i))
23             x = i
24             r = 0
25             while x > 0:
26                 r = r * 10 + (x % 10)
27                 x = x // 10
```

```
28
29              Q = (i * 10 ** power + r % 10 ** power) ** 2
30
31              if Q > int(R):
32                  return cnt
33              if Q >= int(L) and validPalindrome(str(Q)):
34                  if Q not in seen:
35                      cnt += 1
36                      seen[Q] = True
37
38              Q = (i * 10 ** (power + 1) + r) ** 2
39              if Q >= int(L) and Q <= int(R) and validPalindrome(str(Q)):
40                  if Q not in seen:
41                      cnt += 1
42                      seen[Q] = True
43              i += 1
44
45      return cnt
```

复杂度分析

● 时间复杂度：$O(\sqrt[4]{W}\log W)$，其中 W 为 R 的上限，在这道题中就是 10^{18}，而 18 的 1/4 是 4.5，因此代码中循环到 10^5 是足够的。

● 空间复杂度：用 seen 来存储所有出现过的超级质数，因此空间复杂度为 $O(\text{cnt})$，其中 cnt 为[L, R]间的超级回文数的个数，也就是问题的解。

总结

本章先从最简单的验证回文开始讲起，分别讲述了字符串、链表和数字的回文验证。接着，讲解如何使用中心扩展法解决最长回文子串问题，并使用动态规划解决最长回文子序列问题，这两种算法都很常见。最后讲解了一道在力扣（LeetCode）上难度级别为困难的题目——超级回文数，来加深我们对回文的理解，实际上这道题并不难，验证数字回文加上剪枝即可。

回文并不是一种算法，回文题目中的算法也千差万别，但是了解回文的性质，并能够判断回文是解决回文问题的基础。还有一种查找一个字符串的最长回文子串的方法，与我们介绍的中心扩展法不同，这是一种线性时间的算法。它就是 Manacher's Algorithm

（见参考链接/正文[9]），由一个叫 Manacher 的人在 1975 年发明。这个方法的最大贡献在于将时间复杂度优化为线性的。还有一种和 Manacher's Algorithm 类似的算法，叫作 **Rabin-Karp 算法**（见参考链接/正文[10]），这个方法也可以将时间复杂度优化为线性的，并且理解起来更容易，但是相对来说局限性也更大，这里就不展开讲解了，感兴趣的读者可以研究一下这两种算法。

第 **4** 章

游戏之乐

想必读者都喜欢玩游戏，力扣（LeetCode）中与游戏相关的题目有很多，它们场景各异，从问题角度可以分为**求解**和**博弈**两大类。虽然这里的游戏无法提供感官刺激，但在解题过程中可以为你带来同样的快乐。博弈类的问题我们留在第 12 章专门分析，本章将重点关注求解类游戏。

几乎每一种算法思想都能够在游戏的世界里找到归宿，使用什么样的思路通常要在看透问题的本质后才能判断，用下面几道题目来验证你是否可以过关吧。

4.1 外观数列（报数）

题目描述（第 38 题）

外观数列是一个整数序列，从数字 1 开始，序列中的每一项都是对前一项的描述。前 5 项如下。

```
1
11
21
1211
111221
```

1 被读作 "one 1"（一个一），即 11。

11 被读作 "two 1s"（两个一），即 21。

21 被读作 "one 2，one 1"（一个二，一个一)，即 1211。

给定一个正整数 n（1≤n≤30），输出外观数列的第 n 项。

注意：整数序列中的每一项将表示为一个字符串。

示例 1

输入：1

输出："1"

解释：这是一个基本样例。

示例 2

输入：4

输出："1211"

解释：当 n=3 时，序列是 "21"，其中有 "2" 和 "1" 两组，"2" 可以读作 "12"，也就是出现频次为 1，而值为 2；类似于 "1" 可以读作 "11"，所以答案是 "12" 和 "11" 组合在一起，也就是 "1211"。

解法一　迭代法

思路

这道题目的英文标题为 count and say，直译过来是计算并报数，与外观数列的描述相比，作者认为前者要形象许多。这是一种并不复杂的报数游戏，根据题意，11 被读作 "two 1s"（两个一），即 21；21 被读作 "one 2，one 1"（一个二，一个一)，即 1211，每次报数产生的新的字符串由原字符串的每个字符及其计数拼接构成。

从 1 到 n 的过程需要逐次报数，每次报数又需要从头到尾遍历上一次报数的结果，因此在这里使用双重循环是顺理成章的。

● 内层循环实现报数，即字符拼接过程。遍历数列，使用变量 current_char 和 char_count 记录正在报数的数字和出现次数。

> ➤ 如果当前数字和正在记录的数字一致，增加计数。

> ➤ 否则就进行一次报数，即将被记录数字和出现次数拼接在临时结果序列 tmp 中，同时将记录的数字替换为当前数字，将计数设置为 1。

- 外层循环负责为下一次报数提供新的数列，并进行中间变量的初始化。

  ➢ 初始化 tmp、current_char、char_count，并在内层循环结束时为末尾的数字进行一次报数。

  ➢ 将结果记录到 ans 中。

  ➢ 循环的最后一轮，被保存的结果就是我们需要的答案。

代码

```
01 class Solution:
02     def countAndSay(self, n: int) -> str:
03         ans = "1"
04         for i in range(1, n):
05             tmp = ""
06             current_char, char_count = ans[0], 0
07             for j in range(len(ans)):
08                 if ans[j] != current_char:
09                     tmp += str(char_count) + current_char
10                     current_char, char_count = ans[j], 1
11                 else:
12                     char_count += 1
13             tmp += str(char_count) + current_char
14             ans = tmp
15         return ans
```

复杂度分析

- 时间复杂度：计算规模随着迭代次数 n 及每次计算得到的字符串长度的变大而变大，因此时间复杂度为 $O(mn)$，m 为最后一次计算时的字符串长度。

- 空间复杂度：$O(m)$，m 为最后一次计算时的字符串长度。

解法二　递归法

下面换一种思路，先不考虑具体如何报数，从 1 到 n 的数列产生逻辑很好地体现了递归思想。假设报数，即字符的拼接过程为函数 do_string，我们可以很快得到递归解法的雏形。

```
01 def countAndSay(self, n: int) -> str:
02     previous_string = self.countAndSay(n - 1)
03     current_string = self.do_string(previous_string)
04     return current_string
```

剩下要做的无非是实现字符拼接逻辑 do_string：依照题意遍历字符串，以当前记录中的字符为基准，遇到相同字符时记录字符个数；遇到不同的字符时打印计数和字符，并替换记录的字符；继续遍历直至末尾。

与前面已经列出的递归框架结合，我们可以很快地完成这道题目的解答。

代码

```
01  class Solution:
02      def countAndSay(self, n: int) -> str:
03          if n == 1:
04              return "1"
05          previous_string = self.countAndSay(n - 1)
06          # do_string 部分的逻辑如下
07          char_index, char_count = 0, 1
08          current_string = ""
09          for i in range(len(previous_string) - 1):
10              if previous_string[char_index] == previous_string[i + 1]:
11                  char_count += 1
12              else:
13                  current_string += str(char_count) + previous_string[char_index]
14                  char_index, char_count = i + 1, 1
15
16          current_string += str(char_count) + previous_string[char_index]
17          return current_string
```

复杂度分析

● 递归次数随着输入值 n 的增加而增加，每次计算的规模随着字符串 previous_string 的变长而变大，因此时间复杂度为 $O(mn)$，m 为最后一次计算的字符串长度。

● 空间复杂度：由于使用了递归，递归函数的参数 n 每次减少 1，因此空间复杂度为 $O(n+m)$，m 为最后一次计算时的字符串长度。

4.2 24点

题目描述（第 679 题）

有 4 张分别写有 1 到 9 数字之一的牌，需要判断是否能通过×、/、+、-、(,)的运算得到 24。

示例 1

输入：[4, 1, 8, 7]

输出：True

解释：(8−4) × (7−1) = 24。

示例 2

输入：[1, 2, 1, 2]

输出：False

注意

除法运算符/表示实数除法，而不是整数除法，例如，4 / (1 − 2/3) = 12。

这里的每个运算符都需要对两个数进行运算。特别是我们不能把 − 用作一元运算符。例如，当输入为[1, 1, 1, 1]时，表达式−1 − 1 − 1 − 1 是不被允许的。也不能将数字连接在一起。例如，当输入为 [1, 2, 1, 2] 时，不能写成 12 + 12。

报数游戏热身过后，让我们来解决一道更贴近生活的题目。相信不少读者都玩过 24 点，玩游戏的时候你是否考虑过具体算法呢？

解法一　回溯递归法

思路

4 张牌加上四则运算，为拼出 24 点我们需要对这些数字和运算规则进行排列组合，如示例 1 中，输入数组为[4, 1, 8, 7]，一种解法是将数字重新排列为 8,4,7,1，同时先后进行（8 − 4）、（7 − 1）及两者的乘法。由此不难看出针对此游戏，我们是可以穷举出所有潜在结果并得到答案的，穷举的过程可以分两步进行。

- 计算 4 个数字的全排列，如果有重复数字应当去重。
- 针对每一种排列计算所有可能的结果，与 24 进行比对。

数字的排列组合

第 1 步需要得出给定 4 个数字可以产生的全部非重复排列。Python 语言自带的 itertools 模块是实现了全排列函数的，我们可以使用它方便地得到全排列结果：[list(i) for i in itertools.permutations(nums)]。不过求排列组合实际上也是力扣（LeetCode）中的一类题目，此时的场景对应第 47 题全排列 II 问题，我们来看一看如何使用笨方法来实现全排列。

学习过排列组合的读者应该知道，n 个数字的全排列一共有 $n!$ 个，其推理也并不复杂：选择排列中的第 1 个数字时有 n 种选择，选择第 2 个数字时因为已经用掉了一个，那么还剩 $n - 1$ 种选择，以此类推，直至最后一个位置的可选数字只有一个，将所有的可能性相乘就得到了最终的结果。

如果使用计算机程序实现上述过程，最适合的算法思想是什么呢？答案是回溯法，从第 1 位开始逐位放入数字，得到某个排列之后，如果它不是最后一个解（或者在题目的限定条件下不是正确解），回溯算法会回到上一步做一些改变，即回溯并再次尝试，直至覆盖所有可能的路径。

当存在相同数字时，全排列可能出现重复，去重可以减少不必要的计算。寻找排列前先对数字进行排序，回溯时遇到前后数字重复且前边数字已经尝试过的情况就跳过计算过程。当然去重并不是必需的，如果去重增加的额外计算成本高于带来的收益的话，也可以不进行优化。

计算排列可能的结果

有了上面的全排列结果，问题便简化成了求一组固定数字组合计算的问题。由于无法判断计算的范围，我们又需要对所有可能进行穷举。那么穷举的思路是什么呢？加/减/乘/除四则运算大家再熟悉不过了，它们的共同点在于都属于二元运算，即作用于两个变量的数学运算，因此除除数为 0 的特殊情况外，不管组合的先后顺序或数值如何变化，每一步始终都是两个变量的计算，无论变量是排列中的数字，还是其他数字计算得出的结果。

定义函数 compute(self, nums: List[float])，判断给定数组（排列）为 nums 时能否凑成 24 点，当数组中的数字多于一个时，对于数组中所有可能的**相邻数字对**，两两结合计算出四则运算的结果，并使用得到的结果替换原排列中的这对数字来得到数组 nums1（数组中的数字个数因此减 1），重复 compute(nums1)，直到只有一个数字时将它与 24 进行比较，得到结果。

对全排列中的每一种排列进行计算比较，我们便能得出是否可以得到 24 点。

其他注意事项

在大多数编程语言中，浮点数并不能完全精确地表示十进制数，并且即使是最简单的数学运算也可能引起一定的误差，比如：

```
01 >>> a = 3.2
02 >>> b = 2.1
03 >>> a + b
```

```
04 5.300000000000001
05 >>> (a + b) == 5.3
06 False
```

因此在对计算结果进行比较时，需要考虑避免上述问题的出现，在比较 24 点时我们采取了下面的做法。

```
01 abs(nums[0] - 24) <= 0.00001
```

代码

```
01 class Solution:
02     def judgePoint24(self, nums: List[int]) -> bool:
03         permutations = self.permuteUnique(nums)
04         for permutation in permutations:
05             if self.compute(permutation):
06                 return True
07         return False
08
09     def compute(self, nums: List[float]) -> bool:
10         if len(nums) == 1:
11             return abs(nums[0] - 24) <= 0.00001
12         for i in range(len(nums) - 1):
13             # 计算 + - * / 对应的结果
14             tmp = []
15             tmp.append(nums[i] + nums[i + 1])
16             tmp.append(nums[i] - nums[i + 1])
17             tmp.append(nums[i] * nums[i + 1])
18             if nums[i + 1] != 0:
19                 tmp.append(nums[i] / nums[i + 1])
20
21             for num in tmp:
22                 new_list = nums[:]
23                 new_list[i] = num
24                 new_list.pop(i + 1)
25                 if self.compute(new_list):
26                     return True
27         return False
28
29     def permuteUnique(self, nums: List[int]) -> List[List[int]]:
30         permutations = []
31         nums.sort()
32         tmp = []
33         visited = [False] * len(nums)
```

```
34
35          self.backtracking(nums, tmp, visited, permutations)
36          return permutations
37
38      def backtracking(
39          self, nums: List[int], tmp: List[float], visited: List[bool],
40                  perm: List[int],
41      ) -> None:
42          if len(nums) == len(tmp):
43              perm.append(tmp[:])
44              return
45          for i in range(len(nums)):
46              if visited[i]:
47                  continue
48              if i > 0 and nums[i] == nums[i - 1] and not visited[i - 1]:
49                  continue
50              visited[i] = True
51              tmp.append(nums[i])
52              self.backtracking(nums, tmp, visited, perm)
53              visited[i] = False
54              tmp.pop()
```

解法二　迭代递归法

思路

在上面的穷举思路中，我们将数字排列与组合计算分成了两个部分，这样做更易于理解，但程序运行时将产生冗余。

一方面，基于加法和乘法的交换律，不同排列组合的计算过程可能是等价的，会产生重复的计算。另一方面，一旦正确解被找到，剩余的排列也就不需要再考虑了，并不需要继续穷举。

基于上述原因，我们可以考虑替换全排列的推算，将数字穷举过程与计算过程相结合。同样，基于相邻数字对组合计算的方法，我们直接在原数组的基础上进行尝试即可。

定义函数 compute(self, nums: List[int], n: int)，其中 n 表示当前数组中的变量个数。使用数组下标 left、right 指向数字对，针对每一种排列（既包含初始的 4 个数字的排列，也包含使用计算结果产生的新数字排列），由左向右进行两两组合并计算四则运算的结果。与上一解法的不同之处在于：两数字并不需要相邻，因为数组的排列并未固定；计算时两数字的前后顺序并不固定，这意味着减法和除法将产生两种结果。使用与上题类似的递归法，可以穷举得到最终的结果。

代码

```python
01  class Solution:
02      def judgePoint24(self, nums: List[int]) -> bool:
03          return self.compute([float(i) for i in nums], 4)
04
05      def compute(self, nums: List[int], n: int) -> bool:
06          if n == 1:
07              return abs(nums[0] - 24) < 0.000001
08          new_nums = [0] * 4
09
10          for left in range(n - 1):
11              for right in range(left + 1, n):
12                  index = 0
13                  # 将未参与计算的数字移动到数组的前面
14                  for i in range(n):
15                      if i != left and i != right:
16                          new_nums[index] = nums[i]
17                          index += 1
18                  # 将运算后的结果附在其他数字的末尾
19                  new_nums[index] = nums[left] + nums[right]
20                  if self.compute(new_nums, index + 1):
21                      return True
22                  new_nums[index] = nums[left] - nums[right]
23                  if self.compute(new_nums, index + 1):
24                      return True
25                  new_nums[index] = nums[right] - nums[left]
26                  if self.compute(new_nums, index + 1):
27                      return True
28                  new_nums[index] = nums[right] * nums[left]
29                  if self.compute(new_nums, index + 1):
30                      return True
31                  if nums[left] != 0:
32                      new_nums[index] = nums[right] / nums[left]
33                      if self.compute(new_nums, index + 1):
34                          return True
35                  if nums[right] != 0:
36                      new_nums[index] = nums[left] / nums[right]
37                      if self.compute(new_nums, index + 1):
38                          return True
39          return False
```

4.3 数独游戏

题目描述（第 37 题）

编写一个程序，通过已填充的空格来解决数独问题。

一个数独的解法须遵循如下规则。

- 数字 1 ~ 9 在每一行只能出现一次。
- 数字 1 ~ 9 在每一列只能出现一次。
- 数字 1 ~ 9 在每一个以粗实线分隔的 3×3 宫格内只能出现一次。空格用 '.' 表示。

如下图所示为一个数独。

5	3			7				
6			1	9	5			
	9	8					6	
8				6				3
4			8		3			1
7				2				6
	6					2	8	
			4	1	9			5
				8			7	9

答案为下图阴影部分的数字。

5	3	4	6	7	8	9	1	2
6	7	2	1	9	5	3	4	8
1	9	8	3	4	2	5	6	7
8	5	9	7	6	1	4	2	3
4	2	6	8	5	3	7	9	1
7	1	3	9	2	4	8	5	6
9	6	1	5	3	7	2	8	4
2	8	7	4	1	9	6	3	5
3	4	5	2	8	6	1	7	9

注意事项：

● 给定的数独序列只包含数字 1~9 和字符 '.'。

● 可以假设给定的数独只有唯一解。

● 给定数独永远是 9×9 形式的。

解法一　回溯解法

思路

读者对数独游戏应该不陌生，在纸质媒体发达的年代，很多报纸会提供一个专门的版面印上数独游戏供读者打发时间。规则简单易懂是其成为大众游戏的一大原因，解数独的要求用一句话即可概括：填空格使每行、每列和每个九宫格都恰好由 1 到 9 这 9 个数字组成。

在只有唯一解的限定条件下，空格越多数独越难解，用算法语言来讲就是求解的时间复杂度越高。假设不使用任何策略，对 n 个空格采用暴力法穷举求解，时间复杂度会接近 9 的 n 次方阶。这样的效率显然是不可接受的，但枚举思路基本正确，需要做的是利用规则并结合棋盘上已有的数字降低枚举值的数量级；盲目的尝试会产生很多无效的计算，利用**回溯**算法进行有规律的遍历是一种更可取的方法。

记录状态

首先定义 row_state、column_state 和 box_state 存储当前每一行、每一列和九宫格中数字的使用状态，如 row[0][3]表示第 1 行中数字 3 的使用情况。对于九宫格，用行号对 3 的整除乘以 3 加上列号对 3 的整除，即(i // 3) ＊ 3 + j // 3，其中 i 和 j 分别表示行号和列号（从 0 开始）。将二维坐标的表示降为一维的，每一个九宫格的坐标分布如下图所示。

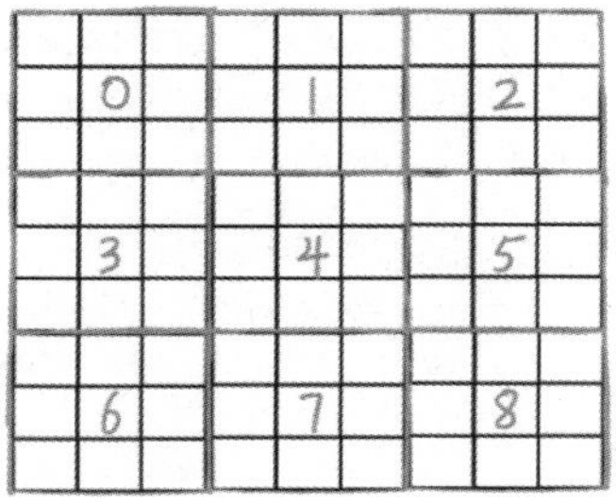

顺序遍历

完成 3 个状态的初始化后，解数独的遍历过程从 board[0][0] 开始，根据规则的限定选取数字放入空格，定义 place_number 方法执行此操作；每完成一格的填写或遇到已填有数字的格子时，遍历坐标向右移动，当列下标变为 9 时（第 1 个格子从 0 开始）意味着本行处理完毕，换行并从下一行的最左侧继续遍历；重复上面的过程，当填好最后一个格子，即右下角的 board[8][8] 后，将换行至第 9 行这一条件作为判定停止的标准。

回退重试

不妨把数独的盘面当作棋盘，假如棋盘布局设定比较简单，尤其是在空格较少的情况下，上述遍历方法是有可能一次性走到最后的，但在大多数情况下并不这样理想。在游戏过程中，一些格子在判定条件有限的情况下会有多个解，即存在多个可填的数字，而我们的遍历过程只能选取其中一个。当遇到某个格子没有任何数字可填时，说明前方某处选取的数字并不正确，这时应进行**回退**。将遍历坐标回退到上一个有其他解的格子，继续尝试其他解，当然不要忘记回退时将路径上已经填上的数字清除，定义方法 undo_number_placement 实现此操作。

完成数独

持续进行顺序遍历和失败重试的过程，最终完成所有格子的遍历意味着我们得到了数独的解，如果在此之前耗尽了所有可选数字，则说明此数独无解。当然，根据题目设定，这种情况不会出现。

跟随上述思路，我们可以一步一步实现下面的 Python 代码。

代码

```
01  class Solution:
02      row_state = [[False for i in range(10)] for _ in range(9)]
03      column_state = [[False for i in range(10)] for _ in range(9)]
04      box_state = [[False for i in range(10)] for _ in range(9)]
05      board = []
06
07      def solveSudoku(self, board: List[List[str]]) -> None:
08          #力扣（LeetCode）判定时会重复调用函数，因此需要反复初始化状态表
09          self.row_state = [[False for i in range(10)] for _ in range(9)]
10          self.column_state = [[False for i in range(10)]
11                                for _ in range(9)]
12          self.box_state = [[False for i in range(10)] for _ in range(9)]
13          self.board = board
14          for i in range(9):
```

```
15              for j in range(9):
16                  if self.board[i][j] != ".":
17                      num = int(self.board[i][j])
18                      self.row_state[i][num] = True
19                      self.column_state[j][num] = True
20                      self.box_state[(i // 3) * 3 + j // 3][num] = True
21
22      def recursive_place_number(self, row: int, column: int,)
23                                      -> bool:
24          if column == 9:
25              row += 1
26              column = 0
27              if row == 9:
28                  return True
29
30          if self.board[row][column] != ".":
31              return recursive_place_number(self, row, column + 1)
32          else:
33              for i in range(1, 10):
34                  if (
35                      self.row_state[row][i]
36                      or self.column_state[column][i]
37                     or self.box_state[(row // 3) * 3 + column // 3][i]
38                  ):
39                      continue
40                  else:
41                      self.place_number(row, column, i)
42                      if recursive_place_number(self, row, column + 1,):
43                          return True
44                      self.undo_number_placement(row, column, i)
45          return False
46
47      recursive_place_number(self, 0, 0)
48
49  def place_number(self, row: int, column: int, i: int,) -> bool:
50      self.row_state[row][i] = True
51      self.column_state[column][i] = True
52      self.box_state[(row // 3) * 3 + column // 3][i] = True
53      self.board[row][column] = str(i)
54
55  def undo_number_placement(self, row: int, column: int, i: int,)
                              -> bool:
56      self.row_state[row][i] = False
```

```
57 |    self.column_state[column][i] = False
58 |    self.box_state[(row // 3) * 3 + column // 3][i] = False
59 |    self.board[row][column] = "."
```

复杂度分析

通常用大 O 表示法来展示算法的渐进时间复杂度（asymptotic time complexity），它衡量的是算法的执行时间随着输入规模增长而变化的趋势；因为格子数量有限，问题的规模不会一直变大，数独问题不满足求渐进时间复杂度的前提。

不过这样的结论应该不能满足你的期望，与了解并掌握算法相比，所谓的标准答案并没有那么重要。忽略规模增长的上限，我们的算法与空格数 n 相关的复杂度是多少呢？

● 时间复杂度：假设每个空格可能填入的数字个数都是 m，算法的最差时间复杂度为 $O(mn)$；在实际情况下，每个格子的 m 应介于 1 到 9 之间，且并不一定相同，具体的最长的执行时间为所有 m 值的乘积。

● 空间复杂度：解题过程中所使用的中间变量与棋盘的大小有关，在大小固定的棋盘上，算法的空间复杂度为 $O(1)$。

解法二　回溯法优化

思路

基于上面对时间复杂度的分析，我们可以从 m 的值，即每个空格可填数字的个数入手优化我们的算法。

数独中格子之间有很强的关联，对于任意空格，随着同一行、同一列或同一个九宫格中某一格放入的数字被确认，空格可填的数字个数会随之减少。我们应当从把握最大的格子填起，即如果最坏的可能是一系列 m 值的乘积，应当从最小的 m 值乘起，使后续 m 值随之降低，理想状态下每个 m 值都是 1，即一次回退也不会出现。把可能的回退次数降到最少，这样的解法与人们玩数独游戏时的思路十分相近。

定义函数 get_max_possible_coordinate，让它根据当前棋盘的情况计算填数正确性最大的空格并返回其坐标。我们知道可以填入的数字个数越少意味着正确性越大，当可以填入的数字只有一个时正确率为 100%，直接返回这个空格的坐标即可；若没有这样的理想候选项，则返回遍历过程中可填数字最少的那个空格的坐标。

使用 get_max_possible_coordinate 函数取代上一节解法中的顺序遍历法，我们实现了一个更优化的解法。

代码

```
01  class Solution:
02      row_state = [[False for i in range(10)] for _ in range(9)]
03      column_state = [[False for i in range(10)] for _ in range(9)]
04      box_state = [[False for i in range(10)] for _ in range(9)]
05      board = []
06
07      def solveSudoku(self, board: List[List[str]]) -> None:
08
09          self.row_state = [[False for i in range(10)] for _ in range(9)]
10          self.column_state = [[False for i in range(10)]
11                                     for _ in range(9)]
12          self.box_state = [[False for i in range(10)] for _ in range(9)]
13          self.board = board
14          for i in range(9):
15              for j in range(9):
16                  if self.board[i][j] != ".":
17                      num = int(self.board[i][j])
18                      self.row_state[i][num] = True
19                      self.column_state[j][num] = True
20                      self.box_state[(i // 3) * 3 + j // 3][num] = True
21
22      def recursive_place_number(self, row: int, column: int,)
23                                     -> bool:
24          if row == -1 and column == -1:
25              return True
26          if board[row][column] != ".":
27              return False
28
29          for i in range(1, 10):
30              if (
31                  self.row_state[row][i]
32                  or self.column_state[column][i]
33                  or self.box_state[(row // 3) * 3 + column // 3][i]
34              ):
35                  continue
36              else:
37                  self.place_number(row, column, i)
38                  x, y = self.get_max_possible_coordinate()
39                  if recursive_place_number(self, x, y,):
40                      return True
41                  self.undo_number_placement(row, column, i)
```

```
42          return False
43
44      x, y = self.get_max_possible_coordinate()
45      recursive_place_number(self, x, y)
46
47  def place_number(self, row: int, column: int, i: int,) -> bool:
48      self.row_state[row][i] = True
49      self.column_state[column][i] = True
50      self.box_state[(row // 3) * 3 + column // 3][i] = True
51      self.board[row][column] = str(i)
52
53  def undo_number_placement(self, row: int, column: int, i: int,)
54                              -> bool:
55      self.row_state[row][i] = False
56      self.column_state[column][i] = False
57      self.box_state[(row // 3) * 3 + column // 3][i] = False
58      self.board[row][column] = "."
59
60  def get_max_possible_coordinate(self) -> (int, int):
61      x, y, min_count = -1, -1, 9
62      for i in range(9):
63          for j in range(9):
64              if self.board[i][j] != ".":
65                  continue
66              tmp_count = 9
67              for k in range(9):
68                  if (
69                      self.row_state[i][k]
70                      or self.column_state[j][k]
71                      or self.box_state[(i // 3) * 3 + j // 3][k]
72                  ):
73                      tmp_count -= 1
74              if tmp_count == 1:
75                  return i, j
76              if min_count > tmp_count:
77                  min_count = tmp_count
78                  x = i
79                  y = j
80      return x, y
```

复杂度分析

● 时间复杂度：假设每个空格可能填入的数字个数都是 m，算法的最差时间复杂

度为 $O(m^n)$；在实际情况下，每个格子的 m 应介于 1 到 9 之间，且并不一定相同，因此最差的情况需要执行所有 m 值的乘积次的操作。

● 空间复杂度：解题过程中所使用的中间变量与棋盘的大小有关，即与空格数无关，因此算法的空间复杂度为 $O(1)$。

思考

解法二在寻找填数正确率最高空格的过程中，需再次遍历棋盘，与直接尝试下一格相比，似乎多执行了许多操作，它的解题效率真的比解法一强么？带着这样的疑问我们来做个实验，以力扣（LeetCode）题目中的默认测试用例为例，棋盘中有空格 51 个，超过半数。

```
[
["5","3",".",".","7",".",".",".","."],
["6",".",".","1","9","5",".",".","."],[".","9","8",".",".",".",".","6","."],
["8",".",".",".","6",".",".",".","3"],
["4",".",".","8",".","3",".",".","1"],
["7",".",".",".","2",".",".",".","6"],
[".","6",".",".",".",".","2","8","."],
[".",".",".","4","1","9",".",".","5"],
[".",".",".",".","8",".",".","7","9"]
]
```

定义变量 undo_count 记录两种解法对 undo_number_placement 方法的调用次数，这样我们就可以比较完成时两者分别进行的回退次数了。

```
01 | # 为了使代码更简洁省略了函数参数
02 | def undo_number_placement() -> bool:
03 |     self.row_state[row][i] = False
04 |     self.column_state[column][i] = False
05 |     self.box_state[(row // 3) * 3 + column // 3][i] = False
06 |     self.board[row][column] = "."
07 |     self.undo_count += 1
```

执行后的结果显示：解法一回退了 4157 次，而解法二只回退了 7 次，即解法一最终尝试填数 4208 次才完成数独，而解法二只用了 58 次！这不得不让人感叹合理算法的神奇与美妙。

在大多数情况下，解法二效率更高，因为这样的遍历法会显著提高回退效率。前面分析过，随着越来越多的空格被正确地填上，问题的复杂度会随之降低。

首先它保证了存在唯一选项可选，即在存在正确答案的情况下不去做无谓的猜测。

其次参考前面做出的时间复杂度为 $O(m^n)$ 的分析，即便不得不进行猜测，这样的方法也能够非常有效地控制 m 值的大小。

解法二在回溯法的思路上做了优化。而在实际解题的过程中，还可以通过优化数据结构等方法进一步提高执行效率，你不妨自己动手试试看。

4.4　生命游戏

题目描述（第 289 题）

生命游戏是英国数学家约翰·何顿·康威在 1970 年发明的细胞自动机。

给定一个包含 mn 个格子的面板，每个格子都可以被看成一个细胞。每个细胞具有一个初始状态：live(1)，即活细胞；或 dead(0)，即死细胞。每个细胞与其 8 个相邻位置（水平、垂直、对角线）的细胞都遵循以下 4 条生存定律。

1. 如果活细胞周围 8 个位置的活细胞数少于 2 个，则该位置活细胞死亡。

2. 如果活细胞周围 8 个位置有 2 个或 3 个活细胞，则该位置活细胞仍然存活。

3. 如果活细胞周围 8 个位置有超过 3 个活细胞，则该位置活细胞死亡。

4. 如果死细胞周围正好有 3 个活细胞，则该位置死细胞复活。

根据当前状态，写一个函数来计算面板上细胞的下一个（一次更新后的）状态。下一个状态是通过将上述规则同时应用于当前状态下的每个细胞所形成的，其中细胞的出生和死亡是同时发生的。

示例

输入：

```
[
  [0,1,0],
  [0,0,1],
  [1,1,1],
  [0,0,0]
]
```

输出：

```
[
    [0,0,0],
    [1,0,1],
    [0,1,1],
    [0,1,0]

]
```

进阶

你可以使用原地算法解决本题吗？请注意，面板上所有格子需要同时被更新：你不能先更新某些格子，然后使用它们的更新后的值再更新其他格子。

本题中，我们使用二维数组来表示面板。原则上，面板是无限的，但当活细胞侵占了面板边界时会造成问题。你将如何解决这些问题？

背景

生命游戏乍看起来平淡无奇，游戏过程无人干预，细胞初始状态和 4 条生存定律决定了之后的一切。然而恰恰在这样简单的设定之下，看似杂乱无序的细胞不断诞生和消亡，逐渐演化出各种精致的结构形态；随着时间的推移，有的结构会变得十分稳定，有的则规律地震荡，还有的甚至会在空间中移动并与其他结构发生交互，俨然构成一副生命的图景。

因为这些特点，生命游戏广受计算机科学研究者的喜爱，大家争相构建自己的生命系统，甚至有人用它构建图灵机，大名鼎鼎的 Emacs 编辑器在很早的时期就内置了这个游戏。了解这些背景后你是否对本题兴趣大增呢？让我们看一看如何自己实现"生命"的演进吧。

思路

题目对具体场景和生存条件的描述非常清楚，因此实现思路也有章可循，根据题目分析实现的重点。

● 计算细胞邻居个数，即 8 个相邻位置存在的细胞数。

● 根据计算结果决定每个细胞的生死状态，即 0 或 1。

先来看一下细胞邻居个数的计算。根据数组下标连续的特点，使用当前细胞的坐标值计算出邻居细胞的位置获取状态，如当前细胞为 board[i][j]，则其上边的邻居为 board[i-1][j]，右边的邻居为 board[i][j+1]；因为空间有限的设定，计算时需要注意边界条件，当细胞处在空间边缘、顶点位置时潜在邻居的数目会小于 8 个。定义 top、bottom、left、right 等 4 个变量对取值范围进行预处理，当邻居的坐标超出给定数组范围时移动边界。如下面的代码所示。

```
01    top = max(0, i - 1)
02    bottom = min(len(board) - 1, i + 1)
03    left = max(0, j - 1)
04    right = min(len(board[0]) - 1, j + 1)
```

得到邻居细胞数量之后，我们要借助它判定并更新细胞的状态。根据设定，在每轮游戏中，所有细胞要同时更新状态，因此无法在一次遍历中完成判定与更改，我们将这个过程分为两个步骤。

● 遍历所有细胞计算邻居细胞的数量，根据生存法则判定并记录下一回合对应的状态。

● 状态判定完成后，重新遍历所有细胞依照记录更新状态。

基于上述分析，我们已经能够进行基本的实现了，题目还有进阶的条件限定，要求我们使用原地算法，这意味着在第一步不能使用额外的数组存放下一回合状态的记录。为避免在标记过程中使用 1 和 0 两个状态影响后续细胞的遍历，约定使用-1 表示当前回合为 1 且下一回合应变为 0 的状态，使用-2 表示当前回合为 0 且下一回合应变为 1 的状态；相应地，在进行邻居细胞计算时，遇到-1 也认为当前该位细胞为存活状态，虽然下一回就会死亡。

完成所有状态的判定后，再进行一次遍历，将-1 和-2 设置为 0 和 1，这道题目就完美解决了。下面是基于上面思路实现的 Python 代码。

代码

```
01  class Solution:
02      def gameOfLife(self, board: List[List[int]]) -> None:
03          def get_neighbor_count(i, j, board):
04              top = max(0, i - 1)
05              bottom = min(len(board) - 1, i + 1)
06              left = max(0, j - 1)
07              right = min(len(board[0]) - 1, j + 1)
08
09              count = 0
10              for x in range(top, bottom + 1):
11                  for y in range(left, right + 1):
12                      if board[x][y] == 1 or board[x][y] == -1:
13                          count += 1
```

```
14          return count
15
16    for i in range(len(board)):
17        for j in range(len(board[0])):
18            res = get_neighbor_count(i, j, board)
19            if board[i][j] == 1 and res in [3, 4]:
20                board[i][j] = 1
21            elif board[i][j] == 1:
22                board[i][j] = -1
23            elif board[i][j] == 0 and res == 3:
24                board[i][j] = -2
25
26    for i in range(len(board)):
27        for j in range(len(board[0])):
28            if board[i][j] == -2:
29                board[i][j] = 1
30            elif board[i][j] == -1:
31                board[i][j] = 0
```

复杂度分析

● 时间复杂度：由循环遍历的方法可以得出时间复杂度为 $O(mn)$，m 和 n 分别为 board 数组的行数、列数。

● 空间复杂度：采用原地算法，空间复杂度为 $O(1)$。

总结

在解算法题的过程中，你还会遇到很多求解类游戏，尽管场景大相径庭，但从游戏过程来看，设计者常常会将条件控制在两个角度。

● **数字变化**，通常是与数字有关的场景，有时会是纯数学游戏，大多数时候会用数值、个数、重量等概念表示。

● **位置移动**，通常使用类似坐标、棋盘等的方法标记游戏的空间，求解过程或游戏胜负通常和位置的移动有关。

这类问题的本质是对解的穷举或搜索。相对简单的问题，通常会考查我们对迭代、递归等编程技巧的应用，需要掌握贪心算法的思路；复杂一些的问题一般会涉及求最优解和解的搜索，这时用到更多的是动态规划及回溯思想。

第 **5** 章

深度优先遍历和广度优先遍历

根据搜索方式的不同，搜索算法大致可以分为深度优先遍历（Depth First Search，DFS）和广度优先遍历（Breadth First Search，BFS）。以树为例，DFS 的思路是沿着子树尽可能深地搜索树的分支，到达叶子节点后通过回溯重复上述过程，直到所有的节点都被访问。BFS 的思路则是一层一层地访问节点，直到完成遍历。

由于 DFS 和 BFS 的这种差异，BFS 一般用来求解**最短问题**（dijkstra 算法的特例），而 DFS 书写起来比较简单，因此对于不是**最短问题**的情况，我们优先考虑使用 DFS。然而事无绝对，DFS 也可以解决**最短问题**，但是要注意栈溢出的问题。在很多情况下，两者可以交替使用，比如本章要讲的岛屿问题。

不管是 DFS 还是 BFS，本质上都是搜索，而这样的搜索通常来说都是暴力搜索，因此当需要对问题的所有可能情况进行穷举时，我们就应该想到 DFS 和 BFS。而第 16 章要讲解的回溯法，也是 DFS 的一种，即也是一种暴力搜索方法，只不过回溯法会涉及**前进和回溯**的过程。

5.1 深度优先遍历

使用 DFS 进行解题的大概思路是定义起始节点和结束节点，从起点开始不断深入其他节点，在搜索的过程中判断是否满足特定条件，伪代码如下。

```
01 visited = {}
02 def dfs(i):
```

```
03 | if 满足特定条件:
04 |  # 返回结果或退出搜索空间
05 | visited[i] = True # 将当前状态标为已搜索
06 | for 根据 i 能到达的下一个状态 j:
07 |  if !visited[j]: # 如果状态 j 没有被搜索过
08 |   dfs(j)
```

上面的 visited 是为了防止由于环的存在而造成死循环的，不管是 BFS 还是 DFS，如果是在二维矩阵或图上进行搜索，通常都需要 visited 来记录节点访问状态。也可以使用原地标记，比如后面要讲的岛屿问题就使用了这个技巧。

如果在树的题目中使用 DFS，由于树是不存在环的，因此有关树的题目大多数不需要 visited，但是如果对树的结构做了修改，使之出现了环，那就仍然需要 visited。例如第 138 题复制带随机指针的链表，这道题需要记录已经复制的节点。因此一个树的 DFS 代码在更多情况下应该是下面这样的。

```
01 | def dfs(root):
02 |  if 满足特定条件:
03 |   # 返回结果或退出搜索空间
04 |  for child in root.children:
05 |       dfs(child)
```

而几乎所有有关树的题目都是二叉树，因此下面这样的代码更常见。

```
01 | def dfs(root):
02 |  if 满足特定条件:
03 |   # 返回结果或退出搜索空间
04 |     dfs(root.left)
05 |     dfs(root.right)
```

由于二叉树的简洁性，**建议读者从二叉树开始练习 DFS 和 BFS**，然后将这些思想和技巧推广到其他更复杂的数据结构，例如图。

对于二叉树的题目，除了递归出口的条件，还会写一些其他的逻辑，这些逻辑由于位置的不同，产生的效果也截然不同。根据 DFS 逻辑位置的不同，我们将其分为三种类型，一种是自顶向下（前序遍历）的，一种是自底向上（后序遍历）的，最后一种是中序遍历。

前序遍历就是在每个递归层级上首先访问节点来计算一些值，并在递归调用函数时将这些值传递到子节点，一般是通过参数传到子树中。

伪代码如下。

```
01 | def dfs(root, 父节点传递过来的参数信息):
02 |  if 满足特定条件:
03 |  # 返回结果或退出搜索空间
04 |     # 主逻辑
05 |     dfs(root.left, 可以传递一些参数到子节点)
06 |     dfs(root.right, 可以传递一些参数到子节点)
```

后序遍历是另一种常见的递归方法，首先对所有子节点递归地调用函数，然后根据返回值和根节点本身的值得到答案。

```
01 | def dfs(root):
02 |  if 满足特定条件:
03 |  # 返回结果或退出搜索空间
04 |     l = dfs(root.left)
05 |     r = dfs(root.right)
06 |     # 主逻辑
07 |     # 通常会对 l 和 r 进行一些操作并返回
```

作者的经验总结如下。

- 大多数有关树的题目使用后序遍历会比较简单，并且大多需要依赖左/右子树的返回值。例如第 1448 题统计二叉树中好节点的数目。

- 也有一部分有关树的题目需要前序遍历，而前序遍历通常要结合参数扩展技巧。例如第 1022 题从根到叶的二进制数之和。

- 如果能使用参数和节点本身的值来决定应该传递给它的子节点的参数，那么就用前序遍历。

- 对于树中的任意一个节点，如果知道它子节点的答案，就能计算出当前节点的答案，那么就用后序遍历。

- 如果遇到二叉搜索树，则考虑使用中序遍历。

读者熟悉了二叉树的 DFS 技巧之后，再尝试将其推广到其他数据结构会轻松很多。

5.2　广度优先遍历

相对于 DFS 来说，BFS 的变种比较少，能解决的问题种类比较单一。

BFS 比较适合用来找最短距离，因此如果题目中提到了**最短距离**，首先应该想到使用 BFS。

使用 BFS 进行解题的思路同样是定义起始节点和结束节点，从起点开始不断深入其他节点，在搜索的过程中判断是否满足特定条件。BFS 和 DFS 只是遍历的方向不同，即上面提到的 DFS 是尽**可能深地搜索树的分支**，而 BFS 则是一层一层地访问节点。队列可以帮我们实现"**一层一层地访问节点**"的效果。其本质就是不断访问邻居，把邻居逐个加入队列，根据队列先进先出的特点，把每一层节点访问完后，会继续访问下一层节点。

伪代码如下。

```
01 visited = {}
02 def bfs():
03    q = collections.deque()
04    q.append(初始状态)
05    # steps 用于记录层信息
06    steps = 0
07    while q:
08         for _ in range(len(q)):
09             i = q.popleft()
10             if visited[i]: continue
11             if i 是要找的目标: return 结果 (如 steps)
12             for i 的可抵达状态 j:
13                 if j 合法:
14                     q.push(j)
15         steps += 1
16     return 没找到  (如返回-1)
17 }
```

小提示：如果是在带权图上进行 BFS，则可以考虑使用优先队列来完成。

接下来，我们通过力扣（LeetCode）中的路径和问题、岛屿和问题来详细讲解 DFS 和 BFS 的思路。

5.3　路径和系列问题

力扣（LeetCode）中的路径和系列问题是典型的可以用 DFS 来解决的题目。

5.3.1 路径总和

题目描述（第 112 题）

给定一个二叉树和一个目标和，判断该树中是否存在根节点到叶子节点的路径，这条路径上所有节点值相加等于目标和。

说明：叶子节点是指没有子节点的节点。

示例：给定如下二叉树，以及目标和 sum = 22。

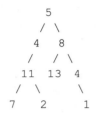

```
        5
       / \
      4   8
     /   / \
    11  13  4
   /  \      \
  7    2      1
```

返回 True，因为存在目标和为 22 的根节点到叶子节点的路径 5→4→11→2。

解法一　DFS 递归

思路

题目要求找到一条根节点到叶子节点的路径，并且路径上所有节点的值之和等于给定的目标值。也就是说，需要搜索这个二叉树的不同路径（根节点到叶子节点）。如果找到一条符合条件的路径，则返回 True；如果所有的路径都不符合要求，则返回 False。因为题目要求只需要找到一条符合要求的路径，所以可以使用 DFS 来处理。

一种直观的思路是自顶向下，使用**前序遍历 + 参数扩展**，在向下递归的同时更新参数，当到达叶子节点或空节点时判断是否满足条件。在这里，我们可以将目标和 sum 通过参数扩展的形式向下传递，在叶子节点上判断当前节点的 val 是否等于传递下来的参数 sum。这是一种非常常见的 DFS 解题思路，除了前序遍历，还有一种常见的二叉树的深度遍历法是后序遍历，即在递归函数返回时对问题进行求解，使用子树的返回值来计算当前节点的返回值。

通常来讲，DFS 有递归和迭代两种实现方式。因为树结构天然具有递归的特性（子树性质和整个树性质一致），使用递归可以很容易地将整个树问题转换成子树问题。当我们层层递归到最小的子树时，这个最小子树的解（也被称为递归出口）往往很容易就能够得到，再一步步回溯就能得到原问题的解。

小提示：树的题目，优先考虑使用 DFS 递归解决。

当我们处理递归问题时，如何定义递归出口是非常重要的一步（递归出口指的是递归函数可以直接处理的最简单子问题）。对于本题，递归出口是当当前子树只有一个节点时（该节点是整个树的叶子节点），需要在递归出口判断当前路径是否符合要求。

一般这种有关树的 DFS 题目，递归出口都是叶子节点或空节点。

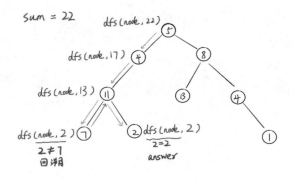

代码

```
01 class Solution:
02     def hasPathSum(self, root: TreeNode, sum: int) -> bool:
03         if not root:
04             return False
05
06         if root.left is None and root.right is None:
07             return root.val == sum
08
09         return self.hasPathSum(root.left, sum - root.val)
10                                     or self.hasPathSum(
11             root.right, sum - root.val
12         )
```

复杂度分析

● 时间复杂度：在最坏情况下，我们会访问每个节点各一次，因此时间复杂度为 $O(n)$，其中 n 是节点个数。

● 空间复杂度：所需额外的空间和树的高度呈线性关系。在最坏情况下，整个树是非平衡的，每个节点都只有一个子节点，完全变为单链表的形态，此时树的高度是 n，因此栈的空间开销是 $O(n)$，但在最好情况下，树是完全平衡的，高度为 $\log n$，在这种情况下空间复杂度只有 $O(\log n)$。

解法二　DFS 迭代

思路

对于上面递归的写法，我们可以使用辅助栈将其改写成迭代的形式。改写起来也不难，只需要在函数开始执行时压栈（下图左边部分的向下箭头），函数返回时出栈(下图左边部分的向上箭头)即可。下图右边部分对应的是不同阶段栈的情况，读者可以据此来编写基于栈的迭代写法。后面的第 113 题路径总和 II 中的迭代写法与之类似，读者只要像这样画出图形，就不难写出代码来。

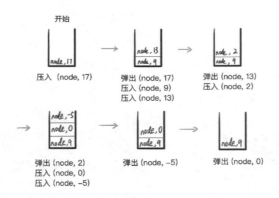

代码

```
01  class Solution:
02      def hasPathSum(self, root: TreeNode, sum: int) -> bool:
03          if root is None:
```

```
04          return False
05
06      stack = [(root, sum - root.val)]
07      while stack:
08          node, remain = stack.pop()
09          if not node.left and not node.right and remain == 0:
10              return True
11          if node.right:
12              stack.append((node.right, remain - node.right.val))
13          if node.left:
14              stack.append((node.left, remain - node.left.val))
15      return False
```

复杂度分析

● 时间复杂度：在最坏情况下，我们会访问每个节点各一次，时间复杂度为 $O(n)$，其中 n 是节点个数，但是使用辅助栈来模拟函数调用栈，通常来讲速度是更快的，因为函数调用栈会有一些其他的时间开销，也就是说模拟栈会使时间复杂度的常数系数更小。

● 空间复杂度：空间复杂度和解法一一致。

5.3.2　路径总和 II

题目描述（第 113 题）

给定一个二叉树和一个目标和，找到所有从根节点到叶子节点路径总和等于给定目标和的路径。

说明：叶子节点是指没有子节点的节点。

示例：给定如下二叉树，以及目标和 sum = 22。

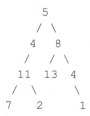

```
              5
             / \
            4   8
           /   / \
         11  13   4
         / \      \
        7   2      1
```

返回 [[5,4,11,2], [5,8,4,5]]。

解法一　DFS 递归

思路

由题目可以发现，本题的描述和上一节几乎一模一样。不同的是需要输出所有符合条件的路径，而在 5.3.1 节中，我们只需要判断是否存在一条符合条件的路径即可。

那么该如何在 DFS 过程中记录符合条件的路径呢？

可以在 DFS 过程中多传入一个额外的数组来保存搜索的路径。回溯时有一个需要注意的细节，那就是对路径数组进行撤销的操作，这里可以使用一个小技巧来解决，即在递归调用时使用值传递的方式传递路径数组（而不是直接修改路径数组本身）。

另外，我们需要在递归出口加上保存符合条件路径的操作。

和上一节一样，本题可以分别使用递归和迭代的写法来解决。

代码

```python
class Solution:
    def pathSum(self, root: TreeNode, sum: int) -> List[List[int]]:
        def helper(root: TreeNode, sum: int, path: List):
            if not root:
                return
            if not root.left and not root.right and sum - root.val == 0:
                path += [root.val]
                ans.append(path)
            helper(root.left, sum - root.val, path + [root.val])
            helper(root.right, sum - root.val, path + [root.val])

        ans = []
        helper(root, sum, [])
        return ans
```

复杂度分析

● 时间复杂度：在最坏情况下，我们会访问每个节点各一次，时间复杂度为 $O(n)$，其中 n 是节点个数。

● 空间复杂度：所需额外的空间和树的高度呈线性关系。在最坏情况下，整个树是非平衡的，每个节点都只有一个子节点，完全变为单链表的形态，此时树的高度是 n，因此栈的空间开销是 $O(n)$，但在最好情况下，树是完全平衡的，高度为 $\log n$，在这种情况下空间复杂度只有 $O(\log n)$。

解法二　DFS 迭代

代码

```
01 class Solution:
02     def pathSum(self, root: TreeNode, sum: int) -> List[List[int]]:
03         if not root:
04             return []
05         stack = [(root, [root.val], root.val)]
06         ans = []
07         while stack:
08             node, path, total = stack.pop()
09             if not node.right and not node.left and total == sum:
10                 ans.append(path)
11             if node.right:
12                 stack.append((node.right, path + [node.right.val], total
13                                 + node.right.val))
14             if node.left:
15                 stack.append((node.left, path + [node.left.val], total
16                                 + node.left.val))
17         return ans
```

复杂度分析

● 时间复杂度：在最坏情况下，会访问每个节点各一次，时间复杂度为 $O(n)$，其中 n 是节点个数。

● 空间复杂度：所需额外的空间和树的高度呈线性关系。在最坏情况下，整个树是非平衡的，每个节点都只有一个子节点，完全变为单链表的形态，此时树的高度是 n，因此栈的空间开销是 $O(n)$，但在最好情况下，树是完全平衡的，高度为 $\log n$，在这种情况下空间复杂度只有 $O(\log n)$。

5.3.3　二叉树中的最大路径和

题目描述（第 124 题）

给定一个非空二叉树，返回其最大路径和。

本题中，路径被定义为一条从树中任意节点出发并达到任意节点的序列。该路径至少包含一个节点，且不一定经过根节点。

示例

输入：[1,2,3]

输出：6

思路

我们知道，树本身是图的一种特例，找树中任意起点的最大路径和其实就是找图中的最大权值和。

我们先思考一种简单的情况——只有 3 个节点的子树。

它包含的路径和总共有 6 种。

- b。
- c。
- a。
- $a + b$。
- $a + c$。
- $b + a + c$。

b 和 c 分别是单节点子树的最大值（也就是该节点本身）。

假设上面这个子树是整个树的一部分，那么对于获取最终答案而言，该子树可能的贡献有如下 3 种情况。

- 整个树的最大路径和就在这个子树当中，不再经过这个子树外的其他节点，则最终结果是 $\max(b, a, c, b+a+c)$。

  ➤ 取 a 表示 b 和 c 都无法给最大路径和做贡献，也就是都小于 0。

  ➤ 取 b 或 c 与取 a 类似。

> ➤ 取 $a+b+c$ 表示 b 和 c 都给最大路径和做贡献，也就是都大于 0。
> ➤ 取 $a+b$ 表示 c 无法给最大路径和做贡献，也就是小于 0。
> ➤ 取 $a+c$ 与 $a+b$ 类似。

● 最大路径和包含节点 a，并且通过 a 扩展到子树外的其他节点。这里 $\mathrm{parent}(a)$ 表示最大路径和中由节点 a 往外延伸的剩余部分路径和，最终结果是 $\max(b,c)+a+\mathrm{parent}(a)$。

● 不包含子树 a。

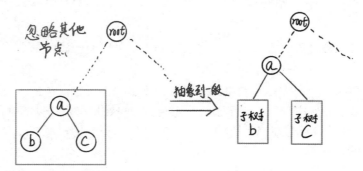

如果把节点 b 和 c 抽象成任意一个子树的左/右子树，我们便可以将子树 a 的情况扩展到整个树，实现从特例到全局的抽象。遇到这类可以用同种逻辑处理问题及其子问题的情况，使用递归思想是一个不错的思路。

设定一个全局变量存储最大路径和，不断递归搜索每个子树更新该变量。

● 首先搜索的是最左边的最小子树，不断回溯到更大一点的子树，直到 root 节点的整个左子树被搜索完成。

● 然后对 root 节点的右子树做同样的操作。

● 最后再判断包含 root 节点的情况。

由前面的分析可以看出，对于这道题来说，**对于树中的任意一个节点，如果知道它子节点的答案，就能计算出当前节点的答案**，因此我们使用自底向上的后序遍历来完成。

详细的代码非常简洁、易懂，如下所示。

```
01 class Solution:
02     def maxPathSum(self, root: TreeNode) -> int:
03         self.maxSum = float("-inf")
04         # helper 用来求以 root 为根的子树的最大路径和
```

```
05          def helper(root: TreeNode):
06              if not root:
07                  return 0
08
09              maxLeft = max(helper(root.left), 0)
10              maxRight = max(helper(root.right), 0)
11              self.maxSum = max(self.maxSum, maxLeft + maxRight + root.val)
12
13              return root.val + max(maxLeft, maxRight)
14
15          helper(root)
16          return self.maxSum
```

复杂度分析

● 时间复杂度：因为寻找的是最大路径和，所以我们会访问每个节点各一次，因此时间复杂度为 $O(n)$，其中 n 是节点个数。

● 空间复杂度：所需额外的空间和树的高度呈线性关系。在最坏情况下，整个树是非平衡的，每个节点都只有一个子节点，完全变为单链表的形态，此时树的高度是 n，因此栈的空间开销是 $O(n)$，但在最好情况下，树是完全平衡的，高度为 $\log n$，在这种情况下空间复杂度只有 $O(\log n)$。

5.4 岛屿问题

力扣（LeetCode）中有几道题目都带着"岛屿"字眼，并且解题思路相似，因此我们将其简称为岛屿问题，这类题目同样是典型的可以用 DFS 和 BFS 来解决的题目。从数学层面来讲，本节的题目都可以转化为无向图的连通分量问题，也就是等价类问题。连通分量可以简单地理解为该分量内部任意点之间都是可以相互连通的（如果想要详细了解等价类问题，可以自行搜索）。

5.4.1 岛屿数量

题目描述（第 200 题）

给定一个由 1（陆地）和 0（水）组成的二维网格，用其计算岛屿的数量。一个岛被水包围，并且它是通过水平方向或垂直方向上相邻的陆地连接而成的。你可以假设网格的 4 个边均被水包围。

示例

输入：11110 11010 11000 00000

输出：1

分析

题目要求计算岛屿的数量。岛的定义告诉我们岛的内部点与点之间都是相互连通的，因此，一个岛其实就是一个由点构成的无向连通子图。而求岛屿的数量，就是求整个无向图（这里将二维网格当成一个大的无向图）中的连通分量个数。当我们遇到图论中求连通分量的个数时，基本都可以使用 DFS、BFS 或并查集（union-find）方法来解决。下面就让我们来慢慢熟悉这一类题目的"套路"吧。

解法一　DFS 递归

思路

线性扫描整个二维网格，找到第一个 1，然后以该节点为开始节点来启动深度优先遍历。在深度优先遍历的过程中，将每个访问过的节点标记为 0。那么，在整个线性扫描过程当中，启动深度优先遍历方法的次数就是岛屿的数量。深度优先遍历的思路是沿着一个方向一直走，直到走到尽头，再尝试往其他方向搜索。对于本题而言，有 4 个方向：上、下、左、右。如果被访问节点的各个方向都搜索过了，则回溯到上一个节点。

向 4 个方向延伸的代码如下。

```
01  # r 表示行，c 表示列
02  def dfs(r, c):
03      # 原地标记已经访问过了，防止重复访问
04      grid[r][c] = "0"
05      # 向下延伸
06      if r - 1 >= 0 and grid[r - 1][c] == "1":
07          dfs(r - 1, c)
08      # 向上延伸
09      if r + 1 < m and grid[r + 1][c] == "1":
10          dfs(r + 1, c)
11      # 向左延伸
12      if c - 1 >= 0 and grid[r][c - 1] == "1":
13          dfs(r, c - 1)
```

```
14        # 向右延伸
15    if c + 1 < n and grid[r][c + 1] == "1":
16        dfs(r, c + 1)
```

理解了上面的内容，最终代码就不难写出来了，如下所示。

```
01 class Solution:
02    def numIslands(self, grid: List[List[str]]) -> int:
03        if not grid or not grid[0]:
04            return 0
05
06        m = len(grid)
07        n = len(grid[0])
08        ans = 0
09
10        def dfs(r, c):
11            grid[r][c] = "0"
12
13            if r - 1 >= 0 and grid[r - 1][c] == "1":
14                dfs(r - 1, c)
15            if r + 1 < m and grid[r + 1][c] == "1":
16                dfs(r + 1, c)
17            if c - 1 >= 0 and grid[r][c - 1] == "1":
18                dfs(r, c - 1)
19            if c + 1 < n and grid[r][c + 1] == "1":
20                dfs(r, c + 1)
21
22        for i in range(m):
23            for j in range(n):
24                if grid[i][j] == "1":
25                    ans += 1
26                    dfs(i, j)
27
28        return ans
```

复杂度分析

● 时间复杂度：在任何情况下，算法都会搜索整个二维网格，因此时间复杂度为 $O(mn)$。

● 空间复杂度：在最坏情况下，整个网格均为陆地，此时深度优先遍历的深度达到 mn，也就对应着最坏空间复杂度为 $O(mn)$。

解法二　DFS 迭代

同样地，可以使用辅助栈将递归修改成迭代的形式。

```python
class Solution:
    def numIslands(self, grid: List[List[str]]) -> int:
        if not grid or not grid[0]:
            return 0

        m = len(grid)
        n = len(grid[0])
        ans = 0

        def dfs(row, col):
            grid[row][col] = "0"
            stack = [[row, col]]
            while stack:
                r, c = stack[-1]
                if r - 1 >= 0 and grid[r - 1][c] == "1":
                    stack.append([r - 1, c])
                    grid[r - 1][c] = "0"
                    continue
                if r + 1 < m and grid[r + 1][c] == "1":
                    stack.append([r + 1, c])
                    grid[r + 1][c] = "0"
                    continue
                if c - 1 >= 0 and grid[r][c - 1] == "1":
                    stack.append([r, c - 1])
                    grid[r][c - 1] = "0"
                    continue
                if c + 1 < n and grid[r][c + 1] == "1":
                    stack.append([r, c + 1])
                    grid[r][c + 1] = "0"
                    continue
                stack.pop()

        for i in range(m):
            for j in range(n):
                if grid[i][j] == "1":
                    ans += 1
                    dfs(i, j)
```

```
38
39          return ans
```

复杂度分析

- 时间复杂度：在任何情况下，算法都会搜索整个二维网格，因此时间复杂度为 $O(mn)$。

- 空间复杂度：在最坏情况下，整个网格均为陆地，此时深度优先遍历的深度达到 mn，也就对应着最坏空间复杂度为 $O(mn)$，但是相对于解法一来讲，会稍微好一些，因为模拟调用栈比函数调用栈的代价更小一些。

解法三　BFS 迭代

思路

同样地，我们可以使用广度优先遍历来解决该题，广度优先遍历通常需要辅助的队列。思路是线性扫描整个二维网格，如果一个节点中包含 1，则以该节点为开始节点启动广度优先遍历。而启动广度优先遍历的次数就是岛屿的数量。

具体算法如下。

- 首先，将开始节点放入该队列中，然后迭代搜索队列中的每个节点。

- 在迭代过程中，将当前节点符合要求的子节点放入队列中，访问完当前节点后，将该节点从队列中抛出。

- 重复上述过程直到队列为空时结束。这里同样通过将 1 设为 0 来标记已访问过该节点。

代码

```
01 class Solution:
02     def numIslands(self, grid: List[List[str]]) -> int:
03         from collections import deque
04
05         if not grid or not grid[0]:
06             return 0
07
08         m = len(grid)
09         n = len(grid[0])
10         ans = 0
11         queue = deque()
```

```
12
13          for i in range(m):
14              for j in range(n):
15                  if grid[i][j] == "1":
16                      ans += 1
17                      grid[i][j] = "0"
18                      queue.append((i, j))
19                      while len(queue) > 0:
20                          top = queue.popleft()
21                          r = top[0]
22                          c = top[1]
23                          if r - 1 >= 0 and grid[r - 1][c] == "1":
24                              grid[r - 1][c] = "0"
25                              queue.append((r - 1, c))
26                          if r + 1 < m and grid[r + 1][c] == "1":
27                              grid[r + 1][c] = "0"
28                              queue.append((r + 1, c))
29                          if c - 1 >= 0 and grid[r][c - 1] == "1":
30                              grid[r][c - 1] = "0"
31                              queue.append((r, c - 1))
32                          if c + 1 < n and grid[r][c + 1] == "1":
33                              grid[r][c + 1] = "0"
34                              queue.append((r, c + 1))
35
36          return ans
```

复杂度分析

● 时间复杂度：在任何情况下，算法都会搜索整个二维网格，因此时间复杂度为 $O(mn)$。

● 空间复杂度：在最坏情况下，整个网格均为陆地，此时队列的大小可以达到 $\min(m,n)$，也就对应着最坏空间复杂度为 $O(\min(m,n))$。

解法四　并查集

思路

由于篇幅有限，这里并查集的解法只给出简单的思路，具体的代码可以参考上面的代码。

其主要思路为搜索二维网格，将竖直或水平相邻的陆地连接，放在一个集合里面。

最终返回并查集数据结构中集合的数量。而对于并查集的写法只要采取通用写法即可。通过路径压缩和按秩合并，可以在 union 操作时消耗常数时间。

关于并查集的解题模板可以参考第 18 章的内容。

复杂度分析

- 时间复杂度：在任何情况下，算法都会搜索整个二维网格，因此时间复杂度为 $O(mn)$。

- 空间复杂度：$O(mn)$，这是并查集数据结构需要的空间。

5.4.2　岛屿数量 II

题目描述（第 305 题）

给定一个 *m* 行、*n* 列的二维网格，该网格最开始全部被水充满，我们可以通过 addLand 来将一个位置的水变为陆地。给定一组坐标来执行 addLand 操作，输出每次操作完后岛屿的数量。一个岛被水包围，并且它是通过水平方向或垂直方向上相邻的陆地连接而成的。可以假设网格的 4 个边均被水包围。

示例

输入：m = 3，n = 3，positions = [[0,0], [0,1], [1,2], [2,1]]

输出：[1,1,2,3]

思路

本题明显是上一题的变种，我们需要动态地求出每次 addLand 操作之后的无向图中的连通分量。而求连通分量的数量的问题都可以通过 DFS、BFS 或并查集来解决。首先来看 DFS 和 BFS，任何通过 DFS 和 BFS 来解决的图类问题都有一个前提：图是被预先处理好的。而本题中的图是动态变化的，因此这时用 DFS 或 BFS 来处理效率就不那么高了。

那么并查集呢？经过路径压缩和按秩合并的 union 操作只需要常数时间。而 addLand 操作其实等价于 union 操作。那么高效的解法就显而易见了。

因此，如果需要求动态变化中的图的连通分量数量，使用并查集效率更高。

代码

```python
class Solution:
    class UnionFind:
        def __init__(self, grid):
            self.count = 0
            m = len(grid)
            n = len(grid[0])
            self.parent = [0 for _ in range(m * n)]
            self.rank = [0 for _ in range(m * n)]
            for i in range(m):
                for j in range(n):
                    if grid[i][j] == "1":
                        self.parent[i * n + j] = i * n + j
                        self.count += 1

        def find(self, i):
            if self.parent[i] != i:
                self.parent[i] = self.find(self.parent[i])
            return self.parent[i]

        def union(self, x, y):
            rootx = self.find(x)
            rooty = self.find(y)
            if rootx != rooty:
                if self.rank[rootx] > self.rank[rooty]:
                    self.parent[rooty] = rootx
                elif self.rank[rootx] < self.rank[rooty]:
                    self.parent[rootx] = rooty
                else:
                    self.parent[rooty] = rootx
                    self.rank[rootx] += 1

                self.count -= 1

        def getCount(self):
            return self.count

        def setCount(self, count):
            self.count = count

        def setParent(self, i, val):
            self.parent[i] = val
```

```
42
43    def numIslands(self, m, n, positions):
44        if m <= 0 or n <= 0:
45            return []
46
47        ans = []
48        grid = [[0 for _ in range(n)] for _ in range(m)]
49
50        uf = self.UnionFind(grid)
51
52        for i in range(len(positions)):
53            position = positions[i]
54            uf.setCount(uf.getCount() + 1)
55            uf.setParent(position[0] * n + position[1], position[0] * n
56                                        + position[1])
57            grid[position[0]][position[1]] = "1"
58            if position[0] - 1 >= 0 and grid[position[0] - 1][position[1]]
59                                == "1":
60                uf.union(
61                    position[0] * n + position[1], (position[0] - 1) * n
62                                + position[1]
63                )
64            if position[0] + 1 < m and grid[position[0] + 1][position[1]]
65                                == "1":
66                uf.union(
67                    position[0] * n + position[1], (position[0] + 1) * n
68                                + position[1]
69                )
70            if position[1] - 1 >= 0 and grid[position[0]][position[1] - 1]
71                                == "1":
72                uf.union(
73                    position[0] * n + position[1], position[0] * n
74                                + position[1] - 1
75                )
76            if position[1] + 1 < n and grid[position[0]][position[1] + 1]
77                                == "1":
78                uf.union(
79                    position[0] * n + position[1], position[0] * n + position[1]
80                                + 1
81                )
82            ans.append(uf.getCount())
83
84    return ans
```

复杂度分析

- 时间复杂度：并查集的时间主要消耗在 union 和 find 操作上，路径压缩和按秩合并优化后的时间复杂度接近于 $O(1)$。更加严谨的表达是 $O(\log(m\times \mathrm{Alpha}(n)))$，这里 Alpha 是 Ackerman 函数的某个反函数。但如果只有路径压缩或只有按秩合并，则两者的时间复杂度分别为 $O(\log x)$ 和 $O(\log y)$，x 和 y 分别为合并与查找的次数。

- 空间复杂度：$O(mn)$，这是并查集数据结构需要的空间。

总结

回顾整章，DFS 和 BFS 都属于树/图的搜索算法，两者在用于具体问题时各有优劣，具体如下。

- 求给定图中两点之间最短路径或检验图的二分性，使用 BFS 更优。

- 求无向图的连通分量数量，两者差不多。

两者在实现过程中使用的基础数据结构也有区别。在实际做题当中，一般使用栈来实现 DFS，使用队列来实现 BFS。

另外，DFS 和回溯算法之间的关系界线是模糊的，网上的说法也各不一样，在这里我们没必要过于纠结其精确的定义。

对于 DFS，另外一个知识点也是值得注意的。在二叉树中，DFS 可以被分为前序遍历、中序遍历和后序遍历，并且引申出一系列相关题目。

最后，本章的路径和问题、岛屿问题只详细讲述了两种算法的基本写法，而在实际的刷题过程中，我们可能会使用这两种基本写法的变种或延伸，比如运用双向搜索技巧、dijkstra 算法、A* 算法等。而对这些技巧或变种算法的理解和应用，就有待读者在刷题中自行总结了。在刷题之后，我们需要花一些时间看看这些算法在工业界的应用，将理论与实践结合起来。例如，可以深入研究一下 BFS 是如何运用在 cheney 算法中，如何用来跟踪垃圾回收（garbage collection）的。

力扣（LeetCode）中关于 BFS 和 DFS 的题目还有很多，下面列出一些课后习题帮助读者加强理解。

1. 第 105 题从前序与中序遍历序列构造二叉树。
2. 第 106 题从中序与后序遍历序列构造二叉树。
3. 第 980 题不同路径 III。
4. 第 1448 题统计二叉树中好节点的数目。

第 **6** 章

二分法

二分法是一种常用的算法，主要包括原始二分查找及实现难度更大的二分变种。二分法是**分治思想**的体现，它与分治法的区别在于分治法是将一个复杂的问题不断分解成几个规模更小的子问题，直至子问题可以直接求解；而二分法则是不断地通过比较操作将问题规模缩小一半，直至找到目标元素。

力扣（LeetCode）有很多关于二分法的题目，截至本书出版之时，力扣（LeetCode）中国已经有 79 个相关问题，在分类排名中处于第 8 位，有很大的权重，值得我们关注。本章将会带领读者领悟二分法的各种形式，一步一步理解二分法的思想，并掌握二分法的运用。虽然二分法的形态多样，但也有章可循，下面就让我们通过几道具有代表性的题目来感受二分法的神奇之处吧。

6.1　二分查找

题目描述（第 704 题）

给定一个有 n 个元素的、有序的（升序）整型数组 nums 和一个目标值 target，写一个函数搜索 nums 中的 target，如果目标值存在，则返回其下标，否则返回-1。

示例 1

输入：nums = [-1,0,3,5,9,12]，target = 9

输出：4

解释：9 出现在 nums 中且下标为 4。

示例 2

输入：nums = [-1,0,3,5,9,12]，target = 2

输出：-1

解释：2 不存在于 nums 中，因此返回-1。

提示

● 可以假设 nums 中的所有元素是不重复的。

● n 将在 [1, 10000]之间。

● nums 的每个元素都将在 [-9999, 9999]之间。

思路

一个直接的想法是遍历数组，依次考虑每个元素是否等于 target。这样做的时间复杂度是 $O(n)$，但如果遇到超过 10^7 大小的数据规模将会超时，显然不是题目所要考查的算法。

重新审视题目给定的条件，数组是有序的，"有序"或许蕴藏着某种规律，可以用来提高算法的效率。当查找范围为 [l, h]时，观察一下中间元素 **nums[mid]** 和目标值 **target** 之间的关系（l 表示左边界 low，h 表示右边界 high，mid 表示中间位置，后面将不再进行解释）。

● 如果 nums[mid] 大于 target，则 nums[mid] 右侧的所有元素也会大于 target（数组的有序性，元素从左到右递增），target 必定存在于 nums[mid] 的左侧，下次查找时就可以将范围缩小为 nums[l] 到 nums[mid - 1]，即查找区间减小了一半。

● 如果 nums[mid] 小于 target，则 nums[mid] 左侧的所有元素也会小于 target（数组的有序性，元素从左到右递增），target 必定存在于 nums[mid] 的右侧，下次查找时就可以将范围缩小为 nums[mid + 1] 到 nums[h]，即查找区间减小了一半。

● 如果 nums[mid] 等于 target，则已经找到所需要的目标值，可结束查找。

如下图所示，一开始的查找区间为[1, 2, 3, 4, 5]。由于中间元素 3 小于目标值 5，则下次的查找区间更新为[4, 5]。

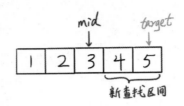

代码

```
01  # 查找 nums 数组中元素值为 target 的下标，如果不存在，则返回 -1
02  def binary_search(nums: [], target: int) -> int:
03      n = len(nums)
04      l, h = 0, n - 1
05      while l <= h:
06          mid = l + (h - l) // 2
07          if nums[mid] == target:
08              return mid
09          elif nums[mid] < target:
10              l = mid + 1
11          else:
12              h = mid - 1
13      return -1
```

由于 Python 整型不会溢出，此处的 mid 也可以简单地通过计算 (l + h) // 2 获取，但对于其他语言来说，上面的写法可以避免可能的溢出问题，因为两个正整数相加可能溢出，而相减则不会。这里使用通用的写法，以便算法能够正确地迁移到其他语言上。

复杂度分析

- 时间复杂度：$O(\log n)$，其中 n 是数组长度。

- 空间复杂度：$O(1)$。

为什么时间复杂度是 $O(\log n)$ 呢？这里使用两种方法来证明，以加深读者的印象。

证明一 数学法

初始的问题规模为 n，每次搜索的时候可以将当前问题划分为原来的一半，则整个问题规模的变化为 $\frac{n}{2^1}, \frac{n}{2^2}, \frac{n}{2^3}, \frac{n}{2^4}, \cdots, \frac{n}{2^k}$。每次划分问题即验证中间元素的操作只需要 $O(1)$；而问题规模的变化次数 k 在最坏情况下，需要将问题规模缩小到 1 才找到目标元素，问题规模 n 与变化次数 k 的关系为 $2^k = n, k = \log n$。

因此，总的时间复杂度为验证中间元素的操作时间 × 问题规模的变化次数 $= O(\log n)$。

证明二　绘图法

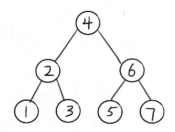

将整个搜索的区域看成一个二叉**搜索树**，对于每一个节点，左子树的所有节点值都会小于右子树的所有节点值。设定搜索的起点为根节点，也就是当前搜索区域的中间节点。如果根节点为目标值，则结束搜索；如果根节点不是目标值，根据数据结构的有序性，以及目标值与根节点的大小关系，选择左子树（目标值小于根节点）或右子树（目标值大于根节点）作为下次搜索的区域，并重复上述操作。在最坏情况下，根节点一直不是目标值，最终会搜索到二叉搜索树的叶子节点。从原始的根节点算起，其经过的长度为二叉树的高度 H，而由于其是一个二叉搜索树，树的高度 H 等于 $\log n$，显然总的时间复杂度为 $O(\log n)$。

小结

二分法的一个常见应用场景就是有序数组这类结构的查找。当题目涉及**有序**或**查找**时，我们可以尝试用二分法进行思考，并且思考的方向是**中间元素**是否和周围元素存在某种关联，以及如何利用**中间元素**来缩小问题规模。

6.2　寻找旋转排序数组中的最小值

题目描述（第 153 题）

假设按照升序排序的数组在预先未知的某个点上进行了旋转（例如数组 [0,1,2,4,5,6,7] 可能变为 [4,5,6,7,0,1,2]），请找出其中最小的元素。你可以假设数组中不存在重复元素。

示例 1

输入：[3,4,5,1,2]

输出：1

示例 2

输入：[4,5,6,7,0,1,2]

输出：0

思路

由于题目涉及查找，且数组在旋转前是有序的，因此可以往二分法方向思考。

首先观察一下数组本身所存在的规律，由于原升序数组在某个点进行了旋转，其右侧区域将会与其左侧区域的数组元素对调，使旋转后的数组满足左侧区域的元素都大于右侧区域的元素，且左、右侧区域的元素是有序的。

当查找范围为 l 到 h 时，中间元素 nums[mid] 和最后一个元素的关联，以及最小值可能存在的区域范围如下。

● 如果 nums[mid] 大于最后一个元素，则 nums[mid] 属于左侧区域（旋转后左侧元素大于右侧元素），最小值在 [mid + 1, h] 中，更新左边界 l 为 mid + 1。

● 如果 nums[mid] 小于最后一个元素，则 nums[mid] 属于右侧区域（右侧元素递增），最小值在 [l, mid] 中，nums[mid] 可能是最终答案，但不能直接排除，更新右边界 h 为 mid。

● 如果 l 等于 h，查找元素只剩下一个 l，则数组中的最小值为 nums[l]。

完善

进一步思考，与上一题相比，查询的中间元素变得**不确定**，以往能够通过**直接比对**判断某个元素是否符合题目要求，而现在缺少直接判断的条件（mid == target）。幸运的是，我们还是能够通过二分法不断地**缩小**最终答案可能存在的区间，当区间只剩下一个元素时（l == h），那么它就是最终答案。

二分法中有一种类型是**查找最左（最右）满足条件的值**，这也运用了类似的思想，即在找到满足条件的一个候选答案时，不是直接返回，而是贪心地继续查看是否还有其他答案。例如要在一个数组 [1,2,2,3,4] 中找最左边的等于 2 的值，当我们找到索引值为 2 的项时，不能直接返回，而是继续贪心地搜索区间，将右边的区间舍弃并继续查看左侧是否还有另外一个 2。关于这一点，后面的第 875 题爱吃香蕉的珂珂会继续进行讲解。

代码

```
01 class Solution:
02     def findMin(self, nums: List[int]) -> int:
03         l, h = 0, len(nums) - 1
04         while (l <= h):
05             mid = l + (h - l) // 2
06             if l == h:
07                 return nums[l]
08             elif nums[mid] > nums[h]:
09                 l = mid + 1
10             elif nums[mid] < nums[h]:
11                 h = mid
12         return -1
```

复杂度分析

● 时间复杂度：$O(\log n)$，其中 n 是数组长度。

● 空间复杂度：$O(1)$。

小结

二分法的使用条件并不局限于有序数组，它只是一种**特例**。从本质上来说，如果每次都可以使用**某种策略**来**验证**中间元素（验证可以视为找规律），并将下次查找的范围**缩小一半**，那么就可以使用二分法。

6.3　爱吃香蕉的珂珂

题目描述（第 875 题）

珂珂喜欢吃香蕉。这里有 n 堆香蕉，第 i 堆中有 piles[i] 根香蕉。警卫已经离开了，将在 h 小时后回来。

珂珂可以决定她吃香蕉的速度 k（单位：根/小时）。每个小时，她将会选择一堆香蕉，从中吃掉 k 根。如果这堆香蕉少于 k 根，她将吃掉这堆里的所有香蕉，然后这一小时内不会再吃更多的香蕉。

珂珂喜欢慢慢吃，但仍然想在警卫回来前吃掉所有的香蕉。

返回她可以在 h 小时内吃掉所有香蕉的最小速度 k（k 为整数）。

示例 1

输入：piles = [3,6,7,11]，h = 8

输出：4

示例 2

输入：piles = [30,11,23,4,20]，h = 5

输出：30

提示

● $1 \leqslant$ piles.length $\leqslant 10^4$。

● piles.length $\leqslant h \leqslant 10^9$。

● $1 \leqslant$ piles[i] $\leqslant 10^9$。

思路

抛开一切背景，将视线放在题目所要求的目标上——最小的速度 k。

由于每小时最多只能吃一堆香蕉，速度最多达到最大堆的数量即可，因此，速度的范围为 $[1, \max(\text{piles})]$，也就是**答案一定在这个范围内**。

综上，这道题可以看作在 $[1, \max(\text{piles})]$ 中查找一个元素 k。因此一个简单的思路是枚举从 1 到 $\max(\text{piles})$ 的所有速度，并判断是否可以吃完，返回最早能够吃完的速度即可。注意在从 1 到 $\max(\text{piles})$ 进行枚举的过程中，速度是单调递增变化的，这很容易让我们联想到前面的题目。

具体来说，当我们在 $[l, h]$ 中判断中间的速度 mid 是否可行时，有如下可能。

● mid 不可行，则速度不够快，最小速度位于[mid + 1, h]中，更新左边界 l 为 mid + 1。

● mid 可行，则可能的最小速度小于或等于 mid，最小速度位于 $[l, mid]$中，mid 可能是最终答案，但不能直接排除，更新右边界 h 为 mid。

● l 等于 h，则查找区间只剩下一个 1，最小速度等于 1。

因此这道题就是找到最小的可以吃完的速度，也就是上一节提到的**最左满足条件的值**的题目类型。力扣（LeetCode）中还有很多类似的题目，读者可以使用本题的思路去解决，另外，在第 18 章还对二分法的各种类型模板进行了整理。

代码

```
01 class Solution:
02     def minEatingSpeed(self, piles: List[int], H: int) -> int:
03         # 判断速度 k 是否满足条件
04         def help(k: int) -> boolean:
05             cnt = 0
06             for pile in piles:
07                 cnt += (pile - 1) // k + 1
08             return cnt <= H
09
10         l, h = 1, max(piles)
11         while l <= h:
12             mid = l + (h - l) // 2
13             if l == h:
14                 return l
15             if help(mid):
16                 h = mid
17             else:
18                 l = mid + 1
19         return -1
```

复杂度分析

● 时间复杂度：$O(m\log n)$，其中 n 是香蕉的堆数，m 表示最大香蕉堆的数量。

● 空间复杂度：$O(1)$。

6.4　x 的平方根

题目描述（第 69 题）

实现 int sqrt(int x) 函数。计算并返回 x 的平方根，其中 x 是非负整数。由于返回类型是整数，结果只保留整数部分，小数部分将被舍去。

示例

输入：8

输出：2

解释：8 的平方根是 2.82842⋯，由于返回类型是整数，小数部分将被舍去。

思路

沿用上面题目的思路，由于 x 是非负整数，因此 x 的平方根位于[0, x]中，也就是**答案一定在这个范围内**。

实际上还可以进一步缩小这个解的范围，不过这对解题帮助不大，感兴趣的读者可以自行研究一下。

因此，这道题等价于在 [0, x] 中寻找数值 k，使其满足 k * k <= x。与上面的题目稍有不同，这里找的是**最右满足条件的解**。

具体来说，当查找范围为 [l, h] 时，将中间元素 mid 的平方与 x 进行比较。

● 如果 l 等于 h，则 l 是 x 的平方根。

● 如果 mid 的平方大于 x，则数值 k 在 [l, mid - 1] 中，更新右边界 h 为 mid - 1。

● 如果 mid 的平方小于或等于 x，则数值 k 在 [mid, h] 中，mid 可能是最终答案，但不能直接排除，更新左边界 l 为 mid。

看起来一切都很正常，但在某些情况下，该算法将会导致**死循环**，永远无法找到数值 k。

死循环

当 x = 2 时，左边界 l 为 0，右边界 h 为 2。

第 1 次循环：l = 0，h = 2，中间元素 mid = (l + h) / 2 = 1，1 的平方小于或等于 2，更新左边界 l 为 1。

第 2 次循环：l = 1，h = 2，中间元素 mid = 1，1 的平方小于或等于 2，继续更新左边界 l 为 1。

在后面的循环中，左边界将一直保持不变，使程序进入死循环，无法退出。

究其原因，当查找范围剩下两个元素时，中间元素 mid 等于 (l + h) / 2 即左边界 l，此时如果左边界 l 只更新为等于中间元素 mid，则左边界相当于没有改变，查找范围一直不会发生改变。换句话说，对于左边界 l 的更新，如果每次都更新为 mid，则可能会出现死循环，而更新为 mid + 1 则不会，因为查找范围进一步缩小了。

一个可行的解决方案是：当查找范围剩下两个元素时，退出循环体，并在两个元素中找到目标答案。

完善思路

修改上述中间元素 mid 的平方与 x 的第一条比较规则：l 等于 h 或 l + 1 等于 h，则 l 或 h 是 x 的平方根，最后从二者中挑出正确答案。

小结

当左边界 l 向下取整更新为 mid 时可能产生死循环，可通过在判断查找范围为两个元素时退出来解决。同时，右边界 h 无论更新为 mid 或 mid - 1 都不会产生死循环，因为 h 必定大于 mid，查找范围必定缩小。以上情况只可能发生在不确定性的二分查找中，也可以称之为二分查找的**变种**，下面给出两道算法题目来测试对此的掌握程度，相关代码在后面给出。

1. 在排序数组中找到第一个大于或等于 x 的元素，该元素必定存在。

2. 在排序数组中找到最后一个小于或等于 x 的元素，该元素必定存在。

代码

```
01  class Solution:
02      def mySqrt(self, x: int) -> int:
03          l, h = 0, x
04          while l <= h:
05              mid = l + (h - l) // 2
06              if l == h or l + 1 == h:
07                  break
08              elif mid * mid > x:
09                  h = mid - 1
10              else:
11                  l = mid
12          if h * h <= x:
13              return h
14          else:
15              return l
```

```
01  # 查找第 1 个大于或等于 x 的元素
02  def bs(nums: List[int], x : int) -> int:
03      l, h = 0, len(nums) - 1
04      while l <= h:
05          mid = l + (h - l) // 2
06          if l == h:
07              break
```

```
08        elif nums[mid] >= x:
09            h = mid
10        else:
11            l = mid + 1
12    return nums[l]
```

```
01 # 查找最后一个小于或等于 x 的元素
02 def bs(nums: List[int], x : int) -> int:
03     l, h = 0, len(nums) - 1
04     while l <= h:
05         mid = l + (h - l) // 2
06         if l == h or l + 1 == h:
07             break
08         elif nums[mid] <= x:
09             l = mid
10         else:
11             h = mid - 1
12     if nums[h] <= x:
13         return nums[h]
14     else:
15         return nums[l]
```

复杂度分析

- 时间复杂度：$O(\log n)$，其中 n 的大小等于 x。
- 空间复杂度：$O(1)$。

6.5 寻找峰值

题目描述（第 162 题）

峰值元素是指其值大于左右相邻值的元素。给定一个输入数组 nums，其中 $nums[i] \neq nums[i+1]$，找到峰值元素并返回其索引值。数组可能包含多个峰值，在这种情况下，返回任何一个峰值所在的位置即可。你可以假设 $nums[-1] = nums[n] = -\infty$。

示例 1

输入：nums = [1,2,3,1]

输出：2

解释：3 是峰值元素，函数应该返回其索引值 2。

示例 2

输入：nums = [1,2,1,3,5,6,4]

输出：1 或 5

解释：函数可以返回索引值 1，其峰值元素为 2；或者返回索引值 5，其峰值元素为 6。

思路

这道题的背景是在数组中查找目标值（峰值元素），虽然数组不是有序的，但峰值元素具备某种性质（大于左右相邻值的元素），可以尝试使用二分法。

关注中间元素和左右相邻元素的关系，当右相邻元素大于中间元素时，意味着右相邻元素**可能是峰值**，其大于左边元素的条件已经满足，只要右相邻元素也大于它右边元素即可。

顺着**右边**的方向继续扫描，存在以下两种情况。

情况一

右相邻元素一直大于当前可能的峰值，可能的峰值变化为 5,7,8。最后扫描到数组的**末尾元素** 8，由于题目假设 nums[n] = -∞，8 大于右边元素的条件将会满足，成为一个**真正的峰值**。

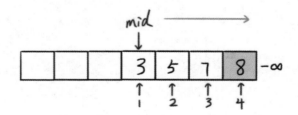

情况二

扫描期间出现右相邻元素 7 小于当前可能的峰值 8，则 8 大于右边元素的条件将得到满足，成为一个**真正的峰值**。

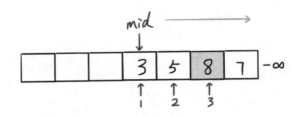

左相邻元素大于中间元素的情况与之同理。

进一步扩展

通过上述过程，我们可以得到一个结论：当右相邻元素大于中间元素时，右侧区域必定存在峰值，可以排除左侧区域；当左相邻元素大于中间元素时，左侧区域必定存在峰值，可以排除右侧区域。具体实现方式如下。

在每次查找的过程中，判断中间元素和相邻元素的关系。

● 如果中间元素小于右侧元素，则缩小查找区间为右侧区域。

● 如果中间元素小于左侧元素，则缩小查找区间为左侧区域。

代码

```
01 class Solution:
02     def findPeakElement(self, nums: List[int]) -> int:
03         n = len(nums)
04         l, h = 0, n - 1
05         while (l <= h):
06             mid = l + (h - l) // 2
07             if mid + 1 < n and nums[mid] < nums[mid + 1]:
08                 l = mid + 1
09             elif mid - 1 >= 0 and nums[mid] < nums[mid - 1]:
10                 h = mid - 1
11             else:
12                 return mid
13         return -1
```

复杂度分析

● 时间复杂度：$O(\log n)$，其中 n 为数组的长度。

● 空间复杂度：$O(1)$。

6.6　分割数组的最大值

题目描述（第 410 题）

给定一个非负整数数组和一个整数 m，你需要将这个数组分成 m 个非空的连续子数组。设计一个算法使这 m 个子数组各自和的最大值最小。

注意：数组长度 n 满足以下条件。

- $1 \leq n \leq 1000$。

- $1 \leq m \leq \min(50, n)$。

示例

输入：nums = [7,2,5,10,8]，m = 2

输出：18

解释：一共有 4 种方法可以将 nums 分割为 2 个子数组。其中最好的方法是将其分为 [7,2,5] 和 [10,8]，因为此时这两个子数组各自的和的最大值为 18，在所有情况中最小。

思路

确定目标为**最小的 "m 个子数组各自和的最大值"**。简单来说，数组要被切割成 m 个子数组，此时每个子数组都有一个数组和，则"**切割最大值**"为所有**子数组和**中的最大值。而我们的任务是找到一种合理的切割方法，使"**切割最大值**"最小，同时计算出这个**最小**的"**切割最大值**"。

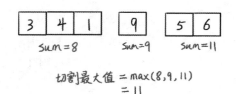

每一种切割方法都对应一个"切割最大值"，遍历所有的切割方法的时间复杂度将会达到 $O(2^n)$，而题目中 n 最大为 1000，显然会造成超时。

换个角度来看，我们是否可以**直接**去寻找这个"切割最大值"呢？

逆向

当数组切割 $n-1$ 次，即把每个元素作为一个子数组时，"切割最大值"达到最小，为原数组中的**最大元素** $max(nums)$。

当数组不进行切割时，"切割最大值"达到最大，为原数组的**元素之和** $sum(nums)$。

因此，"切割最大值"存在**边界**，位于 $[max(nums)，sum(nums)]$ 之间，也就是**答案一定在这个范围内**，是不是觉得和上面几道题很相似？这就是二分解题的一种常见思维。

我们可以合理地设想一下切割次数和"切割最大值"之间的关系，随着切割次数的增加，子数组的个数增多，"切割最大值"越来越小。

接下来让我们观察"切割最大值"区间的中间元素 mid，如果 mid 不能作为"切割最大值"，也就是无法找到一种切割方法使"切割最大值"为 mid，那么需要**减少**切割次数，最小的"切割最大值"应该位于**右侧**；如果 mid 可以作为"切割最大值"，那么可以尝试**增加**切割次数，最小的"切割最大值"应该位于**左侧**，并包含**当前**的 mid。

综上所述，**"切割最大值"拥有边界**，通过中间元素 mid 可以缩小一半的查找空间，适合使用二分法。

完善

此外，我们还需要解决最后一个问题：如何判断 mid 是否可以作为"切割最大值"？

使用**贪心策略**去切割数组，尽可能地让子数组中元素个数更多，同时满足子数组和小于或等于"切割最大值"mid。也就是让每个元素尽可能地和前面的子数组合并，如果合并后子数组和大于 mid，则需要进行切割，让当前元素作为新的子数组的开头元素。最后判断一下切割后子数组的数量是否小于或等于题目要求的 m 即可。

小结

这道题目的难度级别为困难，非常具有挑战性，笔试时也经常会出现这种类型的题目，但总体来看，这种类型的题目还是有章可循的，题目中通常会有一组连续的数据，并且任务要求对数据进行切分或分离来得到一个最优值。我们往往会去思考如何找到一个方法来得到一个最优值，而实际上也可以**逆向**过来，使用二分法在**合理范围**内寻找**最优值**，并判断这个最优值是否**存在**。这种使用逆向思维的技巧在解题之中是很常见的，例如第 778 题水位上升的泳池中游泳，第 1552 题两球之间的磁力，第 1631 题最小体力消耗路径，等等，读者可以练习一下这些题目。

这些题目的代码框架都是类似的，通常都如下所示。

```
01  def helper(x):
02      # 一个用来判断是否可行的函数
03
04  # 定义搜索区间
05  l, h = max(nums), sum(nums)
06
07  # 根据实际情况调整二分逻辑
08  # 这里的情况可以是找任意满足条件的值、 最左满足条件的值 、最右满足条件的值等
09  while l <= h:
10      mid = l + (h - l) // 2
11      if l == h:
12          return l
13      elif help(mid):
14          h = mid
15      else:
16          l = mid + 1
17  return -1
```

代码

```
01  class Solution:
02      def splitArray(self, nums: List[int], m: int) -> int:
03          # 判断 ans 是否可行
04          def help(ans: int) -> boolean:
05              cnt, cur = 1, 0
06              for num in nums:
07                  if (cur + num) > ans:
08                      cur = num
09                      cnt += 1
10                  else:
11                      cur += num
12              return cnt <= m
13
14          l, h = max(nums), sum(nums)
15          while l <= h:
16              mid = l + (h - l) // 2
17              if l == h:
18                  return l
19              elif help(mid):
20                  h = mid
21              else:
22                  l = mid + 1
23          return -1
```

复杂度分析

● 时间复杂度：$O(n\log m)$，其中 n 为数组长度大小，m 为数组元素之和。

● 空间复杂度：$O(1)$。

总结

二分法的识别

简单的题目能够一眼看出"**查找**"任务，读者也就可以联想到使用二分法；中等级别或困难级别的题目往往背景复杂，无法马上看出是"**查找**"任务，需要读者进一步加工并对题目进行转换，利用题目中的已知信息，构建查找的目标，以及目标所在的范围。此外，当题目的数据规模超过 10^7 时，有较大的可能是二分法类型的题目，这也是一个识别二分法的小技巧。

二分法的运用

关注查找范围内的中间元素，挖掘背后的规律，往往中间元素和题目的目标值、左右相邻元素及左右边界元素等存在一定的关联，根据这些关联可以将查找范围缩小一半。

具体的实现方法包括原始的二分查找及二分查找的变种，二者的实现难度不大，唯一需要注意的是二分查找的变种的边界问题，当更新左边界 l = mid 时，需要修改循环的退出条件为 l + 1 == h or l == h。

课后习题

下面列举几道力扣（LeetCode）中关于二分法的题目，欢迎读者进一步尝试解决。

● 第 81 题搜索旋转排序数组 II。

● 第 300 题最长上升子序列。

● 第 878 题第 n 个神奇数字。

● 第 1292 题元素和小于或等于阈值的正方形的最大边长。

第 **7** 章

位运算

计算机中的数据都是以二进制的形式存储的，二进制的运算都是按位来进行的。以整数为例，位运算就是直接对整数在内存中的二进制位进行操作，效率比算术运算要高。例如，求一个数的 2 倍的值，使用位运算比算术运算要快很多，因为算术运算的乘法指令所用的指令周期（指令周期是指 CPU 从内存取出一条指令并执行这条指令的时间总和）比位运算的移位指令所用的指令周期长。

既然计算机内部的计算都是二进制的位运算，那么若将位运算应用到算法题中会发生什么呢？实际上，很多问题从位的角度思考都会变得更加简单、清晰明了，能够直达问题本质。下面的题目都可以选择不使用位运算的方法解决，但是相比之下，位运算有效率高、符合问题本质、简单明了等优点。只是位运算的算法一般不容易被想到，需要勤加练习。

位运算包括取反、按位或、按位异或、按位与、移位等操作。常见的位运算符如下。

- 取反（~）：按位取反，1 变 0，0 变 1。

- 按位或（|）：操作位中只要有 1，则结果为 1；否则结果为 0。

- 按位异或（^）：操作位中只要有两位相反（一个为 1，一个为 0），则结果为 1；否则结果为 0。

- 按位与（&）：操作位中只要有两位全部为 1，则结果为 1；否则结果为 0。

- 移位（<<或>>）：移位分为算术移位和逻辑移位；根据移位方向又分为左移运算和右移运算。

位运算在面试中，经常是几个运算联合起来才能解题，但单一的位运算经常用到特定的解题步骤中，例如按位与（&）运算通常用来查看某个特定的位是否为 1（如 7.1 节的题目）；又如移位运算可以快速实现一个整数除以 2 的操作。

7.1 位1的个数

题目描述（第 191 题）

编写一个函数，输入的是一个无符号整数，返回其二进制表达式中数字为 1 的位的个数。

示例 1

输入：00000000000000000000000000001011

输出：3

解释：在输入的二进制串 00000000000000000000000000001011 中，共有 3 位为 1。

示例 2

输入：00000000000000000000000010000000

输出：1

解释：在输入的二进制串 00000000000000000000000010000000 中，共有 1 位为 1。

示例 3

输入：11111111111111111111111111111101

输出：31

解释：在输入的二进制串 11111111111111111111111111111101 中，共有 31 位为 1。

解法一 循环和位移动

思路

最直接的思路是检测无符号整数的每一个比特位是否是 1。如果检测的比特位是 1，则计数器加 1。检测比特位是否为 1 的方法为利用掩码（掩码是用一串二进制代码对目标字段进行位与运算，此处的二进制代码串为 1，目标字段为待检测位）与待检测整数，采用位与操作（＆）。

以 0000 0000 0000 0000 0000 0000 0000 1011 为例，将其与掩码 1 执行按位与操作，得到最低有效位的数值，值非 0，计数器加 1。使用左移运算得到检测第 i 位值的掩码（1 << i），将掩码与待检测整数做按与操作，值非 0，计数器加 1，否则计数器不变。重复这个过程直到 1 移动到最高位，检测完待检测整数的所有数据位。

代码

```
01  class Solution:
02      def hammingWeight(self, n:int)->int:
03          retval = 0
04          for i in range(32):
05              if n & (1 << i):
06                  retval = retval + 1
07
08          return retval
```

复杂度分析

- 时间复杂度：$O(1)$，因为是整数，所以执行 32 次操作，即可检测所有的位。
- 空间复杂度：$O(1)$，无须额外分配空间。

解法二

思路

就解法一的代码实现来说，针对任意的整数，都要执行 32 次的移位和与操作，如果整数比较小，比如 7（用二进制表示为 0x1011），不仅最低的 4 位需要进行移位和按位与操作，其他位也要继续进行同样的位操作，但这些操作是冗余的，是可以优化的。

优化上面的算法，使其更简单，速度更快。不去检测整数的每一位，而是依次将最低位且值为 1 的比特位翻转为 0，并增加计数器。当执行结果使整数为 0 时，该整数不再包含任何为 1 的比特，返回计数器的值。

此时的关键问题是如何执行"翻转最低有效比特为 1 的比特为 0"，此处可以使用 n & (n-1) 的操作。

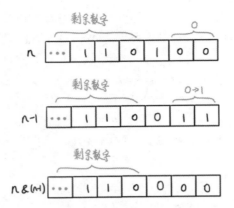

如上图所示，在整数 n 的二进制码中，最低有效比特为 1 的位置，在对应的 $n-1$ 中，该位置总是 0，因此执行与操作时会将该比特的 1 翻转为 0，并且不会改变其他比特的值。

代码

```
01 class Solution:
02     def hammingWeight(self, n:int)->int:
03         retval = 0
04         while n:
05             retval = retval + 1
06             n &= (n - 1)
07
08         return retval
```

复杂度分析

- 时间复杂度：$O(1)$。
- 空间复杂度：$O(1)$。

7.2 实现加法

题目描述（第 371 题）

不使用运算符+和-，计算两整数 a、b 之和。

示例 1

输入：a = 1，b = 2

输出：3

示例 2

输入：a = -2，b = 3

输出：1

思路

该题目的要求是：如何在不使用算术运算符的情况下，实现加法运算。可以考虑的方法只能是位运算，而位运算的操作是针对二进制数的。此时就要首先考虑，在熟悉的十进制中，加法运算是如何实现的；其次，由十进制推广到 n 进制的加法运算规律是什么；最后使用二进制总结出来的 n 进制的规律即可。

在十进制中，加法运算的实现原理是两个加数的相同位和上一位的进位相加，如果和小于 10，不产生进位；如果和大于 10，则保留最低有效位，将进位向上加 1。从两个加数的最低位（个位）开始，依次循环至加数的最高位。

将上面的十进制加法实现原理，推广到 n 进制，同样地，只需要注意两个加数必须是 n 进制表示的即可。最后再考虑二进制的加法，只需要把两个加数用二进制表示即可。

看一下二进制表示中每一位的加法运算的 4 种情况。

● 0 + 0 = 00（原位为 0，向前无进位）。

● 0 + 1 = 01（原位为 1，向前无进位）。

● 1 + 0 = 01（原位为 1，向前无进位）。

● 1 + 1 = 10（原位为 0，向前进位 1）。

从上面的情况可以看出，在二进制中两个加数相同位的相加结果，主要分为两部分：两个加数相同位相加后的原位值，以及两个加数相同位相加后的进位值。相加后的原位值的规律为如果两个加数不同，则结果为 1；如果两个加数相同，则结果为 0。正好符合位运算的异或操作。相加后的进位值的规律为当两个加数相同位都为 1 时，结果为 1；否则为 0。正好符合位运算的与运算。

根据上面的分析，用位操作实现加法运算，总结如下。

● $a + b$ 等于相加后的原位值 + 进位值。

● 使用异或操作，计算出两个加数的二进制表示中相加后的**原位值**。

- 使用与操作和移位操作，计算出两个加数的二进制表示中相加后的**进位值**。
- 循环上面的过程，直至进位值为 0。

由于 Python 的语言特性，会将 32 位 int 型整数自动转换为 long 型，因此下面的代码引入 mask = 0xFFFFFFFF 构造了一个 32 位整数的限定器，用于限定符号。本质上这里是为了模拟一个 32 位的 int 型数据。

代码

```
class Solution:
    def getSum(self, a:int, b:int)->int:
        mask = 0xFFFFFFFF

        while b & mask != 0:
            # 对应位进位值的计算
            carry = (a & b) << 1
            # 对应位原位值的计算
            a = a ^ b
            b = carry

        if b > mask:
            return a & mask
        else:
            return a
```

复杂度分析

- 时间复杂度：$O(1)$。因为整数最多需要 32 位的二进制表示，最多循环 32 次，所以时间复杂度是固定的。
- 空间复杂度：$O(1)$。

7.3 整数替换

题目描述（第 397 题）

给定一个正整数，你可以做如下操作。

- 如果 n 是偶数，则用 $n / 2$ 替换 n。

● 如果 n 是奇数，则可以用 $n+1$ 或 $n-1$ 替换 n。

求 n 变为 1 所需的最小替换次数是多少？

示例 1

输入：8

输出：3

解释：8→4→2→1。

示例 2

输入：7

输出：4

解释：7→8→4→2→1 或 7→6→3→2→1。

解法一　递归法

思路

从题目描述很容易看出，可以直接套用递归法，当 n 为 1 时，直接返回 0；如果 n 大于 1，看 n 是奇数还是偶数。若是偶数则只有一种可能性，就是用 $n/2$ 来代替，替换次数计数器加 1；如果 n 是奇数，则分为 $n+1$ 和 $n-1$ 两种情况，选择较小的那一种。具体算法如下。

● 当 n 是偶数时，直接用 $n/2$ 替换 n，然后计数器加 1。

● 当 n 是奇数时，分别计算 $n+1$ 和 $n-1$ 的最小替换整数次数，使用较小的那个。

● 当最终的终止条件是 $n=1$ 时，则跳出计算，一路返回。

代码

```
01 class Solution:
02     def integerReplacement(self, n:int)->int:
03         if n == 1:
04             return 0
05         elif n % 2 == 0:
06             return 1 + self.integerReplacement(n // 2)
07         else:
08             return min(self.integerReplacement(n+1),
                        self.integerReplacement(n - 1)) + 1
```

复杂度分析

- 时间复杂度：$O(\log n)$。
- 空间复杂度：$O(1)$。

解法二　位操作法

思路

在上面的递归法中，self.integerReplacement(n + 1) 和 self.integerReplacement(n - 1) 再继续划分，可能会出现重复的运算，比如当 n 等于 13 时，12 ($n-1$) 和 14 ($n+1$) 递归的下一层就都包含了 6 的计算。为此，我们还需要继续寻找规律，找到能够直接确定使用 $n+1$ 还是 $n-1$ 的方法。

对于 n 是偶数的情况，直接用 $n / 2$ 是最优的，理由和解法一中所解释的一样。

对于 n 是奇数的情况，它的二进制码的最低两位，有两种情况：01 和 11。

- 如果 n 的二进制码后两位是 01，则 n 减 1。
- 如果 n 的二进制码后两位是 11，则 n 加 1。
- 对于特殊情况，如果 n 等于 3，那么应该减 1。

对于二进制码中后两位是 11 的情况，可以使用（n + 1）% 4 == 0 来表示，考虑到位运算要比取余运算的效率更高，可以使用 n & 0x03 == 0x03 代替。

代码

```
01  class Solution:
02      def integerReplacement(self, n:int)->int:
03          if (n <= 1):
04              return 0
05          count = 0
06
07          while n > 3:
08              if n & 1 == 0:
09                  n >>= 1
10              elif n & 0x03 == 0x03 :
11                  n += 1
12              else:
13                  n -= 1
```

```
14          count += 1
15
16      return (count + 2) if (n == 3) else (count + 1);
```

复杂度分析

- 时间复杂度：$O(\log n)$。

- 空间复杂度：$O(1)$。

同样地，在 n 是奇数的情况下，也可以先判断是否需要对 n 进行减 1 操作，其中包括最后两位为 01 和 n 为 3 两种情况，判断 n 的最后两位是否为 01，可以仍然使用位运算 (n & 2) == 0 来做判断，代码如下。

代码

```
01 class Solution:
02     def integerReplacement(self, n:int)->int:
03         count = 0
04         while n != 1:
05             if n & 1 == 0:
06                 n >>= 1
07             else:
08                 if (n & 2) == 0 or n == 3:
09                     n += -1
10                 else:
11                     n += 1
12             count += 1
13
14         return count
```

7.4　只出现一次的数字

题目描述（第 136 题）

给定一个非空整数数组，除某个元素只出现 1 次外，其余每个元素均出现 2 次。找出那个只出现 1 次的元素。

说明：如果算法具有线性时间复杂度，你可以不使用额外空间来实现吗？

示例 1

输入：[2, 2, 1]

输出：1

示例 2

输入：[4, 1, 2, 1, 2]

输出：4

解法一　哈希表法

思路

要想找到只出现 1 次的元素，只需要将所有元素统计一遍，并记录每个元素出现的次数，找到统计次数为 1 的元素即可。为了统计元素出现的次数，这里使用哈希表数据结构。算法步骤具体如下。

- 遍历数组中的所有元素，并设置键值对。

- 返回只出现了 1 次的元素。

代码

```
01  class Solution:
02      def singleNumber(self, nums:List[int])->int:
03          hash_tab = defaultdict(int)
04
05          for i in nums:
06              hash_tab[i] += 1
07
08          for i in hash_tab:
09              if hash_tab[i] == 1:
10                  return i
```

复杂度分析

- 时间复杂度：$O(n)$，n 为数组的长度。

- 空间复杂度：$O(n)$，n 为数组的长度。

解法二 异或法

思路

数组中只有一个数是只出现 1 次的，其他数都能找到与之相等的数值。题目中给出了信息"除某个元素只出现 1 次外，其余每个元素均出现 2 次"，如果能有一种方法，对于出现 2 次的数，让它们相抵消，那么最后就会只剩下出现 1 次的元素，即为我们要找的元素。

让相等的两个数相抵消，一种方法是使用算术运算符，两数相减；一种是使用位运算符做异或运算（a^a=0）。因为我们无法知道具体哪两个元素相等，所以算术运算符法行不通，而执行异或操作，则不需要知道哪两个元素相等，只要最后将所有元素均执行异或操作即可。

异或操作的运算逻辑是，如果同一位的数字相同，则为 0，不同则为 1。两个数字异或（a^b）的结果是将 a 和 b 的二进制码每一位进行运算得出的数字。相等数值的一个特点是两数异或后为 0。

因为异或操作符合交换律，即 a^b^a==a^a^b，因此可以将数组中所有的数做异或操作，这样就可以将相等的数都筛掉（a^b^a==a^a^b==b），剩余的值即为我们要找的只出现 1 次的元素。

代码

```
01  class Solution:
02      def singleNumber(self, nums:List[int])->int:
03          ret = 0
04
05          for i in range(len(nums)):
06              ret ^= nums[i]
07
08          return ret
```

复杂度分析

● 时间复杂度：$O(n)$，n 为数组的长度。

● 空间复杂度：$O(1)$。

解法三　数学法

假设数组有 a、a、b、b、c 几个元素，由数学法计算 2 * (a + b + c) - (a + a + b + b + c) = c。

```
01  class Solution:
02      def singleNumber(self, nums:List[int])->int:
03          return 2 * sum(set(nums)) - sum(nums)
```

复杂度分析

● 时间复杂度：$O(n)$，n 为数组的长度。

● 空间复杂度：$O(n)$，n 为数组的长度。

题目扩展 I

上面的题目提到"其余每个元素均出现 2 次"，基于这一点，我们才可以使用异或法，如果"其余每个元素均出现 3 次"呢？这就变成了力扣（LeetCode）中的第 137 题，题目描述如下。

给定一个非空整数数组，除某个元素只出现 1 次外，其余每个元素均出现了 3 次。找出那个只出现了 1 次的元素。

说明

如果要求算法具有线性时间复杂度，你可以不使用额外空间来实现吗？

此时哈希表法仍然可以解题，思路与上面的解法——致。

数学法同样适用，因为 3 (a + b + c) - (a + a + a + b + b + b + c) = 2c，此时只要将上面的数学法中的算式除以 2 即可，即 return (3 * sum(set(nums)) - sum(nums)) // 2。

上面的解法二中的简单异或法，无法筛选出唯一的单一元素，因为异或法无法将 3 个元素消除，但考虑到在元素的二进制形式中，对于出现 3 次的元素，它的二进制形式中的每一位都是 3 的倍数，统计所有数字的二进制形式中 1 出现的次数，并对 3 求余，如果结果不为 0，则说明出现 1 次的数字在该二进制位上为 1。以题目中给出的示例 [2, 2, 3, 2] 为例，思路如下图所示。

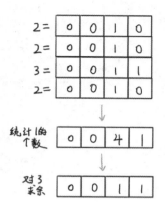

代码

```
01  class Solution:
02      def singleNumber(self, nums: List[int]) -> int:
03          counts = [0] * 32
04          # 统计 nums 中每个元素的二进制形式中对应位上的 1 的个数
05          for num in nums:
06              for j in range(32):
07                  counts[j] += num & 1
08                  num >>= 1
09          res, m = 0, 3
10          # 对每一位上统计的 1 的个数取余
11          for i in range(32):
12              res <<= 1
13              res |= counts[31 - i] % m
14
15          return res if counts[31] % m == 0 else ~(res ^ 0xffffffff)
```

复杂度分析

● 时间复杂度：$O(n)$。上面虽然使用了双重循环，但由于内层循环次数是常数，所以时间复杂度仍为 $O(n)$，其中 n 为数组长度。

● 空间复杂度：$O(1)$。

题目中提到了不使用额外空间的方法，这仍然可以借助位操作法实现。题目中有的数字出现 3 次，有的出现 1 次，因此，只需要找到出现 1 次的位和出现 3 次的位即可。

```
01  class Solution:
02      def singleNumber(self, nums: List[int]) -> int:
03          one, two = 0, 0
04          for num in nums:
```

```
05          # two 的相应的位等于 1，表示该位出现 2 次
06          two |= (one & num)
07          # one 的相应的位等于 1，表示该位出现 1 次
08          one ^= num
09          # three 的相应的位等于 1，表示该位出现 3 次
10          three = (one & two)
11          # 如果相应的位出现 3 次，则将该位重置为 0
12          two &= ~three
13          one &= ~three
14
15      return one
```

复杂度分析

- 时间复杂度：$O(n)$，n 为数组的长度。

- 空间复杂度：$O(1)$。

题目扩展 II

继续扩展，修改上面的条件，将第 136 题中的除某个元素只出现 1 次以外改为其中恰好有两个元素只出现 1 次。得到力扣（LeetCode）中的第 260 题，题目描述如下。

给定一个整数数组 nums，其中恰好有两个元素只出现 1 次，其余所有元素均出现 2 次，找出只出现 1 次的那两个元素。

示例

输入：[1, 2, 1, 3, 2, 5]

输出：[3, 5]

此时使用哈希表法仍然可以解题，思路与上面的解法一一致，此处略去不讲；而数学法在这里不再适用，因为我们无法通过上面的数学公式区分两个出现 1 次的数。

但是这道题仍然可以采用异或的思路去解决。首先进行一次全员异或操作，得到的结果就是那两个只出现 1 次的两个不同的数字的异或结果。异或运算规律中有一条是任何数和本身异或结果都为 0，因此可以将这两个不同的数字分到两个组 A 和 B 中。分组需要满足两个条件。

1. 两个独特的数字分到不同组。

2. 相同的数字分到相同组。

这样每一组的数分别进行异或，即可得到那两个数字。问题的关键是怎样进行分组呢？由异或的性质同一位相同则为 0，不同则为 1，可知将所有数字异或的结果一定不

是 0，也就是说至少有一位是 1。我们随便取一个，分组的依据就出来了。依据就是你取的那一位是 0 的分到一组，是 1 的分到另外一组。这样肯定能保证上述第 2 条"相同的数字分到相同组"，那么两个独特的数字会被分成不同组么？很明显可以，因为我们选择的那一位是 1，也就是说两个独特的数字在被选取的二进制位上一定是不同的，因此两个独特的元素一定会被分到不同组。

代码

```
01  class Solution:
02      def singleNumber(self, nums: List[int]) -> List[int]:
03          ret = 0  # 所有数字异或的结果
04          a = 0
05          b = 0
06          for n in nums:
07              ret ^= n
08          # 找到第 1 位不是 0 的
09          h = 1
10          while ret & h == 0:
11              h <<= 1
12          for n in nums:
13              # 根据该位是否为 0 将其分为两组
14              if h & n == 0:
15                  a ^= n
16              else:
17                  b ^= n
18
19          return [a, b]
```

复杂度分析

● 时间复杂度：$O(n)$，n 为数组的长度。

● 空间复杂度：$O(1)$。

总结

位操作相关的问题，在面试中也是一类高频的算法测试题。其考核的内容可以多种多样，但核心方法就是上面提到的这几种：取反、按位与、按位或、按位异或、移位操作等。本书的 17.5 节第 458 题可怜的小猪也是一道可以用二进制解决的题目，读者可以在理解本章内容之后尝试解决一下那道题。

在面试过程中,如果题目中出现二进制、与 2 的倍数相关的问题、不能使用算术运算符等情况时,都可以考虑是否可以使用位运算解题。当然,在做题的过程中,也要善于总结规律,这样在真正的笔试、面试过程中,才能够迅速写出简洁、高效的代码。

另外还有一种常见的位运算使用场景是**状态压缩**,本书将在 20.4 节降维与状态压缩部分进行介绍。

第**8**章

设计

在力扣（LeetCode）中，设计题是整个题库中比较特殊的一类。这类题更加强调对数据结构的设计，以达到高效实现某些操作的目的。这种题目需要我们对**各种基础数据结构的特性及基本操作**有着非常好的理解。

本章总共选取了 5 道有代表性的题目，分别如下。

1. 第 155 题最小栈（难度级别：简单）。

2. 第 208 题实现 Trie（难度级别：中等）。

3. 第 146 题 LRU（难度级别：中等）。

4. 第 460 题 LFU（难度级别：困难）。

5. 第 1206 题设计跳表（难度级别：困难）。

希望读者在阅读完本章之后能够完成两个目标。

● 理解复杂、高效的数据结构是如何由简单、基础的数据结构演化而来的。

● 了解这些数据结构在实践中有哪些应用。

8.1 最小栈

题目描述（第 155 题）

设计一个支持 push、pop、top 操作，并能在常数时间内检索到最小元素的栈。

- push(x)：将元素 x 推入栈中。

- pop()：删除栈顶的元素。

- top()：获取栈顶元素。

- getMin()：检索栈中的最小元素。

示例

```
01 MinStack minStack = new MinStack();
02 minStack.push(-2);
03 minStack.push(0);
04 minStack.push(-3);
05 minStack.getMin();    --> 返回-3
06 minStack.pop();
07 minStack.top();       --> 返回 0
08 minStack.getMin();   --> 返回-2
```

解法一　辅助栈

思路

在计算机科学中，栈是一种常见的线性数据结构。它的基本性质是后进先出（ Last In，First Out，LIFO ），并且 push 操作和 pop 操作都是在常数时间内完成的。而本题的要求是在栈的基础上实现一个新的操作：在常数时间内检索到最小元素。

我们该如何在常数时间内检索到最小的元素呢？

在算法领域里，一种常见的思路是"以空间换时间"，因此可以尝试通过申请一些辅助空间来帮助我们实现该算法。

一个显而易见的想法是在建立基础数据栈的同时建立一个辅助栈，而该辅助栈存储着每次 push 操作后整个数据栈的最小值。而每次对数据栈进行 pop 操作时，辅助栈也要同时进行 pop 操作。这样我们就能够在常数时间内检索到最小的元素了（直接取辅助栈的栈顶元素 ）。

那么又该如何得到每次 push 操作后的数据栈的最小值呢？思路同样很简单，假设目前数据栈中有 n 个元素，与此同时辅助栈中也有 n 个元素，并且辅助栈栈顶元素即为数据栈 n 个元素的最小值。此时进行 push 操作，我们只需要将新的元素和辅助栈栈顶元素进行比较就可以得到最新的最小值了。

题目示例的运行过程如下图所示。

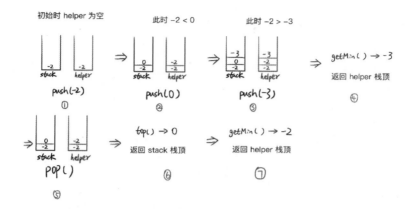

代码

```
01  class MinStack:
02      def __init__(self):
03          """
04          initialize your data structure here.
05          """
06          self.stack = []
07          self.helper = []
08
09      def push(self, x: int) -> None:
10          self.stack.append(x)
11          if not self.helper or x <= self.helper[-1]:
12              self.helper.append(x)
13          else:
14              self.helper.append(self.helper[-1])
15
16      def pop(self) -> None:
17          self.helper.pop()
18          return self.stack.pop()
19
20      def top(self) -> int:
21          return self.stack[-1]
22
23      def getMin(self) -> int:
24          return self.helper[-1]
```

复杂度分析

- 时间复杂度：在任何情况下，push 操作、pop 操作、top 操作及 getMin 操作的时间复杂度都是 $O(1)$。

- 空间复杂度：不考虑保存的数据栈，我们需要额外的 $O(n)$空间。

解法二　改进的辅助栈

思路

仔细观察解法一，会发现解法一中的辅助栈是一个非严格递减栈。因为其非严格的特性，在最坏情况下可能存储很多重复的最小值。简单地举个例子，满足升序形式的数据被 push 到栈中，这样的话任意时刻最小值都是最开始的值。这样一来，会造成很大的空间浪费。那么该如何改进呢？

这里有两个思路。

1. 将相同的最小值合并成一个组合 [value, count]，value 为最小值，而 count 为相同最小值的个数。

2. 只在插入数据小于或等于当前最小值时，才将数据同时插入辅助栈，但是这在改进空间使用的同时会引入一个新的问题——在进行 pop 操作时该如何处理辅助栈中的值，因为 pop 操作可能会改变当前数据栈中的最小值。

思路 1 如下图所示。

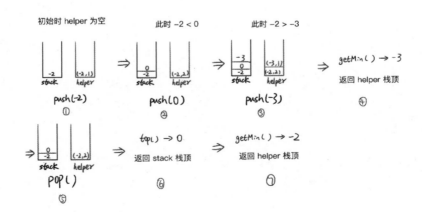

代码 1

```
01  class MinStack:
02      def __init__(self):
03          """
04          initialize your data structure here.
05          """
06          self.stack = []
07          self.helper = []
08
09      def push(self, x: int) -> None:
10          self.stack.append(x)
11          if not self.helper or x < self.helper[-1][0]:
12              self.helper.append([x, 1])
13          else:
14              self.helper[-1] = [self.helper[-1][0], self.helper[-1][1]
                                  + 1]
15
16      def pop(self) -> None:
17          if self.helper[-1][1] > 1:
18              self.helper[-1] = [self.helper[-1][0], self.helper[-1][1]
                                  - 1]
19          else:
20              self.helper.pop()
21          return self.stack.pop()
22
23      def top(self) -> int:
24          return self.stack[-1]
25
26      def getMin(self) -> int:
27          return self.helper[-1][0]
```

复杂度分析

● 时间复杂度：在任何情况下，push 操作、pop 操作、top 操作及 getMin 操作的时间复杂度都是 $O(1)$。

● 空间复杂度：不考虑保存的数据栈，在最好的情况下，也就是升序的数据插入时，需要额外的 $O(1)$ 空间。在最坏情况下，也就是严格降序的数据插入时，需要额外的 $O(2n)$ 空间，此时的空间复杂度是不如解法一的。

那么思路 2 该如何实现呢？其实也很简单。

● 在进行 push 操作时，只有当插入的数据小于或等于当前最小值时，才将该数据 push 到辅助栈中。

● 在进行 pop 操作时，只有当 pop 的 stack 栈中数据等于当前 helper 栈顶元素时，才同时将 helper 栈顶元素抛出；其他 pop 情况不对 helper 辅助栈做处理。

代码 2

```
01  class MinStack:
02      def __init__(self):
03          """
04      initialize your data structure here.
05      """
06          self.stack = []
07          self.helper = []
08
09      def push(self, x: int) -> None:
10          self.stack.append(x)
11          if not self.helper or x <= self.helper[-1]:
12              self.helper.append(x)
13
14      def pop(self) -> None:
15          top = self.stack.pop()
16          if self.helper and top == self.helper[-1]:
17              self.helper.pop()
18          return top
19
20      def top(self) -> int:
21          return self.stack[-1]
22
23      def getMin(self) -> int:
24          return self.helper[-1]
```

复杂度分析

● 时间复杂度：在任何情况下，push 操作、pop 操作、top 操作及 getMin 操作的时间复杂度都是 $O(1)$。

● 空间复杂度：不考虑保存的数据栈，在最好的情况下，也就是严格升序的数据插入时需要额外的 $O(1)$ 空间。在最坏情况下，也就是降序的数据插入时，需要额外的 $O(n)$ 空间，此时的空间复杂度和解法一相同。

解法三　差值法

在解法二的思路 2 分析当中，我们发现要解决的关键问题是当有新的更小值时之前的最小值该如何存储。解法二是通过将最小值入栈来解决的。

在这里，我们可以用另外一个思路来解决该问题：用 min 变量存储当前的最小值，数据栈存储的是入栈的值和最小值的差值。实际的数据和之前的最小值都可以通过 min 值和栈顶元素得到。

上面的思路是栈中每次存储的是**实际值 − 当前最小值**。

● 当实际值大于或等于当前最小值时，入栈时存储的是非负整数，并且当前最小值不会更新，因此，出栈时就是**实际值 = 栈顶值 + 当前最小值**，并且不需要更新当前最小值。

● 当实际值小于当前最小值时，入栈时存储的是负整数，并且当前最小值被更新为实际值，因此，出栈时就是**实际值 = 当前最小值**，并且此时我们需要更新最小值，**新最小值 = 当前最小值 − 栈顶值**。

下图展示了该思路的实际过程。

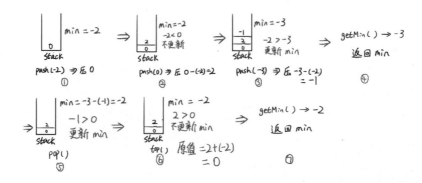

代码

```
01  class MinStack:
02      def __init__(self):
03          """
04          initialize your data structure here.
05          """
06          self.stack = []
07          self.min = float('inf')
```

```
08
09    def push(self, x: int) -> None:
10        if not self.stack:
11            self.min = x
12            self.stack.append(0)
13        else:
14            self.stack.append(x - self.min)
15            if x < self.min: self.min = x
16
17    def pop(self) -> None:
18        if not self.stack: return
19
20        top = self.stack.pop()
21        if top < 0:
22            self.min = self.min - top
23
24    def top(self) -> int:
25        top = self.stack[-1]
26        if top < 0: return self.min
27
28        return top + self.min
29
30    def getMin(self) -> int:
31        return self.min
```

复杂度分析

● 时间复杂度：在任何情况下，push 操作、pop 操作、top 操作及 getMin 操作的时间复杂度都是 $O(1)$。

● 空间复杂度：不考虑存储数据本身的空间，空间复杂度为 $O(1)$。

8.2 实现 Trie（前缀树）

题目描述（第 208 题）

实现一个 Trie（前缀树），包含 insert、search 和 startsWith 这 3 个操作。

示例

```
01 | Trie trie = new Trie();
02 |
03 | trie.insert("apple");
04 | trie.search("apple");   // 返回 True
05 | trie.search("app");     // 返回 False
06 | trie.startsWith("app"); // 返回 True
07 | trie.insert("app");
08 | trie.search("app");     // 返回 True
```

说明

● 可以假设所有的输入都是由小写字母 a ~ z 构成的。

● 保证所有输入均为非空字符串。

思路

在计算机科学当中，Trie 又被称为前缀树（prefix tree），是搜索树（search tree）的一种。它是经典的有序树形数据结构，可以被应用在实际开发当中。

从题目的要求来看，我们需要实现 3 个方法。

● insert(value)：插入一个字符串。

● search(value)：搜索一个字符串，若存在，则返回 True；否则返回 False。

● startsWith(value)：是否包含值为 value 的前缀。

在设计一个树时，第一步需要先设计其节点结构。下面我们来分析 Trie 的节点结构是怎样的。

● Trie 需要判断当前节点是以前缀还是单词结尾的，所以我们需要一个布尔字段来标记。

● 由于本题只考虑 a ~ z 的字母，因此只有 26 个字母，即最多有 26 个指向子节点的链接，因此你可以使用大小为 26 的数组来表示 26 个字母，也可以使用哈希表键值对来表示。这里选用哈希表（实际开发中可以根据字符集的情况选择哈希表或数组，从效率来讲数组更好，这里选择哈希表只是为了书写方便）。

分析之后，我们就得到了如下的节点结构。

```
01 | class TrieNode:
02 |   def __init__(self):
```

```
03      self.isEnd = False
04      self.children = {}
```

确定完节点的数据结构，再实现 Trie 就很简单了，下面分别对 3 个方法进行分析。

1. insert 方法需要从根节点往下搜索。如果已经存在对应的节点，则往下递归；如果没有，则创建新的节点，直到所有单词被处理完。

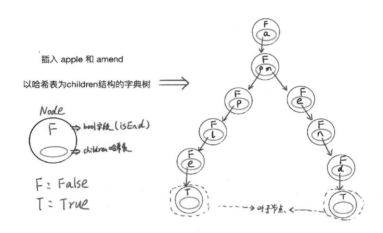

2. search 同样使用深度优先遍历的思想。如果能够到达搜索单词的结尾，并且此时指向的节点的布尔标记是 True，则返回正确；如果搜索中途出现节点值不一致或到达单词结尾所指向的节点的布尔标记是 False，则返回错误。

3. startsWith 和 search 的区别在于前者只要遍历途中不存在不一致的节点（无须判断布尔标记），就返回正确。

代码

```
01  class TrieNode:
02      def __init__(self):
03          self.isEnd = False
04          self.children = {}
05
06
07  class Trie:
08      def __init__(self):
09          self.root = TrieNode()
10
11      def insert(self, word: str) -> None:
```

```
12          cur = self.root
13          for ch in word:
14              if ch not in cur.children:
15                  node = TrieNode()
16                  cur.children[ch] = node
17              cur = cur.children[ch]
18
19          cur.isEnd = True
20
21      def search(self, word: str) -> bool:
22          cur = self.root
23          for ch in word:
24              if ch not in cur.children:
25                  return False
26              cur = cur.children[ch]
27
28          if cur.isEnd:
29              return True
30
31          return False
32
33      def startsWith(self, prefix: str) -> bool:
34          cur = self.root
35          for ch in prefix:
36              if ch not in cur.children:
37                  return False
38              cur = cur.children[ch]
39
40          return True
```

复杂度分析

● 向 Trie 树中插入值。

> 时间复杂度：$O(m)$，m 为插入值的长度。

> 空间复杂度：在最坏情况下，新插入的值和 Trie 中已有的值不存在公共前缀。此时需要添加 m 个节点，空间复杂度为 $O(m)$。

● 在 Trie 树中查找值或前缀。

> 时间复杂度：最坏时间复杂度为 $O(m)$，m 为插入值的长度。

> 空间复杂度：$O(1)$。

延展

在力扣（LeetCode）中，除第 208 题外，还有大概 18 道与前缀树相关的题目，比如**第 211 题的添加与搜索单词**、**第 472 题的连接词**等，读者可以自行完成。

在实际开发工作中，Trie 同样有着很多的应用，如下所示。

- 在某些情况下，用来替换其他的数据结构，比如二叉搜索树（binary search tree）和哈希表（hash table）。

- 用于词典中自动补全（autocomplete）或搜索提示功能。

- 在拼写检查（spell checking）这类软件中，用来实现相似匹配算法。

- 用于字符串排序，比如 burstsort 就将 Trie 作为其基础数据结构。

关于 Trie 的应用不止于此。另外，上面的实现忽略了很多细节，在实际工作中我们需要考虑更多的问题。这些细节（比如 Trie 的变种）就有待读者自己去探索了。

8.3 LRU 缓存机制

题目描述（第 146 题）

运用你所掌握的数据结构，设计和实现一个 LRU（最近最少使用）缓存机制。它应该支持以下操作。

- 获取数据 get(key)：如果密钥（key）存在于缓存中，则获取密钥的值（总是正数），否则返回–1。

- 写入数据 put(key, value)：如果密钥不存在，则写入其数据值。当缓存容量达到上限时，它应该在写入新数据之前删除最近最少使用的数据值，从而为新的数据值留出空间。

进阶：你是否可以在 $O(1)$ 时间复杂度内完成这两种操作？

示例

```
01 LRUCache cache = new LRUCache( 2 /* 缓存容量 */ );
02
03 cache.put(1, 1);
04 cache.put(2, 2);
```

```
05  cache.get(1);          // 返回 1
06  cache.put(3, 3);       // 该操作会使密钥 2 作废
07  cache.get(2);          // 返回 -1（未找到）
08  cache.put(4, 4);       // 该操作会使密钥 1 作废
09  cache.get(1);          // 返回 -1（未找到）
10  cache.get(3);          // 返回 3
11  cache.get(4);          // 返回 4
```

思路

在操作系统中，LRU 是一种常用的页面置换算法。其目的在于在发生缺页中断时，将最长时间未使用的页面给置换出去，因此，需要算法的效率足够高。

下面我们来一一分析 LRU 算法是如何由基本的数据结构组合起来的。由题目可以知道，整个算法会包含以下操作。

● get(key)：在 $O(1)$ 时间内根据 key 来获取对应的值。很明显，支持常数时间存取的哈希表符合要求。

● put(key, value)：在 $O(1)$ 时间内存储对应的键值对，如果当前缓存中已经有对应的 key，则直接更新 value，并将位置放到最近使用的地方；如果没有对应的 key，并且已经达到容量上限，则需要先删掉最近最少使用的数据。能够在常数时间里交换值和删除值的数据结构就是链表了。

● move_to_tail()：将当前键值对移到尾部。

从上面的分析来看，我们得出哈希表+双向链表可以实现 LRU 缓存算法。在这里，我们使用链表尾部节点来表示最近访问的节点。

细心的读者可能会产生疑问，为什么使用双向链表而不是单向链表？

其原因在于，如果想在常数时间内将链表中间的节点移动到尾部，需要能够在 $O(1)$ 时间内获得当前节点的前驱节点。

首先，设计链表的节点。

```
01  class ListNode:
02      def __init__(self, key=None, value=None):
03          self.key = key
04          self.value = value
05          self.prev = None
06          self.next = None
```

细心的读者会发现，在设计节点时重复存储了 key（哈希表和双向链表中都存储了 key），这又是为什么呢？ 这是因为在缓存已满时需要删除双向链表中的节点及节点在哈

希表中保存的值。如果不在哈希表中存储 key，就无法在哈希表中进行对应的删除了。

有了算法的数据结构和链表的节点设计，整个 LRU 算法就显而易见了。

代码

```
01 class ListNode:
02     def __init__(self, key=None, value=None):
03         self.key = key
04         self.value = value
05         self.prev = None
06         self.next = None
07
08
09 class LRUCache:
10     def __init__(self, capacity: int):
11         self.capacity = capacity
12         self.hashmap = {}
13         # 新建两个节点 head 和 tail
14         self.head = ListNode()
15         self.tail = ListNode()
16         # 初始化链表为 head <-> tail
17         self.head.next = self.tail
18         self.tail.prev = self.head
19
20     # get 和 put 操作可能都会调用 move_to_tail 方法
21     def move_to_tail(self, key: int) -> int:
22         node = self.hashmap[key]
23         # 将 node 节点的前置节点和后置节点相连
24         node.prev.next = node.next
25         node.next.prev = node.prev
26         # 将 node 插入到尾节点前
27         node.prev = self.tail.prev
28         node.next = self.tail
29         self.tail.prev.next = node
30         self.tail.prev = node
31
32     def get(self, key: int) -> int:
33         if key in self.hashmap:
34             # 如果已经在链表中，就把它移到末尾（变成最新访问的）
35             self.move_to_tail(key)
36             return self.hashmap.get(key).value
37
```

```
38 |        return -1
39 |
40 |    def put(self, key: int, value: int) -> None:
41 |        if key in self.hashmap:
42 |            # 如果 key 本身已经在哈希表中，则不需要在链表中加入新的节点
43 |            # 但是需要更新字典中该值对应节点的 value
44 |            self.hashmap[key].value = value
45 |            # 之后将该节点移到末尾
46 |            self.move_to_tail(key)
47 |        else:
48 |            if len(self.hashmap) == self.capacity:
49 |                # 去掉哈希表对应项
50 |                self.hashmap.pop(self.head.next.key)
51 |                # 去掉最久没有被访问过的节点，即头节点之后的节点
52 |                self.head.next = self.head.next.next
53 |                self.head.next.prev = self.head
54 |            # 将新节点插入到尾节点前
55 |            newNode = ListNode(key, value)
56 |            self.hashmap[key] = newNode
57 |            newNode.prev = self.tail.prev
58 |            newNode.next = self.tail
59 |            self.tail.prev.next = newNode
60 |            self.tail.prev = newNode
```

复杂度分析

- 时间复杂度：$O(1)$。
- 空间复杂度：$O(\text{capacity})$，capacity 是缓存的容量。

延展

本节的写法属于最基本的 LRU 算法。而在实际的算法历史上，出现了很多性能更加优秀的变种，比如下面这两种。

- LRU-K 算法，用于删除第 k 个最近使用的数据。
- ARC 算法，维护了最近被删除数据的历史，特别适合用于需要连续扫描的情况。

而在著名的 Redis 中同样实现了两个 LRU 算法的变种。

- volatile-LRU：从已设置过期时间的数据集中挑选最近最少使用的数据来淘汰。
- allkeys-LRU：从所有数据集中挑选最近最少使用的数据来淘汰。

在 Redis 中 LRU 变种的具体实现细节，就有待读者通过源码去理解了。

8.4 LFU 缓存

题目描述（第 460 题）

设计并实现最不经常使用（LFU）缓存的数据结构。它应该支持以下操作：get 和 put。

- get(key)：如果键存在于缓存中，则获取键的值（总是正数），否则返回-1。

- put(key, value)：如果键不存在，请设置或插入值。当缓存达到其容量时，它应该在插入新项目之前，使最不经常使用的项目无效。在此问题中，当存在平局（即两个或更多个键具有相同使用频率）时，最近最少使用的键将被删除。

进阶：你是否可以在 $O(1)$ 时间复杂度内执行这两项操作？

示例

```
01  LFUCache cache = new LFUCache( 2 /* capacity （缓存容量） */ );
02
03  cache.put(1, 1);
04  cache.put(2, 2);
05  cache.get(1);          // 返回 1
06  cache.put(3, 3);       // 删除 key2
07  cache.get(2);          // 返回-1 （未找到 key2）
08  cache.get(3);          // 返回 3
09  cache.put(4, 4);       // 删除 key1
10  cache.get(1);          // 返回-1 （未找到 key1）
11  cache.get(3);          // 返回 3
12  cache.get(4);          // 返回 4
```

思路

和 LRU 一样，LFU 也是常用的缓存置换算法之一。在工业界有名的应用之一就是 Redis，Redis 在内部很巧妙地实现了 LFU 算法，具体细节这里暂且不谈。对于最开始的 LFU 算法来讲，内部是使用堆（binomial heap）和无冲突标准哈希表（standard collision free hash table）来实现的，其基本操作的时间复杂度达到了 $O(\log n)$ 级别。随后，在 2010

年，Prof. Ketan Shah 提出了新的 $O(1)$ 时间复杂度的 LFU 实现（具体算法实现可搜索相关论文（见参考链接/正文[11]））。

回到本题，题目的进阶要求是 get 和 put 操作都在 $O(1)$ 时间内完成，这里我们直接来分析进阶的解法，并给出易于理解的一种写法，本题用到了以下两种基本操作。

● 需要在 $O(1)$ 时间内通过键来找到某个值，而解决这类题的数据结构一般会涉及哈希表。

● 需要在 $O(1)$ 时间内移动某个节点的位置，由 LRU 算法得到的思路可推测，双向链表可能是一个很好的切入点。

首先给出与 LFU 相关的数据结构图。

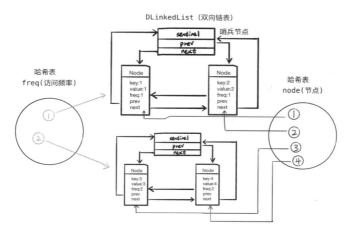

整个 LFU 算法会维护两个哈希表：node 哈希表和 freq 哈希表。freq 哈希表中的每个 key 对应着一个双向链表；node 哈希表中的每个 key 对应着一个双向链表里面的 node 节点。

将上述数据结构转换成伪代码。

● 双向链表中的节点。

```
01 class Node:
02     key: int
03     value: int
04     freq: int  # 表示被访问的频率
05     prev: Node # 指向前驱节点
06     next: Node # 指向后驱节点
```

● 双向链表。

```
01 class DLinkedList:
02     sentinel: Node             # 哨兵节点，方便处理边界情况
03     size: int                  # 双向链表中的节点数
04     append(node: Node)->None   # 添加节点
05     # 弹出一个指定的节点，如果参数为空，则弹出哨兵节点的后一个节点
06     pop(node: Node)->Node
```

下面来看看由上述数据结构构成的 LFU cache 结构。

```
01 class LFUCache:
02     node: dict[key:int, node: Node]              # node 哈希表
03     freq: dict[freq:int,linkedList: DLinkedList] # freq 哈希表
04     minfreq: int                                 # 当前 cache 中的最小频率
05     get(key: int)->int
06     put(key: int, value: int)->None
```

下面来仔细分析一下该如何实现 LFUCache 和 DLinkedList 里面的方法。

● DLinkedList 中的 append 操作很简单：其算法的过程就是将节点插入链表的头部，然后将链表的节点数加 1。

● DLinkedList 中的 pop 操作牵扯到两种可能的参数。

1．参数传入为空，此时表示需要将最小频率最早使用的节点删除，而该节点被维护在链表的尾部。

2．参数传入具体的节点，此时表示在链表中删除具体的节点

● LFUCache 中的 get 操作。

1．通过访问 node 哈希表查询到具体的 node 节点。

2．通过 node 节点的 freq 成员属性（假定被赋值给变量 f）在 freq 哈希表中找到具体的 DLinkedList 链表。

3．pop 该 node 节点。

4．更新 node 节点的频率，并且将该 node 节点 append 到新的 DLinkedList 链表中（该链表对应的 freq 为 f+1）。

5．如果之前的 DLinkedList 此时为空，并且当前 cache 中最小频率（minfreq）等于 f 的话，那么需要更新 minfreq 为 f+1。

6．返回该 node 节点的 value。

- LFUCache 中的 put 操作。

1. 如果该 key 已经存在于 cache 中，前面的步骤与 get 操作一致（因此，我们可以将共同的部分抽取为一个独立的方法 update），最后只需要将 node.val 更新成最新的即可。

2. 否则如果 cache 已经满了，则 pop 最少被使用的节点（如果存在多个，则 pop 其中最早被使用的，也就是链表的尾部）；将新节点加入 node 哈希表；将新节点加入 freq 哈希表；将 minfrq 重置为 1。

代码

```
01  import collections
02
03
04  class Node:
05      def __init__(self, key: int, val: int):
06          self.key = key
07          self.val = val
08          self.freq = 1
09          self.prev = self.next = None
10
11
12  class DLinkedList:
13      def __init__(self):
14          self._sentinel = Node(None, None)
15          self._sentinel.next = self._sentinel.prev = self._sentinel
16          self._size = 0
17
18      def __len__(self):
19          return self._size
20
21      def append(self, node: Node):
22          node.next = self._sentinel.next
23          node.prev = self._sentinel
24          node.next.prev = node
25          self._sentinel.next = node
26          self._size += 1
27
28      def pop(self, node=None):
29          if self._size == 0:
30              return
31
32          if not node:
33              node = self._sentinel.prev
```

```
34          node.prev.next = node.next
35          node.next.prev = node.prev
36          self._size -= 1
37
38          return node
39
40
41  class LFUCache:
42      def __init__(self, capacity: int):
43          self._size = 0
44          self._capacity = capacity
45          self._node = dict()
46          self._freq = collections.defaultdict(DLinkedList)
47          self._minfreq = 0
48
49      def _update(self, node: Node):
50          freq = node.freq
51
52          self._freq[freq].pop(node)
53
54          if self._minfreq == freq and not self._freq[freq]:
55              self._minfreq += 1
56
57          node.freq += 1
58          freq = node.freq
59          self._freq[freq].append(node)
60
61      def get(self, key: int) -> int:
62          if key not in self._node:
63              return -1
64
65          node = self._node[key]
66          self._update(node)
67          return node.val
68
69      def put(self, key: int, value: int) -> None:
70          if self._capacity == 0:
71              return
72
73          if key in self._node:
74              node = self._node[key]
75              self._update(node)
76              node.val = value
77          else:
78              if self._size == self._capacity:
```

```
79            node = self._freq[self._minfreq].pop()
80            del self._node[node.key]
81            self._size -= 1
82
83        node = Node(key, value)
84        self._node[key] = node
85        self._freq[1].append(node)
86        self._minfreq = 1
87        self._size += 1
```

复杂度问题：

- 时间复杂度：get 操作和 put 操作都能够在 $O(1)$ 时间内完成。
- 空间复杂度：$O(n)$，n 是缓存的容量

延展

在前面提到的 Prof. Ketan Shah 的 2010 年的那篇论文中，将 freq 哈希表替换成了双向链表，在某种程度上减少了哈希碰撞的可能，具体代码这里就不给出了。

另外，除了基本的 LFU 实现，LFU 的变种也在不断地出现（例如 2015 年的 tinyLFU）。对于工程开发来讲，比较著名的就是 Redis 中的实现了。在 Redis 4.0 之后，maxmemory_policy 淘汰策略中添加了两个 LFU 模式，如下所示。

- volatile-lfu：对有过期时间的 key 采用 LFU 淘汰算法。
- allkeys-lfu：对全部 key 采用 LFU 淘汰算法。

8.5　设计跳表

题目描述（第 1206 题）

不使用任何库函数，设计一个跳表。

跳表是在 $O(\log n)$ 时间内完成增加、删除、搜索操作的数据结构。跳表与树、堆、红黑树的功能和性能相当，并且跳表的代码更短，其设计思想与链表相似。

跳表中有很多层，每一层是一个短的链表。在第一层的作用下，增加、删除和搜索操作的时间复杂度不超过 $O(n)$。跳表的每一个操作的平均时间复杂度是 $O(\log n)$，空间复杂度是 $O(n)$。

在本题中，具体设计应该包含这些函数。

● bool search(int target)：返回 target 是否存在于跳表中的结果。

● void add(int num)：插入一个元素到跳表。

● bool erase(int num)：在跳表中删除一个值，如果 num 不存在，则直接返回 False；如果存在多个 num，则删除其中任意一个即可。

注意，跳表中可能存在多个相同的值，你的代码需要处理这种情况。

样例

```
01  Skiplist skiplist = new Skiplist();
02
03  skiplist.add(1);
04  skiplist.add(2);
05  skiplist.add(3);
06  skiplist.search(0);    // 返回 False
07  skiplist.add(4);
08  skiplist.search(1);    // 返回 True
09  skiplist.erase(0);     // 返回 False, 0 不在跳表中
10  skiplist.erase(1);     // 返回 True
11  skiplist.search(1);    // 返回 False, 1 已被擦除
```

约束条件：$0 \leq num$，$target \leq 20000$，最多调用 50000 次 search、add 及 erase 操作。

思路

首先，跳表会将数据存储成有序的。在数据结构当中，我们通常用两种基本的线性结构来存储有序数据，具体表达如下。

● 有序链表，包含 3 种基本操作。

➢ 查找指定的数据：时间复杂度为 $O(n)$，n 为链表长度。

➢ 插入指定的数据：时间复杂度为 $O(n)$，n 为链表长度。因为插入数据之前，需要先查找到可以插入的位置。

➢ 删除指定的数据：时间复杂度为 $O(n)$，n 为链表长度。因为在删除数据之前，需要先查找到可以插入的位置。

● 有序数组，包含 3 种基本操作。

➢ 查找指定的数据：如果使用二分查找，则时间复杂度为 $O(\log n)$，n 为数据的个数。

> 插入指定的数据：时间复杂度为 $O(n)$，因为数组是顺序存储的，在插入新的数据前，需要向后移动指定位置后面的数据，这里 n 为数据的个数。

> 删除指定的数据：时间复杂度为 $O(n)$，因为数组是顺序存储的，在删除数据后，需要向前移动指定位置后面的数据，这里 n 为数据的个数。

而神奇的跳表能够在 $O(\log n)$ 时间内完成增加、删除、搜索操作，其又是如何通过基本的数据结构达到如此复杂度的呢？

首先，我们通过一个简单的例子来描述跳表是如何实现的。假设有一个有序链表如下图所示。

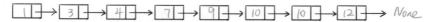

在原始数据结构中，查找的时间复杂度为 $O(n)$。**那么有什么方法可以提高链表的查询效率呢？** 如下图所示，可以从原始链表的每两个元素中抽出一个元素，加上一级索引，并且一级索引指向原始链表。

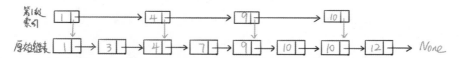

此时如果想查找 9，在原始链表中查找路径是 1→3→4→7→9，而添加了一级索引的查找路径是 1→4→9，很明显，查找效率提升了。按照这样的思路，我们在第一级索引上再加第二级索引，然后再加第三级索引，以此类推。这样在数据量非常大时，可以使查找数据的时间复杂度为 $O(\log n)$。这就是跳表的思想，也就是我们通常所说的"用空间换时间"。

上面通过图片分析了跳表的数据结构，并解释了搜索这个基本操作。下面再分别分析增加、删除这两个基本操作。

跳表的插入

向跳表插入数据看起来很简单。我们需要保持数据有序，因此，第一步需要像查找元素一样，找到新元素应该插入的位置，然后插入新节点。但如果仔细思考的话，这里存在两个问题。

● 什么时候对原始链表的数据建立索引？

● 在插入数据时，索引该如何更新？因为如果一直往原始链表中插入数据，但是不更新索引，此时会导致两个索引节点之间的数据非常多，在极端情况下，跳表会退化成单链表，从而导致查找效率由 $O(\log n)$ 退化为 $O(n)$，因此，我们需要在插入数据的同时，增加相应的索引或重建索引。

很显然，这里有如下两个方案。

方案 1：在每次插入数据后，将跳表的索引全部删除后重建，我们知道索引的节点个数为 n（在空间复杂度分析时会有明确的数学推导过程），那么每次重建索引，重建的时间复杂度至少是 $O(n)$，很明显是不可取的。

方案 2：通过随机性来维护索引（这也是跳表设计神奇的地方）。我们不期望每次都是两个节点抽象出一个索引节点，而希望随机抽取节点来生成索引。假设跳表的每一层的提升概率为 1/2，在通常意义上，只要元素的数量足够多，且抽取足够随机的话，我们得到的索引将会是比较均匀的。尽管不是理想中的每两个抽取一个，但是对于查找效率来讲，影响并不很大。要知道设计良好的数据结构往往都是用来应对大数据量的场景的，因此，我们可以这样维护索引：**随机抽取 $n/2$ 个元素作为一级索引，随机抽取 $n/4$ 个元素作为二级索引，以此类推，一直到最顶层索引**。

那么具体代码该如何实现，才能够让跳表在每次插入新元素时，尽量让该元素有 1/2 的概率建立一级索引、1/4 的概率建立二级索引、1/8 的概率建立三级索引……呢？这里需要一个概率算法。

在通常的跳表实现当中会设计一个 randomLevel() 方法，该方法会随机生成 1~MAX_LEVEL（MAX_LEVEL 表示索引的最高层数）之间的数。

● randomLevel() 方法返回 1 表示当前插入的元素不需要建立索引，只需要将数据存储到原始链表（返回概率 1/2）。

● randomLevel() 方法返回 2 表示当前插入的元素需要建立一级索引（返回概率 1/4）。

● randomLevel() 方法返回 3 表示当前插入的元素需要建立二级索引（返回概率 1/8）。

● randomLevel() 方法返回 4 表示当前插入的元素需要建立三级索引（返回概率 1/16）。

……

可能有的读者会有疑问，我们需要一级索引中元素的个数是原始链表的一半，但是 randomLevel()方法返回 2（建立一级索引）的概率是 1/4，这样是不是有问题呢？

实际上，我们需要理解 randomLevel()方法的本意：只要 randomLevel()方法返回的数大于 1，我们都会建立一级索引，而返回值为 1（不建立索引）的概率是 1/2，所以建立一级索引的概率其实是 $1-\frac{1}{2}=\frac{1}{2}$。同理，当 randomLevel()方法的返回值大于 2 时，都会在二级索引中添加元素，因此在二级索引中添加元素的概率是 $1-\frac{1}{2}-\frac{1}{4}=\frac{1}{4}$。以此类推，可以推导出 randomLevel() 符合设计要求。

下面是仿照 Redis zset.c 的 randomLevel 的代码。

```
01  #
02  # 1. SKIPLIST_P 为提升的概率，在本案例中设置为 1/2
    # 如果想节省空间利用效率，可以适当地降低该值，从而减少索引元素个数
    # 在 Redis 中，SKIPLIST_P 被设定为 0.25
    # 2. Redis 中通过使用位运算来提升浮点数比较的效率，在本案例中被简化了
03  def randomLevel():
04      level = 1
05      while random() < SKIPLIST_P and level < MAX_LEVEL:
06          level += 1
07      return level
```

跳表的删除

跳表的添加操作设计好之后，跳表的删除就相对简单了。我们只需要在删除数据的同时，删除对应的索引节点即可。

代码

```
01  from typing import Optional
02  import random
03
04  class ListNode:
05      def __init__(self, data: Optional[int] = None):
06          self._data = data # 链表节点的数据域，可以为空（目的是方便创建头节点）
07          self._forwards = [] # 存储各个索引层级中该节点的后驱索引节点
08
09  class Skiplist:
10
11      _MAX_LEVEL = 16 # 允许的最大索引高度，该值根据实际需求设置
12
13      def __init__(self):
14          self._level_count = 1 # 初始化当前层级为1
15          self._head = ListNode()
16          self._head._forwards = [None] * self._MAX_LEVEL
17
18      def search(self, target: int) -> bool:
```

```
19      p = self._head
20      # 从最高索引层级不断搜索，如果当前层级没有，则下沉到低一级的层级
21      for i in range(self._level_count - 1, -1, -1):
22          while p._forwards[i] and p._forwards[i]._data < target:
23              p = p._forwards[i]
24
25      if p._forwards[0] and p._forwards[0]._data == target:
26          return True
27
28      return False
29
30  def add(self, num: int) -> None:
31      level = self._random_level() # 随机生成索引层级
32      if self._level_count < level: # 如果当前层级小于level
                                        # 则更新当前最高层级
33          self._level_count = level
34      new_node = ListNode(num) # 生成新节点
35      new_node._forwards = [None] * level
36      # 用来保存各个索引层级插入的位置，也就是新节点的前驱节点
37      update = [self._head] * self._level_count
38
39      p = self._head
40      # 整段代码用来获取新插入节点在各个索引层级的前驱节点
41      # 需要注意这里是使用当前最高层级来进行循环的
42      for i in range(self._level_count - 1, -1, -1):
43          while p._forwards[i] and p._forwards[i]._data < num:
44              p = p._forwards[i]
45
46          update[i] = p
47
48      for i in range(level): # 更新需要更新的各个索引层级
49          new_node._forwards[i] = update[i]._forwards[i]
50          update[i]._forwards[i] = new_node
51
52  def erase(self, num: int) -> bool:
53      update = [None] * self._level_count
54      p = self._head
55      for i in range(self._level_count - 1, -1, -1):
56          while p._forwards[i] and p._forwards[i]._data < num:
57              p = p._forwards[i]
58          update[i] = p
59
60      if p._forwards[0] and p._forwards[0]._data == num:
61          for i in range(self._level_count - 1, -1, -1):
62              if update[i]._forwards[i] and update[i]._forwards[i]._data
```

```
63                                              == num:
                         update[i]._forwards[i] = update[i]._forwards[i]._forwards[i]
64              return True
65
66          while  self._level_count >   1    and not
                                      self._head._forwards[self._level_count]:
67              self._level_count -= 1
68
69          return False
70
71      def _random_level(self, p: float = 0.5) -> int:
72          level = 1
73          while random.random() < p and level < self._MAX_LEVEL:
74              level += 1
75          return level
```

复杂度分析

空间复杂度

跳表通过建立索引来提高查找的效率，是典型的"空间换时间"的思想，那么空间复杂度到底是多少呢？

我们假设原始链表有 n 个元素，一级索引有 $n/2$ 个元素，二级索引有 $n/2$ 个元素，k 级索引有 $\dfrac{n}{2^k}$ 个元素，而最高级索引一般有 2 个元素，所以索引节点的总和是 $\dfrac{n}{2}+\dfrac{n}{2^2}+\dfrac{n}{2^3}+\cdots+2 \approx n-2$，因此可以得出空间复杂度是 $O(n)$。

上面的假设前提是每两个节点抽出一个节点到上层索引，那么如果我们每 3 个节点抽出一个节点到上层索引呢？

此时的索引总和就是 $\dfrac{n}{3}+\dfrac{n}{3^2}+\dfrac{n}{3^3}+9+3+1 \approx \dfrac{n}{2}$，额外空间减少了一半。也就是说，可以通过减少索引的数量来降低空间复杂度，但是相应地，查找效率会有一定的下降。而这个阈值该如何选择，则要看具体的应用场景。

另外需要注意的是，在实际的应用当中，索引节点往往不需要存储完整的对象，只需要存储对象的 key 和对应的指针即可，因此当对象比索引节点占用空间大很多时，索引节点所占的额外空间（相对原始数据来讲）又可以忽略不计了。

时间复杂度

1.查找的时间复杂度

来看看时间复杂度 $O(\log n)$ 是如何推导出来的，首先看下图。

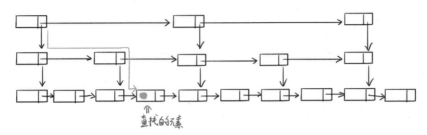

查找的元素

如上图所示，假设每两个节点会抽出一个节点来作为上一级索引的节点。也就是说，原始链表有 n 个元素，一级索引有 $\frac{n}{2}$ 个元素，二级索引有 $\frac{n}{4}$ 个元素，k 级索引有 $\frac{n}{2^k}$ 个元素，而最高级索引一般有 2 个元素，即最高级索引 x 满足 $2 = n/2^x$，由此公式可以得出 $x = \log n - 1$，加上原始数据这一层，跳表的总高度为 $h = \log n$。那么，在查找过程中每一层索引最多遍历几个元素呢？从图中可以看出每一层最多需要遍历 3 个节点，因此，由时间复杂度 = 索引高度×每层索引遍历元素个数，可以得出在跳表中查找一个元素的时间复杂度为 $O(3\log n)$，省略常数即为 $O(\log n)$。

2.插入的时间复杂度

跳表的插入分为两部分操作。

● 寻找对应的位置，时间复杂度为 $O(\log n)$，n 为链表长度。

● 插入数据，前面已经推导出跳表索引的高度为 $\log n$，因此，将数据插入到各层索引中的最坏时间复杂度为 $O(\log n)$。

综上所述，插入操作的时间复杂度为 $O(\log n)$。

3.删除的时间复杂度

跳表的删除操作和查找类似，只是需要在查找后删除对应的元素。查找操作的时间复杂度是 $\log n$。那么后面删除部分代码的时间复杂度是多少呢？我们知道在跳表中，每一层索引都是一个有序的单链表，而删除单个元素的复杂度为 $O(1)$，索引层数为 $\log n$，因此删除部分代码的时间复杂度为 $O(\log n)$。那么删除操作的总时间复杂度为 $O(\log n) + O(\log n) = 2O(\log n)$。忽略常数部分，删除元素的时间复杂度为 $O(\log n)$。

这样，我们就通过链表和随机性函数实现了跳表。

延展

在工业上，由于其实用性，实现跳表的应用和框架有很多。下面做一些简单的介绍，有兴趣的读者可以去深入了解。

- Redis 中 zset 使用了跳表。

- HBase MemStore 中使用了跳表。

- LevelDB 和 RocksDB 都是 LSM Tree 结构的数据库，内部的 MemTable 中都使用了跳表。

跳表还有很多其他的应用，这里就不一一介绍了。

总结

本章从最小栈到跳表，讲述了这些高效、复杂的数据结构是如何从基础、简单的数据结构演化而来的。正所谓万丈高楼平地起，这些题目告诉我们扎实的基础在实际开发过程中是如此重要。

另外，对于不同场景下的不同应用，我们往往会对实际的算法进行相应的修改或直接使用其变种算法。本书在每一节的扩展中对这些内容进行了简单的介绍，但是这些内容的具体细节就需要读者在阅读完本章之后慢慢咀嚼、研究了。

力扣（LeetCode）中关于设计的题目还有很多，下面列出一些课后习题帮助读者加强理解。

1．第 211 题添加与搜索单词——数据结构设计。

2．第 297 题二叉树的序列化与反序列化。

3．第 641 题设计循环双端队列。

第 **9** 章

双指针

双指针，顾名思义，是指有两个游标指针指向不同的位置。双指针不是一种具体的算法思想，而是一种解题技巧。在力扣（LeetCode）中有许多题目可以使用该技巧来优化解法。注意，此处的指针与 C/C++语言中的指针并不完全相同。

如果说迭代一个数组，并输出数组的每一项，需要一个指针来记录当前遍历的项，我们把这个过程叫单指针。

这里的"指针"指的是数组的索引。

```
01 for i in range(nums):
02     输出(nums[i])
```

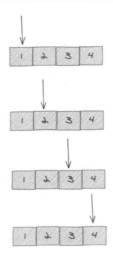

那么双指针实际上就是有两个这样的指针，最为经典的就是左/右双指针。

```
01 l = 0;
02 r = nums.size() - 1;
03
04 while (l < r) {
05     if(一定条件) return 合适的值，一般是l和r的中点
06     if(一定条件) l++
07     if(一定条件) r--
08 }
09 因为 l == r，因此返回l或r都是一样的
10 return l
```

读到这里，读者应该可以发现双指针是一个很宽泛的概念，就像数组、链表一样，其类型有很多。比如二分法经常用到左/右端点双指针，滑动窗口会用到快/慢指针和固定间距指针，因此双指针其实是一种综合性很强的类型，类似于数组、栈等，但是这里所讲述的双指针，往往指的是某几种类型的双指针，而不是只要有两个指针就是双指针。

有了这样一个算法框架或者算法思维，有很大的好处。它能帮助你厘清思路，当你碰到新的问题，在脑海里进行搜索时，双指针这个词就会在你脑海里闪过，你可以根据双指针的所有"套路"和这道题进行穷举匹配，这个思考解题的过程就像算法一样，是不是很有趣呢？

本章主要讨论"头/尾双指针"和"快/慢双指针"两种类型。

● 头/尾指针是指游标同时指向数组、字符串的第一个元素和最后一个元素，典型应用是求数组元素或子串是否满足特定条件。

● 快/慢指针是指两个指针的移动速度不同（比如有的移动步长为2，有的移动步长为1），典型的应用是判断链表是否有环。

此外还有一种特殊的双指针问题，被称为滑动窗口问题，这部分内容在滑动窗口部分会单独介绍。

9.1 头/尾指针

9.1.1 两数相加 II

题目描述（第 167 题）

给定一个已按照升序排序的有序数组，找到两个数使它们的相加之和等于目标数。

函数应该返回这两个数的下标值 index1 和 index2，其中 index1 必须小于 index2。

说明：返回的下标值（index1 和 index2）不是从 0 开始的。

你可以假设每个输入只对应唯一的答案，并且不可以重复使用相同的元素。

示例

输入：numbers = [2, 7, 11, 15]，target = 9

输出：[1,2]

解释：2 与 7 之和等于目标数 9，因此 index1 = 1，index2 = 2。

解法一 暴力法（超时）

思路

枚举所有两个不同的数的和，查看是否存在两数之和与目标数相同的情况。若存在，则返回两个加数的下标；若不存在，则证明解不存在，返回空。

注意，题目中要求返回的下标值 index1 必须小于 index2。所以找到两个加数时，要注意它们的返回值要保持正确的顺序。

代码

```
class Solution:
    def twoSum(self, numbers: List[int], target: int) -> List[int]:
        for i in range (0, len(numbers), 1):
            for j in range (i + 1, len(numbers), 1):
                if numbers[i] + numbers[j] == target:
                    return [i + 1, j + 1]
```

```
07|
08|        return []
```

复杂度分析

- 时间复杂度：$O(n^2)$。其中，n 为数组中元素的个数。进行了双重循环，因此数组中的每个元素都与数组中其他元素进行了一次组合。

- 空间复杂度：$O(1)$。

解法二　双指针法

思路

上面提到的暴力法，因为遍历了数组中所有可能的元素组合形式，适用于任意类型的数组。

题目中给出的有序数组是按照升序排序的，这一条件在暴力法中没有用到。思考一下，如果两个加数的和大于目标数，则对于给定的升序数组，只能减小右边加数的下标，从而减小两数的和；相反，如果两个加数的和小于目标数，则只能增大左边加数的下标，从而增大两数的和。

利用数组是有序数组的特性，开始时使用头/尾双指针（left 和 right 指针）分别指向数组的首元素（numbers[0]）和尾元素（numbers[n-1]）。

- 如果两数（即 numbers[0] + numbers[n - 1]）之和比目标数大，则对于数组中的元素 numbers[i]（其中 i 属于(left,right)）来说，numbers[i] + numbers[right] > target 一定成立，因此若存在两数和等于目标数，则只能是[left,right-1] 中的两个数，此时可以向左移动尾指针缩小数组范围（本质是剪枝操作，将所有与 numbers[right] 的组合去掉，不再检测）。

- 反之，只能向右移动 left 指针。如果两指针相遇后，仍然未找到两数和等于目标数，则解为空。

下面以数组 [2, 3, 5, 9, 11, 17] 和目标数 14 为例，给出双指针算法的具体步骤。

1. 首先定义 left 和 right 两个指针，分别指向数组的第 0 个元素 2 和第 6 个元素 17。

2. 因为 2 + 17 > 14，所以任何其他元素与 17 的和都会大于 14，因此如果存在两个加数的和等于目标数 14，那么加数一定在数值 17 的左边（即需要向左移动

right 指针)。

3. 接下来只要看数组的前 5 个元素即可，即问题转化为从数组 [2, 3, 5, 9, 11] 中找到两个元素之和等于目标数 14。此时仍然可以认为 left 和 right 指针分别指向了这个子数组的首位元素 2 和尾元素 11。

4. 此时 2 + 11 < 14，所以数组中的任何其他元素与 2 的和都会小于 14，因此如果存在两个加数的和等于目标数 14，那么加数一定在数值 2 的右边（即需要向右移动 left 指针)。

5. 依次按照上面的步骤推理，直到两指针重叠，如果仍然未找到两数和等于目标数，则返回空；否则返回两个加数的下标。

代码

```
01  class Solution:
02      def twoSum(self, number:List[int], target: int)->List[int]:
03          left, right = 0, len(numbers) - 1
04          while left < right:
05              if (numbers[left] + numbers[right] == target):
06                  return [left + 1, right + 1]
07              elif numbers[left] + numbers[right] < target:
08                  left += 1
09              else:
10                  right -= 1
11
12          return []
```

复杂度分析

● 时间复杂度：$O(n)$。其中，n 为数组中元素的个数。进行了单循环，只需要遍历数组中的元素即可。

● 空间复杂度：$O(1)$。

9.1.2 盛水问题

题目描述（第 11 题）

给定 n 个非负整数 $a_1, a_2, \cdots, a_n$，每个数代表坐标系中的一个点 (i, a_i)。在坐标系内画 n 条垂直线，垂直线 i 的两个端点分别为 (i, a_i) 和 $(i, 0)$。找出其中的两条线，使它们与

x 轴共同构成的容器可以容纳最多的水。

说明：不能倾斜容器，且 n 的值至少为 2。

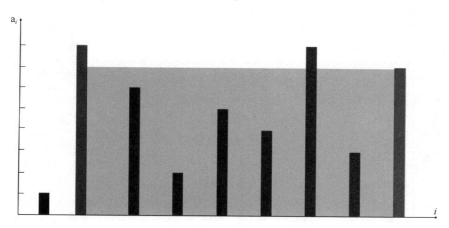

解法一　暴力法（超时）

思路

遍历所有可能的储水情况，找到其中的最大值，但该方法会计算超时。

注意，两条垂直线之间的储水能力取决于两部分：1. 两根垂直线间的距离；2. 较短的那根线的高度，因此两根线之间的储水能力可以计算为(j - i) * min(height[i], height[j])。

代码

```
01 class Solution:
02     def maxArea(self, height: List[int]) -> int:
03         res, area = 0, 0
04         for i in range(0, len(height), 1):
05             for j in range(i + 1, len(height), 1):
06                 area = (j - i) * min(height[i], height[j])
07                 if area > res :
08                     res = area
09         return res
```

复杂度分析

● 时间复杂度：$O(n^2)$，n 为给定非负整数的个数。对每一对进行计算，总计算次数为 $n×(n-1)/2$。

● 空间复杂度：$O(1)$。只需要额外的一个变量存放最大面积即可。

解法二 双指针法

思路

如下图所示，任意两个数组元素($a[i+n]$ 和 $a[i-j]$)的最大储水能力为：

$area = \min\left(a[i+n], a[i-j]\right)*\left(i+n-(i-j)\right)$。

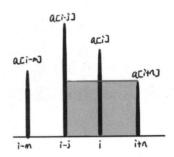

分析上面的计算公式，假设 $a[i+n]$ 比 $a[i-j]$ 小，如果构成水池的两根线不是 $a[i+n]$ 和 $a[i-j]$，那么只可能是数组中在索引 $i-j$ 与 $i+n-1$ 之间的值（包括两个值本身），而不可能是类似 $i-j+1$ 和 $i+n$ 这样的组合，因为 $a[i+n]$ 与其他任意柱子的储水能力都不会超过其与 $a[i-j]$ 的结合。

因此可以选取数组的开始和末尾元素作为头/尾双指针的起始位置，计算两个指针可容纳的储水面积，之后移动数值较小的指针向中间靠拢，重新计算两个指针可容纳的储水面积，并与之前的最大面积做比较，以此类推，直至两个指针相遇的位置，即可得到最大面积。

下面给出这种计算步骤和合理性说明，以下图为例。

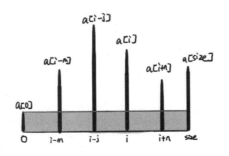

1. 在选取第一个和最后一个元素时，假设 a[0] 是较小者，两元素的最大储水能力为 $area = \min(a[0], a[size]) * (size) = a[0] * size$。则 a[0] 与其他任一元素的储水能力都不可能超过 area，因为 $\min(a[0], a[i]) <= a[0]$，而 $i < size$，所以 $\min(a[0], a[i]) * i < \min(a[0], a[size]) * (size)$。

2. 移动左指针指向元素 a[1]，计算面积的大小，并与步骤 1 计算的面积做比较，取较大者。按照同样的原则，移动 a[1] 和 a[size] 中的较小者，向中间靠拢。

3. 重复步骤 2 直至两指针指向同一元素，返回最大值。

代码

```
01 class Solution:
02     def maxArea(self, height: List[int]) -> int:
03
04         left, right, width, res = 0, len(height) - 1, len(height) - 1, 0
05
06         for w in range (width, 0, -1):
07             if height[left] < height[right]:
08                 res, left = max(res, height[left] * w), left + 1
09             else:
10                 res, right = max(res, height[right] * w), right - 1
11
12         return res
```

复杂度分析

● 时间复杂度：$O(n)$，n 为给定非负整数的个数。

● 空间复杂度：$O(1)$，使用恒定空间。

9.2 快慢指针

9.2.1 环形链表

题目描述（第 141 题）

给定一个链表，判断链表中是否有环。

为了表示给定链表中的环，我们使用整数 pos 来表示链表尾部连接到链表中的位置（索引值从 0 开始）。如果 pos 是-1，则该链表中没有环。

示例 1

输入：head = [3, 2, 0, -4]，pos = 1

输出：True

解释：链表中有 1 个环，其尾部连接到第 2 个节点。

示例 2

输入：head = [1, 2]，pos = 0

输出：True

解释：链表中有 1 个环，其尾部连接到第 1 个节点。

示例 3

输入：head = [1]，pos = -1

输出：False

解释：链表中没有环。

查看链表是否有环，如下图所示。

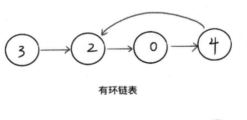

有环链表

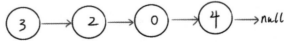

无环链表

解法一　哈希法

思路

遍历整个链表，查看是否存在某个节点被遍历过两次，如果存在这样的节点，就证明有环存在，否则没有环。因为要查看节点出现的次数，所以很容易想到使用哈希表存储之前遍历过的节点。

以题目给的示例 1 来说，首先创建一个空的哈希表，依次往哈希表中插入链表的节点 3→2→0→-4，具体如下图所示。接下来遍历到节点 2，由于哈希表中已经有 2 了，因此该链表有环。

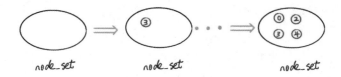

代码

```
01 # Definition for singly-linked list.
02 # class ListNode:
03 #   def __init__(self, x):
04 #       self.val = x
05 #       self.next = None
06
07 class Solution:
08     def hasCycle(self, head:ListNode)->bool:
09         if head is None:
10             return False
11
12         node_set = {}
13         while head.next:
14             node_set[head] = True
15             if head.next in node_set:
16                 return True
17             head = head.next
18
19         return False
```

复杂度分析

● 时间复杂度：$O(n)$，n 为链表中节点的个数。遍历链表中的每个节点，添加节点到哈希表所用时间为 $O(1)$。

● 空间复杂度：$O(n)$，n 为链表中节点的个数。所用空间取决于添加到哈希表中的节点个数，最多为 n。

解法二 双指针法

思路

类似于两个不同速度的人跑步，如果是围着操场跑，快的总能在多跑一圈后追上慢的；如果是直线跑，除起点外，两人就永远不会相遇了。同样的道理，从链表的起始点开始给出两个快/慢指针，如果有环，则快指针总能追上慢指针；如果没有环，则快指针提前到链表尾部，结束。

假设给出快/慢指针两个指针，起始位置都指向链表的头节点，两指针的步长分别为 1 和 2，"链表是否有环"和"快/慢指针能否在除初始化时相遇外，还能再次相遇"两者之间的关系如下。

● 如果快/慢指针除在初始化时相遇外，能够再次相遇，则链表一定有环。因为两指针在某一节点相遇，则证明快指针一定是不止一次经过该节点，而能够多次经过该节点，则一定有环存在。

● 链表有环，则快/慢指针一定能够除在初始化时相遇外，再次相遇。因为快指针比慢指针步长多 1，只要进入环内，快指针最多需要移动环的长度 R 次，即可再次追上慢指针，两者相遇。

● 链表无环，则快指针会提前到达链表的尾部，除初始位置外，两指针不再相遇。反之，链表有环。

通过以上分析可以看出，"链表有/无环"和"快/慢指针除在初始化时相遇外，还能否再次相遇"，两者是等价命题，互为充分必要条件。

所以，如果在链表的头部初始化快/慢两指针，设置它们的移动步长一个为 2、一个为 1，如果两指针能够再次相遇，则证明链表有环；否则链表无环。

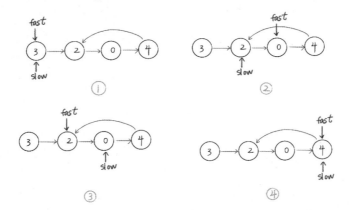

如上图所示，下面给出图示例子的算法步骤。

● 将快/慢指针同时初始化为指向第 1 个节点，如上图中①所示。

● 快指针每次移动步长为 2，慢指针每次移动步长为 1。慢指针到达值为 2 的节点时，进入环内，此时快指针指向值为 0 的节点。如上图中②所示。

● 继续移动，快指针第 2 次指向值为 2 的节点，慢指针指向值为 0 的节点，如上图中③所示。

● 最后，快/慢指针在值为 4 的节点处再次相遇，证明有环，如上图中④所示。如果无环，则快指针会提前到达链表终点。

代码

```
01 class Solution:
02     def hasCycle(self, head:ListNode)->bool:
03         if head == None or head.next == None:
04             return False
05
06         pslow = pfast = head
07         while pfast != None and pfast.next != None:
08             pslow = pslow.next
09             pfast = pfast.next.next
10             if pfast == pslow:
11                 break
12
13         if pfast == None or pfast.next == None:
```

```
14          return False
15      elif pfast == pslow:
16          return True
17
18      return False
```

复杂度分析

- 时间复杂度：$O(n)$。n 为链表中节点的个数。为了分析时间复杂度，考虑两种情况。

1. 链表无环：快指针到达链表终点，结束。执行时间与链表长度相关，即 $O(n)$。

2. 链表有环：将慢指针的整个路径分为两部分，环内部分和环外部分。当慢指针在环外移动 m 步以后，快指针在环内移动了 m 步。此时快/慢指针都在环内，假设环的长度为 k，环内快指针追上慢指针，最糟糕的情况为 $O(k/2)$，整个过程最糟糕情况为 $O(m+k/2)$，而 $m + k = n$，所以复杂度为 $O(n)$。

- 空间复杂度：$O(1)$。因为使用了两个节点，所以空间复杂度为 $O(1)$。

9.2.2 无重复字符串的最长子串

题目描述（第 3 题）

给定一个字符串，请找出其中不含有重复字符的最长子串的长度。

输入	输出	备注
"abcabcbb"	3	substr:"abc", len is 3
"bbbbb"	1	substr:"b", len is 1
"pwwkew"	3	substr:"wke", len is 3

该问题主要包含两个子问题。

- 从字符串中找到子串。

- 针对子串，查看其中是否有重复的字符。

下面几种方法也是针对上面的两个子问题进行优化的。

解法一　暴力法（超时）

思路

遍历所有子串，针对每个字符串，查看是否含有重复字符。时间超时。

该方法需要 3 步。

● 构造出所有的子串。

● 针对特定的子串，检测是否含有重复的字符。

● 记录不含重复字符的最长字符串。

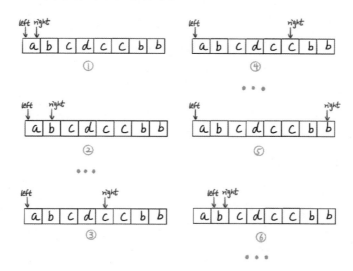

代码

```
01  class Solution:
02      def allUnique(self, s:str)->bool:
03          dic = {}
04          for i in range(0, len(s), 1):
05              if s[i] in dic:
06                  return False
07              else:
08                  dic[s[i]] = 1
09
```

```
10      return True
11
12  def lengthOfLongestSubstring(self, s:str)->int:
13      res = 0
14
15      for i in range(0, len(s), 1):
16          for j in range(0, len(s), 1):
17              if self.allUnique(s[i : j + 1]):
18                  res = max(res, j - i + 1)
19              else:
20                  break
21
22      return res
```

复杂度分析

● 时间复杂度：$O(n^3)$，其中 n 是字符串的长度。

➢ 统计子串时，两个循环所用时间为 $O(n^2)$。

➢ 针对每个子串，查看是否有重复字符，所用时间为 $O(j-i)$，所以总时间复杂度为 $O(n^3)$。

● 空间复杂度：$O(\min(n,m))$，其中 n 是字符串的长度，m 是字符集的大小。

解法二　双指针法　Ⅰ

思路

暴力法需要构造所有的子串，并对其进行检测。从上图可以看出，字符串"bcdc"已经包含了重复字符，就无须再检测"bcdcc"字符串了。

下面就针对暴力法的两点（构造字符子串和检测字符串是否重复）进行优化。

● 针对判断子串是否含有重复字符的优化。

在解法一的 allUnique 函数中使用 set 对子串进行处理，可以使时间复杂度降低到 $O(n^2)$。

● 针对子串选择的优化。

对于固定 left 的情况，只要 [left, right) 中存在与 right 指针所指字符相同的字符，[left, right + i] 中就一定含有重复字符，因此此时可以跳出子循环。

继续查看 left + 1 为起始的子串情况。如下图所示，当 right 指向第 2 个 c 字符时，

right 继续增加，子串一定包含重复字符 c，因此可以跳出子循环。该优化方案相对于解法一，少了上图中的第⑤、⑥两步，省去了很多字符串的检测。

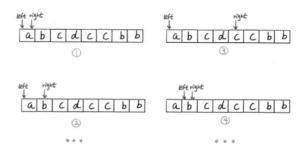

代码

```
01  class Solution:
02      def lengthOfLongestSubstring (self, s:str) -> int:
03          res, left, right = 0, 0, 0
04          settings = set()
05
06          for left in range(0, len(s), 1):
07              right = left
08              while (right < len(s)):
09                  if (s[right] in settings):
10                      break
11                  else:
12                      settings.add(s[right])
13                      res = max(res, right - left + 1)
14                      right = right + 1
15
16          settings.clear()
17
18          return res
```

复杂度分析

● 时间复杂度：$O(n^2)$，其中 n 是字符串的长度。

● 空间复杂度：$O(\min(n,m))$，其中 n 是字符串的长度，m 是字符集的大小。

解法三　双指针法　Ⅱ

思路

解法二使检测的子串的个数减少，但是仍然包含了很多不必要的计算，比如对于"abcdc"子串，我们已经判断里面包含了重复字符，此时无须再检测"bcdc"字符串，而只需检测"dc"后面的子串即可，因此本解法继续对字符串的选择进行进一步筛选。如下图所示，当 right 指针指向的字符与 [left,right) 之间的 i 字符相同时，只需要找到重复字符的位置 i，从该字符处往后查找即可；因为 [left, i) 的任一字符作为起始字符，与后面组成无重复字符的字符串长度一定小于 [left, right)。

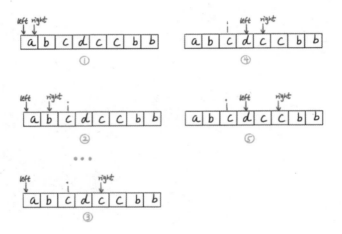

代码

```
01  class Solution:
02      def lengthOfLongestSubstring (self, s:str) -> int:
03          res, left, right = 0, 0, 0
04          settings = set()
05
06          while right < len(s):
07              if s[right] in settings:
08                  while left < right:
09                      if s[left] == s[right]:
10                          settings.discard(s[left])
11                          left = left + 1
```

```
12                 break
13              else:
14                 settings.discard(s[left])
15                 left = left + 1
16          settings.add(s[right])
17          res = max(res, right - left + 1)
18          right = right + 1
19
20      return res
```

复杂度分析

- 时间复杂度: $O(n)$, 即 $O(n)$, 其中 n 是字符串的长度。
- 空间复杂度: $O(\min(n,m))$, 其中 n 是字符串的长度, m 是字符集的大小。

解法四　滑动窗口法

思路

该方法是对解法三的进一步优化。

- 首先, 上面 left 指针的移动是逐个移动, 最后移动到 i + 1 位置的。本方法使用字典, 一次性移动到 i + 1 的位置。该优化相对于解法三, 省去了上图中的步骤④、⑤。

- 其次, 对退出条件做了进一步的优化, 在使用 right < s.size 的同时, 添加了 left + res < s.size() 的限制, 从而避免了一些无效子串的检查。

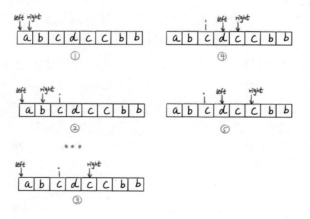

代码

```
01  class Solution:
02      def lengthOfLongestSubstring (self, s:str) -> int:
03          res, left, right = 0, 0, 0
04          dic = {}
05
06          while right < len(s) and left + res < len(s):
07              if s[right] in dic:
08                  left = max(left, dic[s[right]] + 1)
09
10              dic[s[right]] = right
11              res = max(res, right - left + 1)
12              right = right + 1
13
14          return res
```

复杂度分析

- 时间复杂度：$O(n)$。其中 n 是字符串的长度。
- 空间复杂度：$O(\min(n,m))$，其中 n 是字符串的长度，m 是字符集的大小。

总结

　　双指针一般解决的是与字符串、数组、链表相关的问题，当题目中出现需要字符串的子串、数组的几个子元素、链表的多个节点时，都可以考虑一下能否用双指针的方法来解决。

　　一旦确定可以使用双指针来解答问题，要注意是否可以通过边界条件提前退出检测（比如上面有些子串可以省略掉）、是否可以利用其他结构体（比如字典等）来优化解法。

　　针对可以使用双指针的题目，首先要考虑使用的双指针类型是选择从两边开始的头/尾指针（如 9.1 节中的题目），还是选择从一边开始的快/慢指针（如 9.2 节中的题目）。针对快/慢指针，在用于滑动窗口问题时，还可以考虑通过指针控制窗口的大小来优化算法。

第 **10** 章

动态规划

动态规划类的题目在力扣（LeetCode）算法题库中占很大的比例，截至本书出版之时，有相关标签的题目已经超过了 200 道。对动态规划算法的使用也贯穿了本书，如第 13 章股票系列问题中就有许多经典的应用，读者可以将本章和第 13 章的内容结合起来阅读。

动态规划和其他算法思想如递归、回溯、分治和贪心等方法都有一定的联系。其背后的基本思想是枚举，虽然看起来简单，但如何涵盖所有的可能，并尽量减少重叠子问题的计算是一个难点。

动态规划和递归

每一个动态规划问题，都可以被抽象为一个数学函数。这个函数的自变量集合就是题目的所有取值，值域就是题目要求的答案的所有可能。我们的目标是填充这个函数的内容，使给定自变量 x 能够唯一映射到一个值 y。（当然自变量可能有多个，对应递归函数的参数可能有多个）。可以将解决动态规划问题看成填充函数这个黑盒，该函数使定义域中的数正确地映射到值域。

递归并不是算法，它是和迭代对应的一种编程方法。只不过，我们通常借助递归去分解问题。比如我们定义一个递归函数 f(n)，用 f(n)来描述问题，这就和使用普通动态规划 f[n]描述问题是一样的，这里的 f 是 dp 数组。

动态规划与回溯法

动态规划往往用来处理最优解问题，而回溯法往往用来计算所有的可能组合。和回溯法类似，动态规划的基础也是穷举所有可能，难点在于如何尽可能地减少重叠子问题的计算。

例如背包问题。给定 N 个不同重量的物品，每一个物品的重量用一个数组 weight 维护，其中 weight[i]表示第 i 个物品的重量， profit[i]表示第 i 个物品的价值，我们需要在不分割物品的情况下将其装入一个容量为 V 的背包里。求背包可以装的物品的最大值。

如果用回溯法的话，会是什么样的呢？这里用伪代码让大家来感受一下。

```
01  def f(i, remain,value):
02      # 装满了
03      if i == n or remain == 0: return
04      if V - remain > ans: ans = V - remain
05      # 不装
06      f(i + 1, remain)
07      # 还有空位
08      if weight[i] <= remian:
09          # 装
10          f(i + 1, remain - weight[i])
11  f(0, V)
```

这种回溯的方法在穷举过程中会有很多重复情况，时间复杂度是指数级别的。

说明：回溯法的优化点往往在于剪枝，可以避免走进根本不可能为结果的分支。

那么上面的问题使用动态规划求解的话，该如何穷举所有可能呢？伪代码如下。

```
01  for i in 0 to N:
02      for j in 1 to V + 1:
03          # 装满了
04          if j < weight[i]:
05              dp[i][j] = dp[i-1][j]
06          # 还有空位
07          else:
08              dp[i][j] = max(dp[i-1][j], dp[i-1][j - weight[i]] + weight[i])
```

可以看出，动态规划相比较而言显得更"聪明"一些，它可以巧妙地利用之前计算的结果集动态推导当前解，求解的时间复杂度是 $O(NV)$。

与回溯法的暴力枚举不同，这种枚举法是没有重复的，即上面代码产生的所有 (i, j) 的组合没有相重复的。这种不重复建立在**巧妙地利用之前计算过的结果集**上，然而想用之前计算过的结果集，就需要对问题进行分解，因此动态规划都会涉及对原问题进行分解的过程。大致上，若要解决一个给定问题，我们需要解决其各个部分（即子问题），再根据子问题的解得出原问题的解。

小提示：是不是感觉有点像分治法？读者可以结合第 14 章的分治法来理解动态规划。

动态规划的核心

解决动态规划问题的核心在于找到状态转移方程和处理边界条件。这两者中更为困难的当然是状态转移方程了，看出了状态转移方程，解题就是水到渠成的事情了。对于某一道动态规划题目来说，状态转移方程可能不止一种，不同的状态转移方程对应不同的解法，而不同的转移方程的性能差别可能是巨大的，比如经典的第 887 题的鸡蛋掉落问题。

那么如何找到状态转移方程呢？我们从画表格开始讲起。有经验的读者可能知道，很多动态规划问题都可以通过画表格来理解。这是为什么呢？

所谓的表格就是记录状态的数组，我们称之为 dp 数组，它可能是一维的，可能是二维的，也可能是三维的，但更高维度就很少见了。而表格就是 dp 数组的形象化表示。有的人不知道为什么动态规划要画表格，就觉得这个是必需的，必须要画表格才是动态规划，这是不对的。实际上爬楼梯问题就可以不用画表格来实现，而是需要借助两个额外的变量。但前提是你要对画表格很熟悉，并掌握了一定的优化技巧，而这个技巧在这里指的是滚动数组，后面还会详细介绍。

其实正如前面所说，动态规划本质上是将大问题转化为小问题，并且大问题的解和小问题是有关联的，换句话说大问题的解可以由小问题的解计算得到。

从根本上说，画表格的目的是不断推导，完成状态转移，**表格中的每一个格子都是一个小问题，填表的过程其实就是解决小问题的过程**。先解决寻常规模的情况，然后根据这个结果逐步推导，在通常情况下，表格的右下角是问题的最大的规模，也就是我们想要求解的规模，但这并不是绝对的，有时候是右上角，有时候也会是所有格子中的某一个。

还是以上面的背包问题为例，其实就是不断在状态之间做选择（**装**还是**不装**），选择的标准就是看哪种选择带来的价值更大，因此我们要做的就是对于选择和不选择两种情况分别求值，然后取最大者，最后更新格子即可。

其实大部分的动态规划问题都是"选择"和"不选择"的问题，也就是一个选择题。并且大多数动态规划题目还伴随着空间上的优化，这是动态规划优于传统的记忆化递归的地方。除了这点，动态规划还可以减少递归产生的函数调用栈，因此在性能上也更好。

理论往往比较抽象，下面通过几道具体的题目来消化一下上面的知识。

10.1　爬楼梯

题目描述（第 70 题）

假设你正在爬楼梯，需要爬 *n* 阶才能到达楼顶。每次可以爬 1 或 2 个台阶，有多少种不同的方法可以爬到楼顶呢？

注意：*n* 是一个正整数。

示例 1

输入：2

输出：2

解释：有 2 种方法可以爬到楼顶。

1. 1 阶 + 1 阶。

2. 2 阶。

示例 2

输入：3

输出：3

解释：有 3 种方法可以爬到楼顶。

1. 1 阶 + 1 阶 + 1 阶。

2. 1 阶 + 2 阶。

3. 2 阶 + 1 阶。

解法一　动态规划

对初学者来说，较为抽象、无法直接描述的算法一般是学习的难点，需要更长的时间去消化和理解，例如初次接触递归，以及更难的动态规划。针对这些算法的学习，简单且经典的题目将是不可多得的宝贵资料。爬楼梯就是一道经典的题目。

思路

动态规划算法的本质是使用空间换时间，通过计算和记录状态来得到最优解。

先不用急着掌握理论，在分析动态规划类题目时，我们可以通过 3 个问题对题目进行基本的拆解。

1. 问题是否分阶段，**阶段是什么**？

2. 与问题的最优解有关的**子问题是什么**？

3. 透过不同阶段、最优解和子问题，我们应当关注（计算和记录）的**状态**具体是什么？

前两个问题比较容易回答。

1. 爬楼梯是分阶段的，到达楼顶所需的 n 级台阶即对应的 n 个阶段。

2. 题目的最优解是指最终到达楼顶，有多少种不同的实现方法；每个阶段都可以对应一个子问题，即有多少种不同的方法可以到达当前台阶。

关键在于第 3 个问题。根据题目描述"每次可以爬 1 或 2 个台阶"，这句话定义了状态之间的关联关系，决定了状态转移的规则。假设当前台阶为 n，上述规则决定了我们可以通过两个阶段到达这里：从 n-1 台阶爬 1 步，或者从 n-2 台阶爬 2 步，因此到达台阶 n 可能的方法总数等于到达台阶 n-1 和台阶 n-2 的可能总数之和，这符合我们看到题目时马上会有的"直觉"，越往上走可能的走法越多。使用数组 dp 记录到达每一个台阶可能的方法数，上述逻辑可以表示为 dp[i] = dp[i - 1] + dp[i - 2]。通过这个状态转移函数，我们可以从 1 级台阶、2 级台阶开始计算出到达 3 级台阶、4 级台阶乃至 n 级台阶不同方法的总量。

下面的代码就是具体的实现过程。与思考时的困难程度相比，动态规划类题目的具体实现较为简单、明了。

```
01 | class Solution:
02 |     def climbStairs(self, n: int) -> int:
03 |         if n < 2:
04 |             return n
05 |         dp = [0] * (n + 1)
06 |         dp[1], dp[2] = 1, 2
07 |         for i in range(3, n + 1):
08 |             dp[i] = dp[i - 1] + dp[i - 2]
09 |         return dp[n]
```

复杂度分析

- 时间复杂度：$O(n)$，n 为台阶数。
- 空间复杂度：$O(n)$，n 为台阶数。

解法二　动态规划优化

思路

观察解法一，每次计算用到的被记录状态都是 dp[i-1]、dp[i-2]，除非有其他需要，否则单纯计算最终解并不用保留中间过程的结果，dp[i]对 dp[i-1]和 dp[i-2]的依赖使用两个变量即可记录，例如，定义变量 first 和 second。

用常数个变量代替长度为 n 的线性存储结构，使空间复杂度由 $O(n)$降低至 $O(1)$，在提高存储效率的同时执行效率也会得到提升。优化之后我们得到了下面的 Python 代码。

```python
class Solution:
    def climbStairs(self, n: int) -> int:
        if n < 2:
            return n
        first, second = 1, 2
        for i in range(3, n + 1):
            second = first + second
            first = second - first
        return second
```

复杂度分析

- 时间复杂度：$O(n)$，n 为台阶数。
- 空间复杂度：$O(1)$。

10.2　打家劫舍系列

打家劫舍系列在力扣（LeetCode）中总共有 3 道题，分别如下。

- 第 198 题打家劫舍，难度级别为简单。
- 第 213 题打家劫舍 II，难度级别为中等。
- 第 337 题打家劫舍 III，难度级别为中等。

与动态规划相关的是前两道题。对于经验不太多的读者来说，动态规划的解法往往不能够直接被想到。在 10.1 节中，我们已经基本熟悉了动态规划的基本构成，而本节会进一步引导读者思考如何从暴力法演化到动态规划。

10.2.1　打家劫舍

题目描述（第 198 题）

假设你是一个专业的小偷，计划偷窃沿街的房屋。每间房内都藏有一定的现金，影响你偷窃的唯一制约因素是相邻的房屋装有相互连通的防盗系统，如果两间相邻的房屋在同一晚上被小偷闯入，系统会自动报警。给定一个代表每个房屋存放金额的非负整数数组，计算在不触动警报装置的情况下，你能够偷窃到的最高金额。

示例 1

输入：[1,2,3,1]

输出：4

解释：先偷窃 1 号房屋（金额 = 1），然后偷窃 3 号房屋（金额 = 3）。偷窃到的最高金额 = 1 + 3 = 4。

解法一　递归（超时）

思路

首先，我们从上面的题目描述中抽象出题意。

- 从一个非负整数数组中找到一个子序列，并且该子序列的和最大
- 子序列中每个数的位置不能够相邻。举例来讲，如果子序列中包含位置为 1 的数，就不能包括位置为 2 的数。

下面通过例图来更加深入地理解题意。

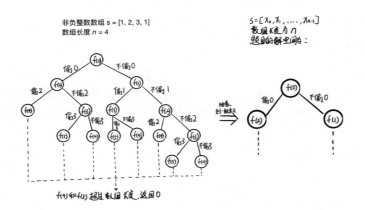

这里假设 $f(x), x \in [0, n)$ 表示从位置 x 到数组尾部的最大子序列和（这里的 n 表示数组的长度）。通过上面的草图可以看出：

● 如果选取第 1 个数，那么问题就转换成 $x_0 + f(2)$ 的子问题；

● 如果不选取第 1 个数，那么问题就转换成子问题 $f(1)$。

我们知道，如果一个大问题可以转换成独立的子问题，那么这个大问题就可以尝试使用递归的思路来解决，因此本题的递归写法就很容易被写出来。

代码

```
01 class Solution:
02     def rob(self, nums: List[int]) -> int:
03         if len(nums) <= 0:
04             return 0
05         return max(self.rob(nums[1:]), nums[0] + self.rob(nums[2:]))
```

复杂度分析

● 时间复杂度：从上图中可以看出时间复杂度为 $O(2^n)$，n 是数组的长度。通常在算法题目中这种指数级别的复杂度是会超时的。因为普通的 1GHz 计算机每秒能够运算 10^9 次，而 $2^{30} \approx 10^9$。也就是说，指数级复杂度不适合处理数据规模超过 30 的数据（这里的 30 只是个近似值）。

● 空间复杂度：$O(n)$，n 是数组的长度，也就是递归调用栈的大小。

解法二　记忆化递归

思路

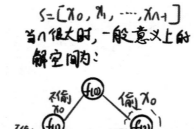

如果仔细分析上图，就会发现在递归调用子问题时会出现很多重复的子问题计算。一个显而易见的想法是将已经计算过的子问题结果保存起来以备后面使用。如此处理之后，在下一次遇到同样的子问题时直接返回结果可以大大地降低计算的时间复杂度。

这种解题思路被称为带"记忆"的递归调用（也被称为自顶向下的动态规划）。

代码

```
01  class Solution:
02      def rob(self, nums: List[int]) -> int:
03          memo = [-1 for x in range(len(nums) + 1)]
04          memo[-1] = 0
05
06          return self.helper(0, nums, memo)
07
08      def helper(self, n: int, nums: List[int], memo: List[int]) -> int:
09          if n >= len(nums):
10              return 0
11          if memo[n] != -1:
12              return memo[n]
13
14          memo[n] = max(
15              self.helper(n + 1, nums, memo),
```

```
16            self.helper(n + 2, nums, memo) + nums[n],
17        )
18      return memo[n]
```

上面的带"记忆"的递归调用很明显解决了重复子问题的计算。

复杂度分析

- 时间复杂度：$O(n)$，n 是数组的长度。
- 空间复杂度：$O(n)$，n 是数组的长度。

解法三　动态规划

思路

既然解法二被称为自顶向下的解法，那么如果反过来思考，先得出最小子问题的解，再得到最小子问题上面一层的子问题的解。这样一步步反过来，自底向上得到最终的解，是不是也可以呢？

显然这种解题思路是可行的，这种思路就是我们经常说的动态规划思想。

动态规划的第一步通常是找到对应的状态转移方程。由"记忆"的递归解法可以看到关键函数抽象出来就是 $\text{helper}(n) = \max(\text{helper}(n+1), \text{helper}(n+2) + \text{nums}[n])$，而最终的结果就是 $\text{helper}(0)$。很明显，可以将 $\text{helper}(i), i \in [0, \text{len}(\text{nums}))$ 看成一个个状态，然后最终结果可以由其他状态推导得出。

因此，下面的状态转移方程就可以很容易得出来：

$$f(x) = \begin{cases} 0, x \geq n \\ \max\big(f(x+1), f(x+2) + \text{nums}[x]\big), \ x < n \end{cases}$$

有了状态转移方程后，就可以很容易得出下面的代码了。

```
01 class Solution:
02    def rob(self, nums: List[int]) -> int:
03        if not nums:
04            return 0
05        memo = [0 for x in range(len(nums) + 1)]
06        # 这里是为了避免下面转移方程计算 memo[-2] 时 memo 数组溢出
07        memo[-2] = nums[-1]
08        for i in range(len(nums)-2, -1, -1):
09            memo[i] = max(memo[i + 1], memo[i + 2] + nums[i])
```

```
10
11        return memo[0]
```

复杂度分析

- 时间复杂度：$O(n)$，n 是数组的长度。
- 空间复杂度：$O(n)$，n 是数组的长度。

解法四　空间优化的动态规划

思路

很多时候，动态规划解法的空间复杂度是可以优化的，那么本题解法三能否得到优化呢？从状态转移方程可以知道状态 $f(n)$ 只依赖状态 $f(n-1)$ 和状态 $f(n-2)$，因此，额外的 n 大小的辅助空间是不需要的，只需要两个额外的变量来表示两个依赖状态即可。

代码

```
01  class Solution:
02      def rob(self, nums: List[int]) -> int:
03
04          prev = 0
05          curr = 0
06
07          for i in range(len(nums)-1, -1, -1):
08              temp = curr
09              curr = max(curr, nums[i] + prev)
10              prev = temp
11
12          return curr
```

这里 prev 和 curr 被初始化为 0（初始化时分别代表 $f(n+1)$ 和 $f(n)$，n 是数组长度）。

从上而下，该题基本得到了解决，并且我们得出了解题思路的演化过程，而这一整套的演化过程对于一般的动态规划类型题目都是通用的（也就是我们所说的解题"套路"）。

复杂度分析

- 时间复杂度：$O(n)$。
- 空间复杂度：$O(1)$。

10.2.2　打家劫舍 II

题目描述（第 213 题）

假设你是一个专业的小偷，计划偷窃沿街的房屋，每间房内都藏有一定的现金。这个地方所有的房屋都围成一圈，这意味着第一个房屋和最后一个房屋是紧挨着的。同时，相邻的房屋装有相互连通的防盗系统，如果两间相邻的房屋在同一晚上被小偷闯入，系统会自动报警。给定一个代表每个房屋存放金额的非负整数数组，计算在不触动警报装置的情况下，你能够偷窃到的最高金额。

思路

根据题意可知，该题在上一题的基础上增加了一个条件，首尾的房屋是相连的，也就是说：

- 如果偷了开头的房屋，那么结尾的房屋不能偷；
- 如果偷了结尾的房屋，那么开头的房屋不能偷。

很明显，有了上一题的基础后，这一题的解题思路很容易得到：范围 $[0, n-1)$ 的解和范围 $[1, n)$ 的解中的较大值即为解，这里 n 是数组的长度。

代码

```
01 class Solution:
02     def rob(self, nums: List[int]) -> int:
03         if len(nums) == 1:
04             return nums[0]
05         prev = 0
06         curr = 0
07
08         for i in range(len(nums) - 1):
09             temp = curr
10             curr = max(curr, nums[i] + prev)
11             prev = temp
12
13         res = curr
14
15         prev = 0
16         curr = 0
```

```
17
18          for i in range(1, len(nums)):
19              temp = curr
20              curr = max(curr, nums[i] + prev)
21              prev = temp
22
23      return max(res, curr)
```

这里唯一需要注意的边界情况是 nums 中只有一个元素。按照题目要求，nums 中只有一个元素时不会出现自环的情况，这时应该直接返回该元素值。

复杂度分析

● 时间复杂度：$O(n)$。

● 空间复杂度：$O(1)$。

10.3　不同路径

题目描述（第 62 题）

一个机器人位于一个 $m×n$ 网格的左上角（即起始点，在下图中被标记为 Start）。机器人每次只能向下或向右移动一步。机器人试图达到网格的右下角（在下图中被标记为 Finish）。问总共有多少条不同的路径？

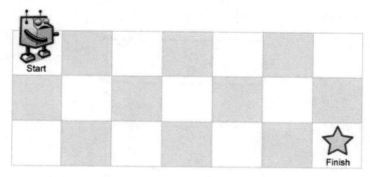

例如，上图是一个 7×3 的网格，有多少可能的路径？

说明：m 和 n 的值均不超过 100。

示例 1

输入：m = 3，n = 2

输出：3

解释：从左上角开始，总共有 3 条路径可以到达右下角。

1. 向右 → 向右 → 向下。

2. 向右 → 向下 → 向右。

3. 向下 → 向右 → 向右。

示例 2

输入：m = 7，n = 3

输出：28

解法一 常规动态规划

思路

这是一道典型的适合使用动态规划解决的题目，它和爬楼梯等都属于动态规划中最简单的题目，因此也经常会被当作面试中的"开胃菜"。

如果你能想到动态规划的话，建立模型并解决也就不是难事了。其实很容易就可以看出，由于机器人只能向右移动和向下移动，因此到达格子 (i, j) 的路径数应该等于到达格子 $(i-1, j)$ 的路径数和到达格子 $(i, j-1)$ 的路径数之和。如果用函数 $f(i, j)$ 表示到达格子 (i, j) 的路径数，那么上述关系可以表示为 $f(i, j) = f(i-1, j) + f(i, j-1)$。

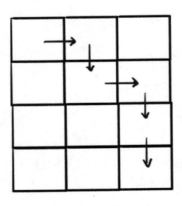

代码

```
01 class Solution:
02     def uniquePaths(self, m: int, n: int) -> int:
03         dp = [[1] * n for _ in range(m)]
04
05         for col in range(1, m):
06             for row in range(1, n):
07                 dp[col][row] = dp[col - 1][row] + dp[col][row - 1]
08
09         return dp[m - 1][n - 1]
```

复杂度分析

- 时间复杂度：$O(mn)$。
- 空间复杂度：$O(mn)$。

解法二　优化动态规划

思路

那么是否可以进一步进行优化呢？由于我们必须将所有的元素遍历一次，因此时间复杂度已经是极限了，但还可以考虑优化空间复杂度。由于 dp[i][j] 只依赖于左边的元素和上边的元素，那么完全可以使用一个长度为 n 的一维数组 dp 来代替。如果你做过很多动态规划类题目的话，会发现这其实就是一个优化的信号，而面试中也很有可能让你优化空间复杂度，针对这道题可以将 dp 数据进行降维处理，也就是从二维数组降低到一维数组。

代码

```
01 class Solution:
02
03     def uniquePaths(self, m: int, n: int) -> int:
04         dp = [1] * n
05         for _ in range(1, m):
06             for j in range(1, n):
07                 dp[j] += dp[j - 1]
08         return dp[n - 1]
```

复杂度分析

- 时间复杂度：$O(mn)$。

- 空间复杂度：$O(n)$。

解法三　记忆化递归

思路

使用记忆化递归的方法进行解题，由于需要开辟额外的栈内存，性能比上面的方法差不少，而且递归这种方法很容易导致栈溢出。所写的递归程序如果递归太深，那么极有可能因为超过系统默认的递归深度限制而出现错误。不同的语言对于调用栈的深度限制是不同的，以 Python 3 为例，一般默认最大递归深度在 1000 左右，也可以手动进行修改，如下所示。

```
01  import sys
02  sys.setrecursionlimit(1000000)
```

上面的代码将调用栈的深度限制在了 1000000 以内。经测试，力扣（LeetCode）中 Python 的栈深度为 50006。使用上面的代码最多可以设置到 226060，超过之后会失效，并报 Runtime Error 的错误。

然而也可以采用尾递归来进行优化，事实上尾递归和循环的效果是一样的，所以，把循环看成一种特殊的尾递归函数也是可以的。

尾调用（见参考链接/正文[12]）是指一个函数里的最后一个动作是返回一个函数的调用结果的情形。此时，该尾部调用位置被称为尾位置。尾调用中有一种重要而特殊的情形叫作尾递归。经过适当处理，尾递归形式的函数的运行效率可以被极大地优化。尾调用原则上都可以通过简化函数调用栈的结构而获得性能优化（这被称为尾调用消除），但是优化尾调用是否方便、可行取决于运行环境对此类优化的支持程度。

如果不能采用上述两种方法（修改调用栈深度限制和尾递归）的话，那么就不得不根据算法本身、题目数据规模，以及语言自身的调用栈深度限制来考虑是否使用递归算法了。

代码

```
01  class Solution:
02      visited = dict()
03
04      def uniquePaths(self, m: int, n: int) -> int:
```

```
05       if (m, n) in self.visited:
06           return self.visited[(m, n)]
07       if m == 1 or n == 1:
08           return 1
09       cnt = self.uniquePaths(m - 1, n) + self.uniquePaths(m, n - 1)
10       self.visited[(m, n)] = cnt
11       return cnt
```

复杂度分析

● 时间复杂度：$O(mn)$。

● 空间复杂度：$O(mn)$。

部分语言可能会超时。

扩展

你可以实现一个比 $O(mn)$ 更快，比 $O(n)$ 更省内存的算法么？这里有一份资料可供参考（见参考链接/正文[13]）。

小提示：考虑使用数学方法解决。

10.4　零钱兑换

10.4.1　零钱兑换

题目描述（第 322 题）

给定不同面额的硬币 coins 和一个总金额 amount，编写一个函数来计算可以凑成总金额所需的最少的硬币个数。如果没有任何一种硬币组合能组成总金额，则返回-1。

示例 1

输入：coins = [1, 2, 5], amount = 11

输出：3

解释：11 = 5 + 5 + 1。

示例 2

输入：coins = [2]，amount = 3

输出：-1

说明：*你可以认为每种硬币的数量是无限的。*

思路

"计算可以凑成总金额所需的最少的硬币个数"是典型的求最优解问题，适合使用动态规划来解决。沿用 10.1 节提到的 3 个基本问题来分析题目。

● 问题是否分阶段，**阶段是什么**？

● 与问题的最优解有关的**子问题是什么**？

● 透过不同阶段、最优解和子问题，我们应当关注（计算和记录）的**状态**具体是什么？

总金额随着硬币的选取不断增加，不妨使用最小单位 1 分隔增加的过程。如此拆分出与总金额 amount 数量相当的阶段之后，问题似乎变得更复杂了。因为除数目较多之外，阶段之间并不一定逐一递进，假如没有 1 元硬币，可能有一些阶段是无法达到的。

情况确实是这样，阶段之间的关联取决于可用的硬币种类。假设硬币有两种：1 和 5，那么对于阶段 9，它的前一个阶段可能是 8 加上一枚 1 元硬币，也可能是 4 加上一枚 5 元硬币。理解上述关系之后，为了使用尽量少的硬币，我们希望凑齐总金额前的阶段也使用尽量少的硬币。以此类推，到达每一阶段所需的最少硬币数就是我们应当记录的**状态**，如何计算每个阶段所需最少的硬币数量则是我们需要关注的**子问题**。

取数组 dp 记录到达各阶段所需的最少硬币数，对于阶段 i，其状态值 dp[i] 等于 dp[i - coin] + 1，其中 coin 表示使用的硬币的面额；循环比较使用每种面额硬币所对应前一阶段 i - coin 的状态值，取其中最小的那个，使 dp[i] 的值也最小。

从总金额为 1 开始，使用上面的方法逐阶段向后计算状态，最终得到凑成总金额所需的最少硬币数。每阶段计算时我们只考虑每种硬币使用一次的情况，即比较 dp[i - coin] + 1，而不涉及将硬币重复使用多次如 dp[i - coin * 2] + 2 等情况，这是因为我们采用顺序遍历所有阶段的方法，并且每一个阶段都会将所有可用的硬币考查一遍，因此前面阶有方法能够凑出这个金额，返回-1。下面是 Python 代码实现。

```
01 class Solution:
02    def coinChange(self, coins: List[int], amount: int) -> int:
03        if amount == 0:
04            return 0
05        # 这里使用 amount + 1 表示大于任何可能出现的值，方便初始的比较
06        dp = [amount + 1] * (amount + 1)
07        dp[0] = 0
08        for i in range(1, amount + 1):
09            for coin in coins:
10                if coin <= i:
11                    dp[i] = min(dp[i], dp[i - coin] + 1)
12        return -1 if dp[amount] == (amount + 1) else dp[amount]
```

复杂度分析

● 时间复杂度：使用了双层循环求解，因此时间复杂度为 $O(mn)$，其中 n 是 amount 的值，m 为 coins 的种类数。

● 空间复杂度：$O(n)$，其中 n 是 amount 的值。

10.4.2 零钱兑换 II

题目描述（第 518 题）

给定不同面额的硬币和一个总金额，写出函数来计算可以凑成总金额的硬币组合数。假设每一种面额的硬币有无限个。

示例 1

输入：amount = 5，coins = [1, 2, 5]

输出：4

解释：有 4 种方法可以凑成总金额 5。

```
5=5
5=2+2+1
5=2+1+1+1
5=1+1+1+1+1
```

示例 2

输入：amount = 3，coins = [2]

输出：0

解释：只用面额为 2 的硬币不能凑成总金额 3。

示例 3

输入：amount = 10，coins = [10]

输出：1

注意

你可以假设：

- $0 \leqslant amount$（总金额）$\leqslant 5000$；

- $1 \leqslant coin$（硬币面额）$\leqslant 5000$；

- 硬币种类不超过 500 种；

- 结果符合 32 位符号整数。

思路

这道题是上一题的变体，不同之处在于关注点变为硬币组合数，我们关注的子问题也相应发生变化，不妨继续使用长度为 amount + 1 的数组 dp 记录状态值，并将可能组合数的默认值设为 0。

分析题目给出的第一个例子，假设仅有面值为 1 的硬币，那么凑成任意金额有几种可能呢？答案很简单，只有一种。下面的图表表示了凑成 1 到 6 元分别可能的组合数。

凑成金额	1	2	3	4	5	6
可能组合数（使用 1）	1	1	1	1	1	1

这种场景意义不大，如果再多一种面额的硬币，比如 2 呢？

上一题我们已经分析过，在选硬币的情形下对于 dp[n] 来说，它的状态与 coin 值决定的前序状态 dp[n - coin] 相关联；因此，多一种面额 coin 的硬币将会多一条凑成金额 n 的路径从 n - coin 阶段跳跃过来。dp[n] 因此将多出与后者的状态值相当数量的组合方式——dp[n] += dp[n - coin]。

需要注意当金额与硬币面额相等时，显然有且只有一种方法，dp[n - n] 即 dp[0] 的值应为 1。在原有图表的基础上完成加入硬币 2 之后的结果。

凑成金额	0	1	2	3	4	5	6
可能组合数（使用 1）	1	1	1	1	1	1	1

可能组合数（使用 1、2）	1	1	2	2	3	3	4

● 当 n 的值为 2 时，dp[2] += dp[2 - 2]，则 dp[2]等于 2，除原有的 "1,1" 组合外，增加了硬币 2 与原有金额 0 的组合，即 "2"。

● 当 n 的值为 3 时，dp[3] += dp[3 - 2]，则 dp[3]等于 2，除 "1,1,1" 组合外，增加了硬币 2 与原有金额 1 的组合，即 "2,1"。

● 当 n 的值为 4 时，dp[4] += dp[4 - 2]，则 dp[4]等于 3，除 "1,1,1,1" 组合外，增加了硬币 2 与原有金额 2 的组合，即 "2,1,1" 和 "2,2"。

● 以此类推。

增加面额为 5 的硬币，大于或等于 5 的金额状态又会有所增加，dp 将变为如下的状态。

凑成金额	0	1	2	3	4	5	6
可能组合数（使用 1、2）	1	1	2	2	3	3	4
可能组合数（使用 1、2、5）	1	1	2	2	3	**4**	**5**

通过分析上述状态转移图表，可以总结出 dp 值变化的规律，即对每种面额的硬币来说，dp[i] += dp[i - coin]。

代码

```
01  class Solution:
02      def change(self, amount: int, coins: List[int]) -> int:
03          dp = [0] * (amount + 1)
04          dp[0] = 1
05          for coin in coins:
06              for i in range(coin, amount + 1):
07                  dp[i] += dp[i - coin]
08          return dp[amount]
```

复杂度分析

● 时间复杂度：使用了双层循环求解，因此时间复杂度为 $O(mn)$，其中 n 是 amount 的值，m 为 coins 的种类数。

● 空间复杂度：$O(n)$，其中 n 是 amount 的值。

小结

解动态规划类问题，分析过程是有章可循的，我们通过对**阶段**、**子问题**和**状态**的拆解基本可以得到解决问题的框架。具体的求解过程一般可以通过推导**状态转移方程**或填

状态转移表这两种方法来实现。

本节的两道题目属于"完全背包"问题,对于其具体定义和场景不做展开讲解,单看这两道题目我们就能发现:根据题目要求定义状态 dp 和更新的方法 func 后,遍历的过程如下面的代码所示,即使用双层循环对每个阶段和可选背包及其权值进行计算和记录。

```
01  for i in 1 to N + 1:
02      for j in 1 to V + 1:
03          dp[j] = func(dp[j], dp[j - weight[i - 1])
```

例如在 10.4.1 节中,我们的目标是求"凑成总金额所需的最少的硬币个数",因此状态更新的方法是 dp[i] = min(dp[i], dp[i - coin] + 1);又如 10.4.2 节中,dp 存储的是总组合数,因此状态更新方法为 dp[i] += dp[i - coin]。

总结

总的来说,动态规划问题一般用来求最值,核心难点在于能否看出状态转移方程,而看出状态转移方程的关键通常在于画表格和做选择。然而这里的做选择并不只是从几个候选中选择一个,也可能需要从某几个中做一定的运算才能得出,比如上面的第 62 题不同路径(见参考链接/正文[14])。前面已经分析了,其状态转移方程为 $f(i, j) = f(i-1, j) + f(i, j-1)$,这就是从前面的两个状态中选择两个相加得出的,这也是一种常见的"套路"。又如经典的爬楼梯问题,不过更为常见的是选择最大值或最小值,比如第 198 题打家劫舍,就是选择最大值,状态转移方程为 dp[i] = max(dp[i + 1], dp[i + 2] + nums[i])。再如第 322 题零钱兑换,就是选择最小值,状态转移方程为 dp[i] = min(dp[i], dp[i - coin] + 1)。

对于递归和动态规划之间的演进关系,我们在 10.2 节打家劫舍系列中做了详细的介绍,读者可以找几个动态规划的题目并使用记忆化规划求解加深一下印象。动态规划问题通常伴随着滚动数组的技巧,从而在空间上达到更优,这正是其相对于记忆化递归而言最大的优点,还有一个好处是动态规划避免了递归产生的额外调用栈的性能开销。

另外推荐两道题目:第 139 题单词拆分和第 140 题单词拆分 II,读者可以通过这两道题目感受一下动态规划和回溯算法的相似性和不同点。

更多与动态规划相关的题目,可以参考本书股票问题和博弈问题这两章内容。

第 11 章

滑动窗口

滑动窗口是双指针的特殊应用，该题型本身并不复杂，但有些具体细节需要注意。滑动窗口常用于解决数组、字符串的子元素问题，它可以将嵌套的循环展开，通过减少内层循环次数来降低算法的时间复杂度。

滑动窗口类题目通常需要用到双指针，还可能用到其他的数据结构，比如哈希表、队列。

按照滑动窗口的窗口大小是否固定，以及可变窗口中求最大窗口还是最小窗口，可以分类如下。

- 固定窗口类型。例如，11.1 节的第 239 题和 11.4 节的第 567 题。

- 可变窗口类型。此类题目不会给出窗口大小，而是求符合条件的最大窗口或最小窗口。

  ➢ 求最大窗口。例如 11.3 节的第 424 题。

  ➢ 求最小窗口。例如 11.2 节的第 72 题。

通常会使用双指针来界定窗口的边界，两个指针之间的部分属于窗口内，反之属于窗口外。固定窗口类型的题目，两个指针要同时移动；而可变窗口类型的题目，则移动其中一个指针来实现窗口大小的变化。

滑动窗口类型的题目是有"套路"可循的，用两个指针分别表示窗口的左右端点，然后右指针不断地去扩充右侧窗口边界，左指针不断地缩小左边窗口边界，同时维护窗口的信息，在这个过程中不断判断窗口信息是否满足条件，如果是，则更新答案；如果不是，则继续移动窗口（收缩、扩展或平移）。

11.1 滑动窗口最大值

题目描述（第 239 题）

给定一个数组 nums，有一个大小为 k 的滑动窗口从数组的最左侧移动到数组的最右侧。你只可以看到在滑动窗口内的 k 个数字，滑动窗口每次只向右移动 1 位。返回滑动窗口中的最大值。

进阶

你能在线性时间复杂度内解决此题吗？

示例

输入：nums = [1, 3, -1, -3, 5, 3, 6, 7]，k = 3

输出：[3, 3, 5, 5, 6, 7]

解释：

滑动窗口的位置	最大值
[1 3 -1] -3 5 3 6 7	3
1 [3 -1 -3] 5 3 6 7	3
1 3 [-1 -3 5] 3 6 7	5
1 3 -1 [-3 5 3] 6 7	5
1 3 -1 -3 [5 3 6] 7	6
1 3 -1 -3 5 [3 6 7]	7

提示

- $1 \leqslant$ nums.length $\leqslant 10^5$。
- $-10^4 \leqslant$ nums[i] $\leqslant 10^4$。
- $1 \leqslant k \leqslant$ nums.length。

解法一　暴力法

思路

符合直觉的做法是枚举出数组中所有符合条件的窗口。找到每个窗口中所有元素的最大值，将窗口中的最大值放到输出列表中。一共有 $n-k+1$ 个滑动窗口，每个窗口有 k 个元素，因此这种算法的时间复杂度为 $O(nk)$。

代码

```
01 class Solution:
02     def maxSlidingWindow(self, nums:List[int], k:int)->List[int]:
03         length = len(nums)
04         if length * k == 0:
05             return []
06
07         output = []
08         # 遍历所有可能的窗口
09         for i in range(length - k + 1):
10             max_val = -sys.maxsize - 1
11             # 找到一个窗口中的最大值
12             for j in range(i, i + k):
13                 max_val = max(max_val, nums[j])
14
15             # 将最大值放到数组列表里
16             output.append(max_val)
17
18         return output
```

复杂度分析

- 时间复杂度：$O(nk)$，其中 n 为数组中的元素个数，k 为窗口的大小。
- 空间复杂度：$O(1)$。

解法二　滑动窗口法

思路

正如解法一所示，暴力法存在很多冗余计算。如何减少冗余运算呢？注意当窗口从左向右滑动时，每移动 1 个元素，由于窗口外的元素（窗口左侧元素）和窗口内所有比新加入元素小的元素都不再可能对结果产生影响，因此可以删除，这样以后每次加入新的元素时的查询能省掉很多无效计算。

通过上面的分析可以看出，我们需要一个能够在窗口滑动时协助删除窗口外元素（窗口左侧元素）、添加新元素的数据结构，双端队列正好符合此要求。双端队列允许从头尾两端进行数据的查看、添加和删除，考虑到数组内的元素值可能相同但对应的索引值不等，我们用双端队列存放元素索引，而非元素本身。

具体算法如下，需要注意双端队列中元素存放的顺序。

● 检查**尾部**元素，直到队列中没有比当前新加入元素对应数字小的元素，将不符合条件的元素移除。

● 将当前新加入元素添加到双端队列**尾部**。

● 检查**头部**（下标为 0）元素是否移出了窗口，若没有，则将其移除。

● 将双端队列中的头部元素（头部元素为窗口最大值）添加到输出中。

● 重复上述过程，遍历所有元素后，返回输出数组。

上述操作保证了双端队列中的元素对应的数字都在窗口内，同时对应的数字从头部开始降序排序。这样每次遍历都直接从头部取数便可以得到答案。

下图描述了使用上述算法解决题目中给出例子的过程，d:[…]表示每次处理完毕后队列中的数据。

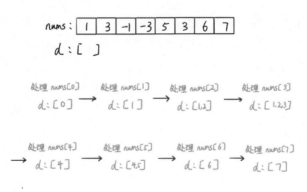

代码

```
01  class Solution:
02      def maxSlidingWindow(self, nums: List[int], k: int) -> List[int]:
03          d = collections.deque()
04          out = []
05
06          for i, n in enumerate(nums):
```

```
07          # 从尾部开始移除比新加入元素小的元素
08          while d and nums[d[-1]] < n:
09              d.pop()
10          # 将新加入元素添加到双端队列的尾部
11          d += i,
12          # 如果窗口外的元素仍然在双端队列中，则将其移除
13          if d[0] == i - k:
14              d.popleft()
15          # 将头部元素即当前最大元素对应的数字放入结果数组
16          if i >= k - 1:
17              out.append(nums[d[0]])
18
19      return out
```

复杂度分析

● 时间复杂度：$O(n)$，每个元素被处理两次——其索引被添加到双端队列中和从双端队列删除。

● 空间复杂度：$O(k)$。

11.2　最小覆盖子串

题目描述（第 76 题）

给出一个字符串 S，一个字符串 T，请在字符串 S 里找到包含 T 所有字母的最小子串。

示例

输入：S = "ADOBECODEBANC"，T = "ABC"

输出："BANC"

说明

● 如果 S 中不存在这样的子串，则返回空字符串""。

● 如果 S 中存在这样的子串，则要保证它是唯一的答案。

解法一　暴力法

从题目中至少能得出以下几点信息。

- 字符串 S 的长度至少要大于或等于字符串 T 的长度，否则会返回空字符串。
- 字符串 S 可能存在多个子串包含 T 字符串的所有字母。
- 如果字符串 S 中存在多个符合条件的子串，则返回长度最小的那个。
- 如果字符串 S 中不存在符合条件的子串，则返回空字符串。
- 题目中的要求是包含 T 字符串的所有字母，不需要顺序完全一致，更不是所有字母连续排列。

解决问题最直接的办法是：枚举出字符串 S 中的所有子串，检测子串是否包含字符串 T 的所有字符，如果存在这样的子串，则返回长度最小的子串，否则返回空字符串，但该方法效率太低。这道题目的英文描述是 "Given a string S and a string T, find the minimum window in S which will contain all the characters in T in complexity $O(n)$"。可以认为时间复杂度必须达到 $O(n)$ 才是正确解，这道题目被列为困难级别也正是由于此原因，让我们思考一下其他解法。

解法二　滑动窗口法

思路

暴力法需要对字符串 S 的每个子串都进行检测。在实际操作中，并不需要完成所有的检测，比如检测到子串 "ADOBEC" 包含字符串 T 的所有字符后，因为题目的要求是返回符合条件的最小子串，我们就无须再检测 "ADOBECO" 子串了。

这为我们提供了一个优化思路，如果找到了一个符合条件的子串，我们要做的就是尝试缩小子串，缩小子串的方法是将子串某一端（或两端）的字符去掉，检测是否仍然符合要求。这里可以自然地联想到滑动窗口中的可变窗口。

滑动窗口法的思路是：先找到符合题目某一条件的一个窗口，之后通过缩小和扩大窗口使其在字符串 S 中滑动，最终找到最恰当的解（本题为找到包含字符串 T 中所有字符的最小子串）。

假设窗口在字符串 S 上，那么扩大窗口可以通过右移 right 指针实现，缩小窗口可以通过右移 left 指针实现。当窗口包含全部所需要的字符时，就需要收缩窗口来找到符合条件的最小子串。当窗口不包含字符串 T 中的所有字符时，就需要扩大窗口直至满足这一条件。

具体思路步骤如下。

1．初始化窗口的左右两端，使 left 和 right 都指向 S 的第 1 个元素。

2．将 right 指针右移，直至窗口中包含 T 的全部字符。若能找到这样的窗口，执行步骤 3；若直至字符串 T 的结尾，仍未找到符合要求的字符串，则直接执行步骤 4。

3．left 指针右移，使窗口缩小，目的是找到最小的子串。缩小窗口直至子串不符合条件，跳转执行步骤 2。

4．当 right 指针指向字符串 S 的结尾时，检测是否存在符合要求的子串。若存在，则返回最小的子串，若不存在，则返回空字符串。

注意：在上面的步骤中，要注意边界条件的限制、退出的条件判断等，这是此类问题的关键点。以题目中的示例为例，关键过程如下图所示。

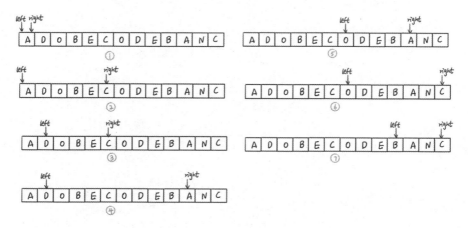

代码

```
01 class Solution:
02     def minWindow(self, s:str, t:str)->str:
03         if not t or not s:
04             return ""
05
06         # 初始化滑动窗口
07         left, right = 0, 0
08
09         # dict_t 存放字符串 T 中的字符和每个字符对应的个数
10         # required 为 T 中不相同的字符的个数
```

```
11        dict_t = Counter(t)
12
13        required = len(dict_t)
14
15        formed = 0
16
17        window_counts = {}
18
19        # ans[0]存放字符长度，ans[1]和ans[2]分别存放左右索引值
20        ans = float("inf"), None, None
21
22        while right < len(s):
23            character = s[right]
24            window_counts[character] = window_counts.get(character, 0)
25                                       + 1
26            if character in dict_t and window_counts[character] ==
27                                       dict_t[character]:
28                formed += 1
29            # 找到包含 T 中所有字符的字符串后，移动 left 指针，缩小窗口
30            while left <= right and formed == required:
31                character = s[left]
32
33                if right - left + 1 < ans[0]:
34                    ans = (right - left + 1, left, right)
35
36                window_counts[character] -= 1
37                if character in dict_t and window_counts[character]
38                                  < dict_t[character]:
39                    formed -= 1
40                left += 1
41            # 当窗口不符合条件时，移动 right 指针，扩大窗口
42            right += 1
43
44        # 查找完整个字符串 S 后，返回结果
45        if ans[0] == float("inf"):
46            return ""
47        else:
48            return s[ans[1]: ans[2] + 1]
```

复杂度分析

● 时间复杂度：$O(n)$，其中 n 是字符串 S 的长度

● 空间复杂度：取决于组成字符串的字符集的大小，是一个常数，因此是 $O(1)$。

11.3　替换后的最长重复字符

题目描述（第 424 题）

给出一个仅由大写英文字母组成的字符串，你可以将任意位置上的字符替换成其他字符，最多可替换 k 次。在执行上述操作后，找到包含重复字母的最长子串的长度。

注意

字符串长度和 k 不会超过 10^4。

示例 1

输入：S="ABAB"，$k = 2$

输出：4

解释：将两个'A'替换为两个'B'，反之亦然。

示例 2

输入：S="AABABBA"，$k = 1$

输出：4

解释：将中间的一个'A'替换为'B'，字符串变为"AABBBBA"，则子符串"BBBB"有最长重复字母，答案为 4。

解法一　暴力法

这道题目非常经典。如果将题目中的 k 变为 0，就变成了**最长连续子串长度**问题，因此读者可以先去做一下力扣（LeetCode）中关于最长连续子串长度的题目。

根据题目的意思，找出字符串的所有子串。针对每个子串，查看子串中的重复字符数最多的字符个数，然后统计替换 k 个字符后，子串能否变成重复连续的字符串，找到最长的子串即可。此类方法超时，而且包含太多冗余计算。

解法二　滑动窗口法　Ⅰ

思路

题目要求对字符替换 k 次后，找出包含重复字母的最长子串的长度，并不是最长子串本身，最长的子串可能有多个，例如，示例 2 中的最长子串可以是"AABA"，也可以是"BABB"。

上面的分析中"最长子串"关键字容易让我们想到使用滑动窗口来解决此题。

首先有一个前提，如果要将一个不全相等的子串变成全部相等的子串，最优的方法应该是**贪心地选择出现次数最多的字符**，并将其他字符变为这个出现次数最大的字符。另外需要注意的是，如果有多个出现次数最大的字符，则无论选取哪一个字符都不会对结果造成影响。

假设一个子串中包含的最多重复字符为 c，c 对应的出现次数为 max_char_n，允许修改的最大字符数 k。

- 如果 max_char_n + k 大于或等于子串的长度，说明可以将窗口内的全部元素替换为字符 c，此时的窗口大小就是一个潜在的候选答案。

- 如果 max_char_n + k 小于子串的长度，说明无法将窗口内的全部元素替换为字符 c，当前窗口对最终答案无贡献，并且由于当前窗口已经无法满足要求，那么任何包含当前窗口的更大的窗口都无法满足要求，因此可以直接将窗口左移 1 位。

需要注意的是，我们可以在整个过程中**保持**窗口大小是**不严格递增**的，即只会不变或变大，这样最终返回窗口大小即可，这有效地减少了代码量，具体代码如下所示。

```
01  class Solution:
02      def characterReplacement(self, s: str, k: int) -> int:
03          if len(s) == 0:
04              return 0
05
06          res = left = right = 0
07          max_char_n = 0
08          # counts 用来统计窗口内的字符出现次数
09          counts = collections.Counter()
10
```

```
11        for right in range(0, len(s)):
12            # 窗口进入一个字符 s[right]
13            counts[s[right]] += 1
14            max_char_n = max(max_char_n, counts[s[right]])
15
16            if right - left + 1 > k + max_char_n:
17                # 窗口移除一个字符 s[left]
18                counts[s[left]] -= 1
19                left += 1
20
21        return right - left + 1
```

复杂度分析

- 时间复杂度：$O(n)$，遍历整个字符串，n 为字符串的长度。
- 空间复杂度：取决于组成字符串的字符集的大小，是一个常数，因此是 $O(1)$。

解法三　滑动窗口法 II

思路

这里给出滑动窗口的另一种写法，思路和上面的解法一样，只不过与上面的解法相比，此方法更关注找到的最长子串的长度，而不是窗口的左/右指针，更符合题目的要求（求子串的长度，而不是求子串本身）。但如果题目需要求具体的字串，我们仍然需要使用上面的解法。

代码

```
01 class Solution:
02     def characterReplacement(self, s: str, k: int) -> int:
03         max_char_n = res = 0
04         count = collections.Counter()
05         for i in range(len(s)):
06             count[s[i]] += 1
07             max_char_n = max(max_char_n, count[s[i]])
08
09             if res - max_char_n < k:
10                 res += 1
11             else:
12                 count[s[i - res]] -= 1
13
14         return res
```

复杂度分析

● 时间复杂度：$O(n)$，遍历整个字符串。

● 空间复杂度：取决于组成字符串的字符集的大小，是一个常数，因此是 $O(1)$。

11.4 字符串的排列

题目描述（第 567 题）

给定两个字符串 S1 和 S2，写一个函数来判断 S2 是否包含 S1 的排列。

换句话说，第 1 个字符串的排列之一是第 2 个字符串的子串。

示例 1

输入：S1 = "ab"，S2 = "eidbaooo"

输出：True

解释：S2 包含 S1 的排列之一("ba")。

示例 2

输入：S1="ab"，S2="eidboaoo"

输出：False

注意

● 输入的字符串只包含小写字母。

● 两个字符串的长度都在[1, 10000]之间。

解法一 暴力法（超时）

思路

将短字符串 S1 生成所有可能的组合，然后检测这些生成的字符串是否是长字符串的子串。此处略去代码。

解法二　滑动窗口

思路

解法一需要知道字符串 S1 的所有排列，然后检测排列是否是 S2 的子串。如果 S1 的字符数达到 1000，那么时间复杂度就是 $O(1000!)$，这是非常耗时的。

此问题的关键点是，**如果能在 S2 中找到一个子串的长度与 S1 相等，并且 S1 中每个字符对应的个数与 S2 中这个子串的每个字符对应的个数相等，那 S2 就一定包含 S1 的一个排列。**

因此可以使用与 S1 等长的滑动窗口，判断 S2 在这个窗口内的字符出现个数和 S1 的字符出现个数是否相等。又因为题目中给出了条件，所有的字符都是小写字母，因此可以通过哈希表来统计每个字符出现的个数。

具体算法如下。

1. 统计 26 个字母在字符串 S1 中出现的次数。

2. 统计字符 S2 中从第 1 个字符开始，在长度为字符串 S1 的长度大小的子串中，每个字母出现的次数。

3. 比较 26 个字母在 S1 中出现的次数与 S2 的子串中出现的次数是否相等，如果相等，即找到了最终排列，返回 True；如果不相等，则移动窗口，统计新增加的字符，去掉从滑动窗口中移除的字符。

4. 循环执行步骤 3，直至 S2 的最后一个字符结束。若仍未找到合适的子串（26 个字母出现的次数相等），则返回 False。

代码

```
01 class Solution:
02     def checkInclusion(self, s1: str, s2: str) -> bool:
03         if (len(s1) > len(s2)):
04             return False
05
06         list1 = [0 for i in range(26)]
07         list2 = [0 for i in range(26)]
08
09         for i in range(len(s1)):
10             list1[ord(s1[i]) - ord('a')] += 1
11             list2[ord(s2[i]) - ord('a')] += 1
12
```

```
13 |        count = 0
14 |        for i in range(26):
15 |            if list1[i] == list2[i]:
16 |                count += 1
17 |
18 |        for i in range(len(s2) - len(s1)):
19 |            right = ord(s2[i + len(s1)]) - ord('a')
20 |            left = ord(s2[i]) - ord('a')
21 |            if count == 26:
22 |                return True
23 |
24 |            list2[right] += 1
25 |            if list2[right] == list1[right]:
26 |                count += 1
27 |            elif list2[right] == list1[right] + 1:
28 |                count -= 1
29 |
30 |            list2[left] -= 1
31 |            if list2[left] == list1[left]:
32 |                count += 1
33 |            elif list2[left] == list1[left] - 1:
34 |                count -= 1
35 |
36 |        return count == 26
```

复杂度分析

- 时间复杂度：$O(n)$，其中 n 是字符串 S1 的长度。。

- 空间复杂度：取决于组成字符串的字符集的大小，是一个常数，因此是 $O(1)$。

总结

　　滑动窗口大多用于解决数组、字符串、链表的子区间题型，如果题目中出现求解子数组、子串，或者寻找符合某个特征的子数组、子串问题，就可以考虑使用滑动窗口的方法。

　　滑动窗口问题的优化思路主要包括：是否可以通过某个条件来缩减检测的子序列个数；是否可以通过使用特定的数据结构（如字典）来降低检测子序列的某个特征是否符合条件的复杂度。其中，缩减子序列的方法包括改变序列的大小、边界的提前退出等。

滑动窗口的重点是移动窗口的过程，在整个过程中要注意 3 点。

● 窗口的大小是否变化，这在解题的开始就要先确定下来。

● 滑动窗口的边界条件的判定，这关乎在有思路的前提下，我们能否写出完整、全面的代码。

● 在窗口滑动中能否提前终止，这有利于提升算法效率。

在平时的解题过程中，也可以多总结解题技巧，分析哪种情况会用到滑动窗口，比如题目中出现"连续子串""连续子数组"等字样时；也可以总结出自己的解题模板，关于滑动窗口的模板，请参考本书第 18 章的内容。

第 **12** 章

博弈问题

博弈，词语解释是局戏、赌博。现代数学中有博弈论，亦名"对策论""赛局理论"，属于应用数学的一个分支，表示在多决策主体之间行为具有相互作用时，各主体根据所掌握信息及对自身能力的认知，做出有利于自己的决策的一种行为理论。

这类问题解决起来通常没那么直接，需要进行一定的推演才能发现问题的本质。简单的题目考验我们对抽象算法的编程实现能力，较为复杂的问题则需要借助特定的算法思想来解决。本章我们将通过 4 道经典题目，学习解决博弈问题的思想及"套路"。

12.1　石子游戏

题目描述（第 877 题）

Alex 和 Lee 用几堆石子做游戏。偶数堆石子排成一行，每堆都有正整数颗石子 piles[i]。游戏以谁手中的石子最多来决出胜负。石子的总数是奇数，所以没有平局。

Alex 和 Lee 轮流进行，Alex 先开始。在每一回合中，玩家从行的开始或结束处取走整堆石头。这种情况一直持续到没有更多的石子堆为止，此时手中石子最多的玩家获胜。

假设 Alex 和 Lee 都发挥出最佳水平，当 Alex 赢得比赛时返回 True，当 Lee 赢得比赛时返回 False。

示例

输入：[5,3,4,5]

输出：True

解释：

Alex 先开始，只能拿前 5 颗或后 5 颗石子。

假设他取了前 5 颗，这一行就变成了 [3,4,5]。

如果 Lee 拿走前 3 颗，那么剩下的是 [4,5]，Alex 拿走后 5 颗赢得 10 分。

如果 Lee 拿走后 5 颗，那么剩下的是 [3,4]，Alex 拿走后 4 颗赢得 9 分。

这表明，取前 5 颗石子对 Alex 来说是一个胜利的举动，所以我们返回 True。

提示

- 2≤piles.length≤500。
- piles.length 是偶数。
- 1≤piles[i]≤500。
- sum(piles)是奇数。

解法一　逻辑分析

思路

许多博弈问题都可以通过逻辑分析找到"取巧"的解法，依据题干可知：

- 如果石子的总数是奇数：按顺序给石堆编号，**奇数**编号的石堆拥有的石子总数与**偶数**编号的石堆拥有的石子总数相比，总有一个大于另外一个。

- 如果石堆的总数是偶数：由于只能从开头或结束处取走石堆，因此每一回合先手玩家总能够单方面决定双方选取石堆的编号的奇偶性，例如，面对石堆 1、2、3、4，先手玩家取 1 之后，后手玩家只能选择 2 或 4；换句话说，先手玩家可以**永远拿奇数编号的石堆**或**偶数编号的石堆**。

两个条件结合起来可知先手玩家有一种**必胜策略**，即根据奇数编号和偶数编号石堆中石子总数的比较来选择拿更多的那一半，因此此道题目可直接返回 True。

代码

```
01  class Solution:
02      def stoneGame(self, piles: List[int]) -> bool:
03          return True
```

复杂度分析

● 时间复杂度：$O(1)$。

● 空间复杂度：$O(1)$。

解法二 记忆化递归

当然我们做题并不是单纯为了得到具体题目的答案，更重要的是通过练习提高分析能力、编码能力，学习解决问题的思路和"套路"。取巧的解法十分巧妙，但通常在题目稍作变化之后就会失效，适应性有限。上述奇偶必胜策略并不能得到最优解，如果问题是求最优解呢？是否能计算出最多能拿多少个，两者相差多少？

针对这道题目，更为**通用**的解题思路可以是下面这样的。

思路

回到题目要求，需要求出基于现有游戏规则两人都发挥最佳水平时返回的结果。问题的关键点在于，什么是"**最佳水平**"？

面对不熟悉的领域，尤其是刚刚才阅读了规则的游戏，短时间内构想出最佳策略并一步一步替两人做选择是不现实的，思路如果朝着这方向去推演会陷入泥潭；想到策略容易，想到最优、唯一的策略并通过验证非常困难。

不具备最佳实力，如何发挥最佳水平？

和小伙伴玩游戏时有过作弊经验的读者可能已经想到，任何博弈都有一种永恒不变的**最佳策略**：拿着答案（结果）去玩。不管处于什么情况，不管条件如何变化，只需要从答案里选择**正确的**，从已经发生的结果里选择**最优**的那一个即可。在编程领域，我们可以借助**递归**实现这样的思路。说到这里，是否有了一些灵感？让我们一起来看看本题的最佳策略如何实现吧。

将石堆包含的石子数依照顺序放入数组 pile 中，使用 find_max(left,right) 计算当可选石堆范围的边界为 left 和 right 时，Alex 能拿到的最大石子总数。

每个回合开始有两个选择摆在 Alex 面前，拿最左侧或最右侧的石堆，**最佳策略**是什么？我们用博弈的任意两个回合来分析可能出现的情况。第一回合，虽然 Lee 在之后才操作，但我们假设 Alex 已经知道了他所有操作会产生的结果，不妨将其记作 L1、L2，那么很简单，比较 Alex 选择最左侧和最右侧石堆这两种情况下分别能够拿到的石子数，拿能让自己获得更多石子的一边：

find_max(left,right) = max(piles[left] + L1, piles[right] + L2)

如何求 L1、L2？接下来看 Lee 的操作。石子总数一定，Lee 也要拿最多的石子，换句话说他要让 Alex 拿到的石子最少。为计算方便，我们始终观察 Alex 能得到的石子数，这有点像四人扑克游戏的"升级"，我们只记录博弈双方中一方获得的分数，当前不显式记分的一方努力赢分让对方得分尽量少；因此这一步并不直接计算 Lee 得到的石子数，他的操作对应的结果是这样的。

```
01  # 如果刚刚 Alex 选择拿 piles[left]
02  L1 = min(A1, A2)
03  # 如果刚刚 Alex 选择拿 piles[right]
04  L2 = min(A3, A4)
```

A1/A2/A3/A4 分别代表 Lee 操作完产生新石堆之后 Alex 做出的决策对应的结果，其处境由前面的选择决定，例如上一回合 Alex 选择拿 pile[left]，Lee 选择拿 pile[right]，剩下的数组或者说石堆为[left+1,…,right-1]，则 A1 对应 find_max(left+1, right-1)。由此得到求（每回合）最大值的 find_max 方程，代码如下所示。

```
01  max(
02      piles[left] + min(
03          self.find_max(left + 2, right, piles, mem),
04          self.find_max(left + 1, right - 1, piles, mem),
05      ),
06      piles[right] + min(
07          self.find_max(left + 1, right - 1, piles, mem),
08          self.find_max(left, right - 2, piles, mem),
09      )
10  )
```

给定任意石堆组合，调用方程计算 Alex 可以得到的最大石子数量，与石子总和相比判断 Alex 是否能赢，代码如下所示。

```
01  class Solution:
02      def stoneGame(self, piles: List[int]) -> bool:
03          sum = 0
04          for i in piles:
05              sum += i
```

```
06        mem = []
07        for i in range(len(piles)):
08            mem.append([0] * len(piles))
09
10        return 2 * self.find_max(0, len(piles) - 1, piles, mem) > sum
11
12    def find_max(
13        self, left: int, right: int, piles: List[int],
                mem: List[List[int]]
14    ) -> int:
15        if left < 0 or right < 0 or left > right:
16            return 0
17        if mem[left][right] != 0:
18            return mem[left][right]
19        if left == right:
20            mem[left][right] = piles[left]
21            return piles[left]
22        max_stone = max(
23            piles[left]
24            + min(
25                self.find_max(left + 2, right, piles, mem),
26                self.find_max(left + 1, right - 1, piles, mem),
27            ),
28            piles[right]
29            + min(
30                self.find_max(left + 1, right - 1, piles, mem),
31                self.find_max(left, right - 2, piles, mem),
32            )
33        )
34        mem[left][right] = max_stone
35        return max_stone
```

复杂度分析

- 时间复杂度：$O(n^2)$，n 为 piles 数组的长度。
- 空间复杂度：$O(n^2)$，n 为 piles 数组的长度。

小结

此题目 Alex 必胜，相比之下使用通用解法显得臃肿且低效；不过题目稍微变化一下，比如求出 Alex 能得到的最大石子数、石子数之差等，就会体现出这个解法的优越性，稍作修改就能应对题目要求乃至场景本身的变化。

题目场景是典型的**零和博弈（zero-sum game）**（见参考链接/正文[15]），它属于博弈论的一个概念，表示所有博弈方的利益之和为 0 或一个常数，即一方有所得，其他方必有所失。

零和博弈中，博弈各方是不合作的，最大化收益的过程同时也是最小化对手收益的过程。对手总会尽可能为我们挑选"最坏的"结果，给我们可能收益中最小的、可能损失中最大的结果。在这种情况下，决策方向应当是最小化自己的最大损失，如此一来对手刻意替我们选择出的最小收益将最大，最大损失将最小，即极小化极大算法 minimax。

12.2 预测赢家

题目描述（第 486 题）

给定一个表示分数的非负整数数组。玩家 1 从数组任意一端取走一个分数，随后玩家 2 继续从剩余数组任意一端取走分数，然后玩家 1 取……。每次一个玩家只能取走一个分数，分数被取走之后不可再取。直到没有剩余分数可取时游戏结束。最终获得分数总和最多的玩家获胜。

给定一个表示分数的数组，预测玩家 1 是否会成为赢家。你可以假设每个玩家的玩法都会使他的分数最大化。

示例 1

输入：[1, 5, 2]

输出：False

解释：一开始，玩家 1 可以从 1 和 2 中进行选择。

如果他选择 2（或者 1），那么玩家 2 可以从 1（或者 2）和 5 中进行选择。如果玩家 2 选择了 5，那么玩家 1 只剩下 1（或者 2）可选。

所以，玩家 1 的最终分数为 1 + 2 = 3，而玩家 2 为 5。

因此，玩家 1 永远不会成为赢家，返回 False。

示例 2

输入：[1, 5, 233, 7]

输出：True

解释：玩家 1 一开始选择 1。然后玩家 2 必须从 5 和 7 中进行选择。无论玩家 2 选了哪个，玩家 1 都可以选择 233。

最终，玩家 1（234 分）比玩家 2（12 分）获得更多的分数，所以返回 True，表示玩家 1 可以成为赢家。

注意

1. 1≤给定的数组长度≤20。

2. 数组里所有分数都为非负数且不会大于 10000000。

3. 如果最终两个玩家的分数相等，那么玩家 1 仍为赢家。

解法一 记忆化递归

思路

此题是上一题的变体，石子变为数字，数字的个数不固定为偶数，数字之和也不再固定为奇数，其余部分几乎一致。首先让我们沿用上一题的思路解决这道题，用 nums 数组替换掉 piles，将 max_stone 改为 max_num；值得注意的是如果最终两个玩家的分数相等，那么玩家 1 仍为赢家，因此获胜的条件应改为获得数字大于或等于所有数字之和的一半；其余部分的代码无须改动。

代码

```
01  class Solution:
02      def PredictTheWinner(self, nums: List[int]) -> bool:
03          sum = 0
04          for i in nums:
05              sum += i
06          mem = []
07          for i in range(len(nums)):
08              mem.append([0] * len(nums))
09
10          return 2 * self.find_max(0, len(nums) - 1, nums, mem) >= sum
11
12      def find_max(
13          self, left: int, right: int, nums: List[int],
14                  mem: List[List[int]]
15      ) -> int:
16          if left < 0 or right < 0 or left > right:
```

```
16        return 0
17    if mem[left][right] != 0:
18        return mem[left][right]
19    if left == right:
20        mem[left][right] = nums[left]
21        return nums[left]
22    max_num = max(
23        nums[left]
24        + min(
25            self.find_max(left + 2, right, nums, mem),
26            self.find_max(left + 1, right - 1, nums, mem),
27        ),
28        nums[right]
29        + min(
30            self.find_max(left + 1, right - 1, nums, mem),
31            self.find_max(left, right - 2, nums, mem),
32        ),  ## black formatter added trailing comma
33    )
34    mem[left][right] = max_num
35    return max_num
```

复杂度分析

- 时间复杂度：$O(n^2)$，n 为 nums 数组的长度。
- 空间复杂度：$O(n^2)$，n 为 nums 数组的长度。

解法二　动态规划

思路

上面的解法得到最大值后还需要重复计算出石子总数用以比较是否过半来判断结果，显得颇为拖沓。许多语言中若数字过大还需要考虑溢出问题。既然是零和博弈，那么可以在计算过程中就使用差值替换掉累加的大数比较。

刚刚的题目使用了记忆化递归的方法求解，类似场景往往也能通过动态规划解决，其计算本质是相同的。

定义数组 dp[i][j] 表示给定数组 nums 的可选范围从 i 到 j 时玩家可以得到的最大石子数差值。这里的差值是区分正负的，对于拿到数字之和比较小的一方来说，差值是负数。

- 当 i==j 时，只有一个数字可取，差值为 nums[i]，即 dp[i][i] = nums[i]。
- 其余情况：

  1. 若玩家选择取 nums[i]，则差值为 nums[i] - dp[i + 1][j]。
  2. 若玩家选择取 nums[j]，则差值为 nums[j] - dp[i][j - 1]。

取两者中较大的一个 dp[i][j] = max(nums[i] - dp[i + 1][j], nums[j] - dp[i][j - 1])。

借助上述方程可以逐步计算出 dp[0][n - 1] 的值，若差值不为负数，则先手玩家就是赢家。

为方便读者理解计算过程，我们使用示例 2 中的数据（即输入[1, 5, 233, 7]）来做分析。下图为记录 dp[i][j] 的状态转移表。我们知道当 i 等于 j 时，dp[i][j]==nums[i]，首先填充状态转移表的对角线一列。

dp[i][j]	0	1	2	3
0	1			
1		5		
2			233	
3				7

接下来可能会稍微有些无从下手，没有关系，我们不妨从最根本的问题入手，尝试计算 dp[0][3]，它的值为 nums[0]-dp[1][3] 和 nums[3]-dp[0][2] 中较大的那个，以此类推，画出计算树，如下图所示。

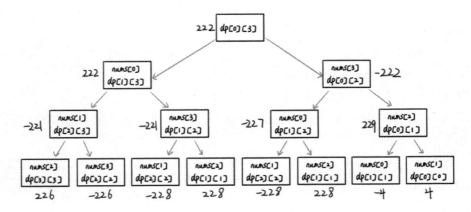

自上而下推导需要计算的状态，自下而上计算得到最终结果；先手玩家会以 222 的优势赢得游戏。

最终得到的状态转移表如下图所示。

通过代码实现上述过程，自下而上沿对角线进行遍历计算，就得到了本题的答案。

代码

```
01  class Solution:
02      def PredictTheWinner2(self, nums: List[int]) -> bool:
03          n = len(nums)
04          dp = [[0] * n for _ in range(n)]
05
06          for i in range(n):
07              dp[i][i] = nums[i]
08
09          for i in range(n - 1, -1, -1):
10              for j in range(i + 1, n):
11                  dp[i][j] = max(nums[i] - dp[i + 1][j],
                                   nums[j] - dp[i][j - 1])
12          return dp[0][n - 1] >= 0
```

复杂度分析

- 时间复杂度：$O(n^2)$，n 为 nums 数组的长度。
- 空间复杂度：$O(n^2)$，n 为 nums 数组的长度。

解法三　算法优化

思路

上述代码有优化的空间。首先由 12.1 节石子问题的逻辑分析及本题的规定可知，当数字的个数为偶数时先手玩家必胜，据此可以缩减一半的计算量。

其次，观察上面的解法，每次计算用到的记录状态都是 dp[i + 1][j],dp[i][j - 1])，二维信息是冗余的，实际上只需要使用一维空间存储即可。

带入上述优化点，优化后的代码如下所示。

```
class Solution:
    def PredictTheWinner3(self, nums: List[int]) -> bool:
        n = len(nums)
        if n % 2 == 0 or n == 1:
            return True
        dp = [0] * n

        for i in range(n - 1, -1, -1):
            dp[i] = nums[i]
            for j in range(i+1, n):
                dp[j] = max(nums[i] - dp[j], nums[j] - dp[j-1])

        return dp[-1] >= 0
```

复杂度分析

● 时间复杂度：$O(n^2)$，n 为 nums 数组的长度。

● 空间复杂度：$O(n)$，n 为 nums 数组的长度。该解法已经是本题能够采用的最高效的解法了。

12.3 Nim 游戏

题目描述（第 292 题）

假设你和你的朋友两个人一起玩 Nim 游戏：桌子上有一堆石子，每次你们轮流拿掉 1～3 块石子，拿掉最后一块石子的人就是获胜者，你为先手玩家。

你们是聪明人，每一步都是最优解。编写一个函数，来判断你是否可以在给定石子数量的情况下赢得游戏。

示例

输入：4

输出：False

解释：如果堆中有 4 块石子，那么你永远不会赢得比赛；因为无论你拿走 1 块、2 块，还是 3 块石子，最后一块石子总是会被你的朋友拿走。

解法一　自底向上

思路

又是聪明人的对决，双方的每一步都是最优解。石子的数量只会逐渐减少，状态是不可逆的，因此在给定总数下胜负的结果是确定的。下面就从小到大依次推导胜负关系。

因为双方每一步都走最优解，那么针对每种局面，即做选择时石堆里的石子数为某个值时，无论哪一方做选择结果都是一致的。使用数组 mem 存储给定石子数下的胜负关系，mem[i]表示当剩下的石子数为 i 时，做决定的玩家是否可以获胜。

● 当石子数为 1～3 之间的数时，先手玩家直接获胜。

● 当石子数超过 3 后，假设石子数量为 n，玩家可以做的操作为选择 1～3 个石子，其对手将面临 $n-1$、$n-2$、$n-3$ 这 3 种局面。

➤ 此时如果这 3 种局面都对应着胜利，则玩家无论怎样操作都无法挽回败局，例如，当 $n=4$ 时，$n-1$、$n-2$、$n-3$ 分别为 1、2 和 3，对手都可以获胜。

➤ 否则，玩家可以选择其中对应失败的场景丢给对手，比如 $n=5$，则 $n-1$、$n-2$、$n-3$ 分别为 2、3 和 4，如果玩家选择拿 2 个或 3 个，对手面对剩下 3 个或 2 个石子的局面将会获胜；不过聪明的玩家当然要选拿 1 个，将 $n=4$ 的局面留给对方，根据前面的分析，对手无论怎样选择我们都可以在随后获胜，因此在 $n=5$ 的情况下做选择的我们是必胜的。

这样就得到了下面的代码。

```
01  class Solution:
02    def canWinNim(self, n: int) -> bool:
03      mem = [True] * (n + 1)
04      for i in range(4, n + 1):
```

```
05        if not (mem[i - 1] and mem[i - 2] and mem[i - 3]):
06            mem[i] = True
07        else:
08            mem[i] = False
09    return mem[n]
```

复杂度分析

- 时间复杂度：$O(n)$，此解法超出了力扣（LeetCode）要求的时间限制。

- 空间复杂度：$O(n)$。

解法二　优化解法

思路

观察代码，计算所使用的状态其实只有 3 个，使用数组存储浪费了一定空间，我们可以使用 3 个变量替代它们。

代码

```
01  class Solution:
02    def canWinNim(self, n: int) -> bool:
03      if n < 4:
04          return True
05      a, b, c = True, True, True
06      for i in range(4, n + 1):
07          current = not (a and b and c)
08          a, b, c = b, c, current
09      return c
```

复杂度分析

- 时间复杂度：$O(n)$，此解法超出了力扣（LeetCode）要求的时间限制。

- 空间复杂度：$O(1)$。

解法三　分析法

思路

线性的时间复杂度还是会超出时间限制，可见此题目肯定有常数阶的算法。当然上面的尝试也是有益的，通过分析和编码，不难看出计算的结果存在一定的规律：当 n 为

4 的倍数时，先手玩家必输。对手只需要不断将取模后的余数个石子拿走，把先手玩家逼迫至 4 的倍数乃至最终为 4 个石子的情况，就可以获得胜利，于是题目被简化为求能否被 4 整除的简单计算。

代码

```
01  class Solution:
02      def canWinNim(self, n: int) -> bool:
03          return n % 4 != 0
```

复杂度分析

- 时间复杂度：$O(1)$。
- 空间复杂度：$O(1)$。

12.4 猜数字大小II

题目描述（第 375 题）

我们正在玩一个猜数游戏，游戏规则如下。

假设我从 1 到 n 之间选择一个数字，你来猜我选了哪个数字。

每次若你猜错了，我都会告诉你我选的数字比你所猜的数字大了还是小了。

当你猜了数字 x 并猜错了的时候，你需要支付金额为 x 的现金。直到你猜到我选的数字，你才算赢了这个游戏。

示例

$n = 10$，我选择了 8。

第 1 轮：你猜我选择的数字是 5，我会告诉你，我的数字更大一些，然后你需要支付 5 块。

第 2 轮：你猜是 7，我告诉你，我的数字更大一些，你支付 7 块。

第 3 轮：你猜是 9，我告诉你，我的数字更小一些，你支付 9 块。

游戏结束。8 就是我选的数字。

你最终要支付 5 + 7 + 9 = 21 块钱。

给定 $n \geq 1$，计算你至少需要拥有多少现金才能确保赢得这个游戏。

解法一　暴力法（TLE）

思路

猜数字这个场景首先会让有经验的读者想到二分查找，作为最有效的有序数列搜索策略，它保证我们能在最少次数内找到目标。可是这里的情况复杂了一些，根据规则，每次查找将花费对应数字大小的成本，虽然二分查找一定是查询次数最少的策略，但不代表它的加权成本最小。如在 1 到 5 之间寻找数字，如果需要查找的数字是 5，使用二分查找将花掉 7 块钱的成本：首先猜测 3，然后猜 4，最终锁定 5，但经过分析会发现上述场景付出 6 块钱的成本就能猜出任意数子了：先猜 2，如果比它大就猜 4，因此这道题目我们不能依靠求二分查找的成本来获得答案，正确值有可能更小。本题的第 1 个潜在困难点被我们避开了。

无法使用已知策略，为求出满足题目要求的结果，我们需要遍历所有的可能。本题的第 2 个难点在于题目要求并不那么容易抽象出来，通过上面几道题目的铺垫，也许你已经发现，此场景又是典型的**极小化极大**（**minimax**）问题。

求极大

题目描述"计算你至少需要拥有多少现金才能确保赢得这个游戏"，为了保证赢得游戏我们需要求极大值，即计算各种策略对应最坏情况的花费。比如在 1 到 5 的区间寻找任意数字，二分查找最差会花费 7 块，而 2 块和 4 块的策略最坏会花费 6 块。

假设求在 1 到 n 的区间内找数字 x 的花费为 $cost(1, n)$，当我们尝试验证数字 i 时，上述策略对应的结果如下述方程所示：

$$cost(1, n) = i + \max(cost(1, i-1), cost(i+1, n))$$

验证 i 需要付出 i 块钱的成本，这时我们将数字分成了 $(1, i-1)$ 和 $(i+1, n)$ 两部分。最好的情况当然是 x 等于 i，我们直接找到了结果；但我们需要计算的是最差情况，x 不仅需要继续寻找才能找到，花费将等于 i 加上寻找成本，而且它将位于继续寻找花费更多的一边。**极小化极大**的同时，题目要求得到"至少"，这意味着要在最差的情况下使损失最小，我们应当从策略中选择遭遇最坏情况花费最少的那个，用循环遍历尝试 1 到 n 之间的所有数字对应的 $cost(1, n)$，取其中最小的一个，我们便得到了暴力解法。

代码

```
01│class Solution:
```

```
02      def getMoneyAmount(self, n: int) -> int:
03          def cost(self, low: int, high: int) -> int:
04              if low >= high:
05                  return 0
06              res = sys.maxsize
07              for i in range(low, high + 1):
08                  tmp = i + max(
09                      cost(low, i - 1), cost(i + 1, high)
10                  )
11                  res = min(res, tmp)
12              return res
13
14          return cost(1, n)
```

复杂度分析

● 时间复杂度：$O(n!)$。从 1 到 n 逐个尝试，每次尝试会递归调用相邻数组范围，因此时间复杂度是 n 的阶乘，效率并不理想。此种解法将得到超出时间限制的错误结果。

● 空间复杂度：$O(n)$，n 为递归的层数，即数字 n 的值。

解法二　记忆化递归

在暴力解的基础上，我们可以做一定的优化。首先可以避免许多重复的计算，使用二维数组 mem 存放计算结果，当数组对应的元素存在值时直接返回结果。

解决了重复计算的问题，但是层层递归嵌套之下算法的时间复杂度是 $O(n^3)$，有没有什么办法可以继续提高效率呢？答案是有，这里二分查找再次派上了用场。

在取极大值时，我们需要判断由 i 划分开的两部分哪边继续寻找的花销更大，假如我们从区域的正中间分开，由于数字值递增，在右侧区域查找数字的加权开销一定不会小于左侧。所以在求区间 low 到 high 范围的查找开销时，我们可以直接从中点位置 (low + high) // 2 开始向右遍历。

代码

```
01 class Solution:
02     def getMoneyAmount(self, n: int) -> int:
03         def cost(low: int, high: int, mem: List[List[int]]) -> int:
04             if low >= high:
05                 return 0
06             if mem[low][high] != 0:
```

```
07              return mem[low][high]
08
09          res = sys.maxsize
10          for i in range((low + high) // 2, high + 1):
11              tmp = i + max(
12                  cost(low, i - 1, mem),
13                  cost(i + 1, high, mem),
14              )
15              res = min(res, tmp)
16          mem[low][high] = res
17          return res
18
19      if n == 1:
20          return 0
21      mem = [[0] * (n + 1) for _ in range(n + 1)]
22
23      return cost(1, n, mem)
```

复杂度分析

● 时间复杂度：$O(n^3)$。枚举所有的状态需要 $O(n^2)$的时间复杂度，每一次枚举都需要 $O(n)$的时间复杂度。

● 空间复杂度：$O(n^2)$，状态一共有 n^2 个。

总结

博弈问题涵盖范围很广，想要深入研究需要掌握一定的博弈论基础。不过力扣（LeetCode）中的算法练习偏重实践，目的是让读者掌握和应用计算机学科涉及的基础算法，题库中相关的题目并不需要很深厚的博弈论专业知识，因此我们的题解并没有从纯博弈论的角度进行阐述。

针对力扣（LeetCode）的题目，如何对问题场景进行抽象，并利用基础算法思想编程实现是解题的关键。博弈问题往往涉及贪心、递归和动态规划等算法思想，具体算法我们重点介绍了极小极大化法。一般来说，力扣（LeetCode）中考查博弈问题的题目难度不会特别大。尽管它的一大特点是灵活多变——场景多变，题干丰富，但是万变不离其宗，理解掌握经典问题的解法，加强基础算法思想的训练，才是解决类似的问题的关键。

第 **13** 章

股票问题

力扣（LeetCode）上有许多有趣的"系列问题"，买卖股票的最佳时机系列问题就是其中之一。它包含了在难度上呈递进关系的 6 道题目，分别如下。

- 第 121 题买卖股票的最佳时机   难度级别：简单。
- 第 122 题买卖股票的最佳时机 II   难度级别：简单。
- 第 714 题买卖股票的最佳时机（含手续费）   难度级别：中等。
- 第 309 题买卖股票的最佳时机（含冷冻期）   难度级别：中等。
- 第 123 题买卖股票的最佳时机 III   难度级别：困难。
- 第 188 题买卖股票的最佳时机 IV   难度级别：困难。

每道题目包含一个类似股票交易复盘的场景，要求我们在已知某时间段内股票价格的情况下，根据不同的操作规则进行股票买卖以获得最大利润。

将抽象的知识应用到生活场景中是让人很有成就感的一件事，让我们由易到难，看一看如何利用各种算法思想做好买卖股票的最佳时机系列问题。

13.1　买卖股票的最佳时机

题目描述（第 121 题）

给定一个数组，它的第 i 个元素是一支给定股票第 i 天的价格。

如果最多只允许完成一笔交易（即买入/卖出一只股票），设计一个算法来计算你所能获取的最大利润。

注意：不能在买入股票前卖出股票。

示例 1

输入：[7,1,5,3,6,4]

输出：5

解释：第 2 天（股票价格＝1）买入，第 5 天（股票价格＝6）卖出，最大利润＝6-1＝5。

注意：利润不能是 7－1＝6，因为卖出价格需要大于买入价格。

示例 2

输入：[7,6,4,3,1]

输出：0

解释：在这种情况下，交易没有完成，所以最大利润为 0。

解法一　暴力法

思路

首先遇到的是最简单的情况，若只能交易一次如何获得最大收益？注意不能在买入股票前卖出股票。

简单场景通常有较为直观的解法，不能先卖后买意味着若想获利只能先买入股票，并在之后的某个交易日卖出，即利润取决于股票价格数组中靠后元素减去前边元素得到的差值；寻找最大利润的过程就是寻找最大差值，我们将所有差值都找到并进行比较，答案就在其中。

通过**双层循环**遍历价格数组。

● 　外层循环：每次遍历取出当前元素的值 prices[i]作为卖出价。

● 　内层循环：以卖出日期为界，取之前每日的价格 prices[j]作为潜在的买入价，计算价格差 max_diff，其最大值即为能够获得的最大利润。

代码

```
01 def maxProfit(self, prices: List[int]) -> int:
02     max_diff = 0
```

```
03      for i in range(1, len(prices)):
04          for j in range(0, i):
05              if prices[i] - prices[j] > max_diff:
06                  max_diff = prices[i] - prices[j]
07      return max_diff
```

复杂度分析

- 时间复杂度：$O(n^2)$，n 为 prices 数组的长度。

- 空间复杂度：$O(1)$。

解法二　暴力法优化

思路

上面的解法显然执行效率不高，使用双层循环意味着时间复杂度是**平方阶**的，存在优化的空间。

每次遍历，相对于比较当前价格与其前边的每个价格来寻找最大差值 max_diff，我们只需要对比前面出现过的那个**最小值**即可。

定义并使用变量 min_price 来保存遇到的最小价格，将循环内操作的时间复杂度降低至**常数阶**，算法的总体时间复杂度也就降至为 $O(n)$。

针对例子[7,1,5,3,6,4]，在第 2 天（股票价格 = 1）时买入，在第 5 天（股票价格 = 6）时卖出，最大利润为 6-1 = 5。

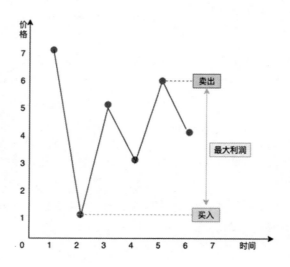

代码

```
01 class Solution:
02 def maxProfit(self, prices: List[int]) -> int:
03     max_diff = 0
04     min_price = float('inf')
05     for i in range(len(prices)):
06         if min_price > prices[i]:
07             min_price = prices[i]
08         max_diff = max(max_diff, prices[i] - min_price)
09     return max_diff
```

复杂度分析

- 时间复杂度：$O(n)$，n 为 prices 数组的长度。
- 空间复杂度：$O(1)$。

13.2 买卖股票的最佳时机II

题目描述（第 122 题）

给定一个数组，它的第 i 个元素是一支给定股票第 i 天的价格。

设计一个算法来计算所能获取的最大利润，你可以尽可能地完成更多的交易（多次买卖同一只股票）。

注意：不能同时参与多笔交易（你必须在再次购买前出售掉之前的股票）。

示例 1

输入：[7,1,5,3,6,4]

输出：7

解释：在第 2 天（股票价格=1）时买入，在第 3 天（股票价格=5）时卖出，这笔交易所能获得的利润=5-1=4。

随后，在第 4 天（股票价格=3）时买入，在第 5 天（股票价格=6）时卖出，这笔交易所能获得的利润=6-3=3。

示例 2

输入：[1,2,3,4,5]

输出：4

解释：在第 1 天（股票价格= 1）时买入，在第 5 天（股票价格= 5）时卖出，这笔交易所能获得的利润= 5-1 = 4。

注意：你不能在第 1 天和第 2 天接连购买股票，之后再将它们卖出。因为这样属于同时参与了多笔交易，你必须在再次购买前出售掉之前的股票。

示例 3

输入：[7,6,4,3,1]

输出：0

解释：在这种情况下，交易没有完成，所以最大利润为 0。

思路

将买卖的次数限制去掉，获取最大利润的策略又是什么样的呢？同样，这里也可以使用暴力法，但是如果遍历所有买卖的可能，所需计算次数将是接近日期数的阶乘，显然效率很低，我们需要更加合理的策略。

与上题类似，利润同样来自价格差，买入为前提条件，需要考量的应当是卖出的场景。

● 若差值为正，则操作获得利润。

● 若差值为 0 或为负，为了获得更多利润则不应该进行操作。

没有买卖次数限制，意味着能够不断操作，积累多次交易的利润；由于没有操作成本，我们可以每日兑现可能产生的利润，无须考虑后续交易日的情况；即使为兑现利润进行了卖出操作，观察到后一日价格更高也可以重新买入，相当于这一交易日没有进行交易，次日继续卖出不会产生利润损失。

基于上述分析，我们可以采用**贪心算法**。

● 假设在前一日买入。

● 仅关注兑现当前交易可能产生的利润，出现利润则卖出。

● 遍历所有交易日，利润的累加为最终利润。

针对例子[1,5,7,3,6,4]，我们应当在第 1 天和第 2 天、第 2 天和第 3 天，以及第 4 天和第 5 天分别进行 3 次买卖。

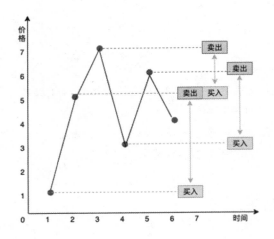

代码

```
01 class Solution:
02 def maxProfit(self, prices: List[int]) -> int:
03     if len(prices) <= 1:
04         return 0
05     max_profit = 0
06     for i in range(1, len(prices)):
07         if prices[i] - prices[i - 1] > 0:
08             max_profit += prices[i] - prices[i - 1]
09     return max_profit
```

复杂度分析

● 时间复杂度：$O(n)$，n 为 prices 数组的长度。

● 空间复杂度：$O(1)$。

13.3　买卖股票的最佳时机（含手续费）

题目描述（第 714 题）

给定一个整数数组 prices，其中第 i 个元素为第 i 天的股票价格；非负整数 fee 表示交易股票的手续费用。

你可以无限次地完成交易，但是每次交易都需要付手续费。如果你已经购买了一只股票，在卖出它之前你就不能再继续购买股票了。

返回获得利润的最大值。

示例 1

输入：prices = [1, 3, 2, 8, 4, 9]，fee = 2

输出：8

解释：

> 能够达到的最大利润：
>
> 在此处买入　prices[0] = 1
>
> 在此处卖出　prices[3] = 8
>
> 在此处买入　prices[4] = 4
>
> 在此处卖出　prices[5] = 9
>
> 总利润：((8−1)−2)+((9−4)−2) = 8

注意

- 0 < prices.length ≤ 50000。
- 0 < prices[i] < 50000。
- 0 ≤ fee < 50000。

解法一　动态规划

思路

如果每次交易都需要付手续费呢？情况就变得更复杂了。

高频买入/卖出股票虽然比较理想，但考虑到交易成本，不必要的买入/卖出会使我们损失利润。累加利润的贪心算法较为简单，主要受益于对状态（我们把能够获得不同收益的情况记为一个状态）的忽略，手续费的存在使我们不得不跨阶段（日期）考虑得失。

情况虽然复杂了一些，不过将状态记录下来作为后续决策的参考，交易过程合理取舍并维护状态变化，我们依然能够一步步推演得到答案。

像这样求最优解的问题适合使用**动态规划**算法来解决。如果你完全不知道什么是动态规划，没有关系，可以跟着解题思路慢慢理解，看完依然困惑的读者建议先学习动态规划的基础知识（参见第 10 章动态规划）。相信接下来的内容，能够帮助你更好地理解与使用动态规划算法。

模型和特征

对于动态规划类问题，我们可以通过 3 个问题对题目进行基本的分析拆解。

1. 问题是否分阶段，**阶段是什么**？

这一点通常不难，此题中每一天的交易都对应不同的阶段。

2. 与问题的最优解有关的**子问题是什么**？

交易收益是逐渐累加的，总体最佳收益等价于最后一次交易的最佳收益；最后一次交易收益状态取决于其前面交易（若存在的话）的收益，依此类推，我们应当关注的子问题是每一阶段可执行的决策所对应的累计收益。

3. 透过不同阶段、最优解和子问题，我们应当关注（计算和记录）的**状态**具体是什么？

这一点最为重要。对状态的选择和定义往往决定解题的成败，记录状态的数据结构也将直接影响算法的执行效率。

拆解本题所遇到的场景，每一个阶段可进行的决策有 3 个：**买入**、**卖出**、**不交易**，我们可以将决策对收益的影响，即不同决策对应的不同收益记录为状态。

定义状态 buy[i] 和 sell[i]，表示在第 i 天最近一次操作为买入（或不交易）和卖出（或不交易）股票可以获得的（累计）最佳收益。

根据交易规则并不是任何一天都必须进行买或卖，且不交易并不会改变收益，因此不交易这个决策所对应的收益是能够体现在买入或卖出所产生的状态里的，这里我们不再记录不交易 wait[i] 所对应的状态。

状态转移

每次交易都需要付手续费，买入加卖出代表完成一次交易，这里不妨假定买入免费，卖出收费。

根据"如果已经购买了一只股票，那么卖出之前不能再继续购买股票"可知：

● 卖出前必须有买入；

● 除第一次外，其他买入前都必须有卖出。

基于上述条件，对于 buy[i]，第 i 日的收益有两种情况。

- 什么也不做。收益等同于昨日最近一次操作为买入的收益 buy[i - 1]。

- 买入。收益等于最近一次操作为卖出的收益减去买入本日股票的花费 sell[i - 1] - prices[i]。

我们只关注**最优解**，所以对比两种情况，取两者中较大的值记为 buy[i]: max(buy[i - 1], sell[i - 1] - prices[i])。

针对卖出状态 sell[i]，第 i 日的收益也有两种情况。

- 什么也不做。收益等同于前一日卖出的收益 sell[i - 1]。

- 卖出。收益等同于前一日买入状态对应收益加上卖出股票的收益再减去手续费 buy[i - 1] + prices[i] – fee。

取两者中较大的值，记为 sell[i]: max(buy[i - 1] + prices[i] - fee, sell[i - 1])。

排除只有一个交易日的特殊情况，从**第 2 个交易日**开始，参照上述计算方式得到每一阶段的状态转移表，最后一次卖出所能获得的最佳收益 sell[-1] 即为最终最佳收益。

为什么最终取 sell 状态而不是 buy 状态呢？因为根据定义及买卖逻辑可知：

- 对于第 i 日，最近一次操作为买入的收益不可能大于其前面最近一次操作为卖出的收益，如第 i - x 日的收益，因为买入本身减少收益，故 buy[i] <= sell[i - x]。

- 对于第 i 日，最近一次操作为卖出的收益不可能小于其前面最近一次操作为卖出的收益，同样是第 i - x 日的收益，最差的情况是不进行买卖，故 sell[i] >=sell[i -x]。

因此有 sell[i] >= buy[i]。

综上所述，我们便得到了下面的代码。

```
01 class Solution:
02 def maxProfit(self, prices: List[int], fee: int) -> int:
03     if len(prices) <= 1:
04         return 0
05     buy, sell = [0] * len(prices), [0] * len(prices)
06     buy[0] = -prices[0]
07     for i in range(1, len(prices)):
08         buy[i] = max(buy[i - 1], sell[i - 1] - prices[i])
09         sell[i] = max(buy[i - 1] + prices[i] - fee, sell[i - 1])
10     return sell[-1]
```

复杂度分析

- 时间复杂度：$O(n)$，n 为 prices 数组的长度。

- 空间复杂度：$O(n)$，n 为 prices 数组的长度。

小结

尽管分析过程较为复杂，动态规划算法的具体实现却往往并不难，一旦确定了状态转移表或状态转移方程，编写代码可谓水到渠成。

在动态计算的过程中，某个状态的最优解，或者说局部最优解并不一定会被采纳。这也是动态规划与贪心算法的最大区别：贪心选择性是指**通过局部最优的选择，能产生全局的最优选择**，每个阶段我们都选择当前最优策略，在所有阶段决策完成后，这些局部最优解将构成全局最优解。

但动态规划问题要更"理性"，需要遵循题目的规则并依赖对状态的保存和计算，做出**可能非局部最优但是全局最优**的选择。如此题中适时选择 buy[i]，尽管从局部或单阶段分析其值必然更小，但下一阶段的 sell[i+1]的收益会因为有 buy[i]的记录而变得可以计量；又如初始化特殊情况，最近一次操作为买入的状态 buy[0] = -prices[0]。

动态规划的局部最优体现在对某一状态不同路径的选择上，如对第 i 日最近一次操作为买入的收益进行计算：buy[i] = max(buy[i - 1], sell[i - 1] - prices[i])，在这里应当选择两者中最优的那一个，因为这一选择并不会对后面的状态产生影响。一般我们把这种性质称为**无后效性**。

解法二　动态规划优化

思路

观察上面的解法，每次计算用到的被记录状态都是 buy[i - 1]、sell[i - 1]，即第 i 天的状态总是且仅依赖第 i-1 天的状态值，我们可以据此做出优化：压缩状态的维度，用常数个变量代替长度为 n 的线性存储结构，空间复杂度由 $O(n)$ 降至 $O(1)$，在提高存储效率的同时也因为数据结构的优化提高了执行效率。

换一个角度从逻辑层面分析，每次决策考虑的因素除当前股价外，还受且仅受**最近一次交易（上一次买或上一次卖）**收益或者说状态的影响，使用两个常量 pre_buy、pre_sell 即可记录。

解法的计算过程维持不变，我们可以得到优化后的代码。

```
01 class Solution:
02 def maxProfit(self, prices: List[int], fee: int) -> int:
03     if len(prices) <= 1:
04         return 0
05     pre_buy = -prices[0]
```

```
06    pre_sell = 0
07    for i in range(1, len(prices)):
08        buy = max(pre_buy, pre_sell - prices[i])
09        sell = max(pre_buy + prices[i] - fee, pre_sell)
10        pre_buy = buy
11        pre_sell = sell
12    return pre_sell
```

复杂度分析

- 时间复杂度：$O(n)$，n 为 prices 数组的长度。
- 空间复杂度：$O(1)$。

13.4 买卖股票的最佳时机（含冷冻期）

题目描述（第 309 题）

给定一个整数数组，其中第 i 个元素为第 i 天的股票价格。

设计一个算法计算出最大利润。在满足以下约束条件的前提下，你可以尽可能地完成更多的交易（多次买卖一只股票）。

- 不能同时参与多笔交易（你必须在再次购买前出售掉之前的股票）。
- 卖出股票后，无法在第 2 天买入股票（即冷冻期为 1 天）。

示例

输入：[1,2,3,0,2]

输出：3

解释：对应的交易状态为[买入，卖出，冷冻期，买入，卖出]。

解法一 动态规划

思路

与前面的 3 道题相比，此题题干理解起来难度稍大。除了主动选择等待，卖出操作还将带来被动的无法交易状态，即一天的冷冻期。

经过前面题目的学习，相信此时你应该已经有了一些思路。

● 此题场景与上题相比，状态的记录区别不大，因为可选操作种类和最优解期望没变。

● 状态转移的过程因为被动情况的影响应该会产生变化。

直接来看状态转移，与上一题一致，定义状态 buy[i] 和 sell[i] 表示在第 i 天最近一次操作为买入和卖出股票可以获得的（累计）最佳收益。

对于买入状态 buy[i]，第 i 日的收益有两种情况。

● 什么也不做。收益与昨日同状态相同，即 buy[i - 1]。

● 买入。收益等于最近一次卖出收益减去买入当日股票的花费；由于存在冷冻期，若想于第 i 日买入则第 i-1 日不能进行卖出操作，因此最近一次卖出状态应参照 sell[i - 2]，收益计算规则变为 sell[i - 2] - prices[i]。

取两者中较大的值记为 buy[i]: max(sell[i - 2] - prices[i] , buy[i - 1])。

针对卖出状态 sell[i]，第 i 日的收益也有两种情况。

● 什么也不做。收益等同于前一日卖出的收益 sell[i - 1]。

● 卖出。收益等于前一日买入状态对应收益加上卖出股票的收益，即 buy[i - 1] + prices[i]。

取两者中较大的值记为 sell[i]: max(buy[i - 1] + prices[i],sell[i - 1])。

与上题类似，同时为了适应冷冻期的计算规则，我们从**第 3 个交易日开始**（将第 2 日的情况单独处理），参照上述计算规则得到每一阶段的状态转移表，最后一次卖出所能获得的最佳收益 sell[-1]，即为最终最佳收益。

代码

```
01 class Solution:
02 def maxProfit(self, prices: List[int]) -> int:
03     if len(prices) <= 1:
04         return 0
05     buy, sell = [0] * len(prices), [0] * len(prices)
06     buy[0] = -prices[0]
07     buy[1] = max((0 - prices[1]), buy[0]) # 单独处理第 2 日的情况
08     sell[1] = max((buy[0] + prices[1]), sell[0]) # 单独处理第 2 日的情况
09     for i in range(2, len(prices)):
10         buy[i] = max((sell[i - 2] - prices[i]), buy[i - 1])
```

```
11 |     sell[i] = max((buy[i - 1] + prices[i]), sell[i - 1])
12 |   return sell[-1]
```

复杂度分析

- 时间复杂度：$O(n)$，n 为 prices 数组的长度。
- 空间复杂度：$O(n)$，n 为 prices 数组的长度。

解法二　动态规划优化

思路

优化思路是否与上题接近呢？答案是肯定的，同样采用压缩状态的维度的方法，使用 s0、s1、s2 来表示当前 sell[i]、上一日 sell[i - 1]、两日前 sell[i - 2] 最后操作为卖出操作的收益状态，使用 b0、b1 来表示当前 buy[i]、上一日 buy[i - 1] 最后操作为买入操作的收益状态，得到空间复杂度为 $O(1)$ 的下述解法。

代码

```
01 | class Solution:
02 | def maxProfit(self, prices: List[int]) -> int:
03 |   if len(prices) <= 1:
04 |     return 0
05 |   b0 = -prices[0]
06 |   b1 = b0
07 |   s0, s1, s2 = 0, 0, 0
08 |   for i in range(0, len(prices)):
09 |     b0 = max(b1, s2 - prices[i])
10 |     s0 = max(s1, b0 + prices[i])
11 |     s2 = s1
12 |     s1 = s0
13 |     b1 = b0
14 |   return s0
```

复杂度分析

- 时间复杂度：$O(n)$，n 为 prices 数组的长度。
- 空间复杂度：$O(1)$。

13.5 买卖股票的最佳时机IV

题目描述（第 188 题）

给定一个数组，它的第 i 个元素是一支给定的股票在第 i 天的价格。

设计一个算法来计算所能获取的最大利润，最多可以完成 k 笔交易。

注意： 不能同时参与多笔交易（你必须在再次购买前出售掉持有的股票）。

示例 1

输入：[2,4,1]，k = 2

输出：2

解释：在第 1 天（股票价格 = 2）时买入，在第 2 天（股票价格 = 4）时卖出，这笔交易所能获得的利润 = 4-2 = 2。

示例 2

输入：[3,2,6,5,0,3]，k = 2

输出：7

解释：在第 2 天（股票价格 = 2）时买入，在第 3 天（股票价格 = 6）时卖出，这笔交易所能获得的利润 = 6-2 = 4。

随后，在第 5 天（股票价格 = 0）时买入，在第 6 天（股票价格 = 3）时卖出，这笔交易所能获得的利润 = 3-0 = 3。

解法一 动态规划

思路

聪明的读者可能注意到了，我们直接跳跃到了买卖股票的最佳时机 IV，买卖股票的最佳时机 III 哪儿去了呢？不用担心，作者没有打算"留一手"，股票系列的 6 道问题是有共性的，本题是最泛化的形式，而其他的问题都可以由本题变化得到。买卖股票的最佳时机 III 实际上是买卖股票的最佳时机 IV 的一个特例，它把问题固定在了 k 为 2 这一条件下。只要解决了买卖股票的最佳时机 IV,解决所有类似的变种问题就都不在话下了。

先来分析题干，最多可以完成 k 笔交易，意味着与不限次数的买卖时一些利润可能会被选择性舍弃相比，我们需要在动态分隔的交易日中将"合起来最赚钱"的 k 对买卖收益收入囊中。

不能同时参与多笔交易（必须在再次购买前出售掉之前的股票）增加了买卖日期选择的复杂性，它意味着买卖操作会将交易日"割裂"，买卖必须交替出现，上一次交易会对后续交易产生影响。

若交易之间没有冲突，那么我们可以尽量追求低买高卖；一旦后续有新的交易跟随，就需要考虑是否应当更早卖出以便后续交易可以有更好的买入价格，最终使两次交易的收益之和最高。以此类推，对于第 k 次交易机会，第 k-1 次交易的各阶段状态将是策略选择的关键依据。

应当如何简洁地处理这种收益的前后关联关系呢？我们可以将**上一次交易的收益纳入本次交易的成本**来考虑，即在第 i 天进行第 k 笔买入的成本等于当日股票价格 prices[i] 减去第 k-1 次在第 j 日卖出获得的收益（j <= i-1），此差值越小，即买入价格越低或卖出收益越多，则综合成本越小，收益越高；每一次交易的最优解计算，与我们的初始问题一有些相像。

下面来做状态及状态转移分析，使用二维数组 dp[k,i] 表示在可以完成 k 次交易的情况下，第 i 天（阶段）的最佳收益。

基于分析阶段的推演，对于 dp[k,i]：

● 若在第 i 天进行卖出操作，那么其收益为 prices[i]- (prices[j]-dp[k-1,j - 1])，其中 j <= i - 1。

● 若第 i 天不进行交易，则收益为 dp[k,i-1]。

据此得到状态转移方程 dp[k,i] = max(dp[k,i-1], prices[i]- (prices[j]-dp[k-1,j-1]))，j= 0…i。为方便计算，我们使用 dp[0][i] 表示 0 次交易的收益表，其值显然都为 0；使用 dp[1][i] 表示交易 1 次对应的收益表，因此 dp 数组的维度为（k+1）* len(prices)。

每一阶段通过遍历寻找最小"综合成本"min_price = min(min_price, prices[j] - dp[i - 1][j - 1])，来计算维护收益状态 dp[i][j]，最终得到最优收益 dp[-1][-1]。

代码

```
01  class Solution:
02  def maxProfit(self, k: int, prices: List[int]) -> int:
03      if len(prices) <= 1:
04          return 0
05      dp = []
```

```
06    for i in range(0, k + 1):
07        dp.append([0] * len(prices))
08    for i in range(1, k + 1):
09        min_price = prices[0]
10        for j in range(1, len(prices)):
11            min_price = min(min_price, prices[j] - dp[i - 1][j - 1])
12            dp[i][j] = max(dp[i][j - 1], prices[j] - min_price)
13    return dp[k][len(prices) - 1]
```

复杂度分析

- 时间复杂度：$O(kn)$，n 为 prices 数组的长度，k 为可以进行的交易次数。
- 空间复杂度：$O(kn)$，n 为 prices 数组的长度，k 为可以进行的交易次数。

动态规划优化

思路

通过复杂度分析发现，算法的时间和空间复杂度会受到可进行交易的次数 k 的影响，当 k 值很大时算法效率甚至可能劣于平方阶；基于股票交易的规则，在 n 日内，可以进行的最大股票买卖对数为 n/2，即当 k 值大于 n/2 时，等价于获得了"不限次数"交易的能力，此时问题简化为前边已经解决过的买卖股票的最佳时机 II。

观察记录状态的二维数组，与前面分析过的题目类似，交易轮次 i 只与前面一次的交易 i-1 相关，并不需要全部存储，因此我们可以将二维数组压缩至一维，对于第 k 次交易，只需要一个变量储存交易过程中相邻的状态就足够了。

基于上述分析我们得到了最终优化后的代码，如下所示。

```
01  class Solution:
02  def maxProfit(self, k: int, prices: List[int]) -> int:
03      if len(prices) <= 1:
04          return 0
05      if k > len(prices) / 2 + 1:
06          max_profit = 0
07          for i in range(1, len(prices)):
08              if prices[i] - prices[i - 1] > 0:
09                  max_profit += prices[i] - prices[i - 1]
10          return max_profit
11      min_price, dp = [prices[0]] * (k + 1), [0] * (k + 1)
12      for i in range(1, len(prices)):
```

```
13        for j in range(1, k + 1):
14            min_price[j] = min(min_price[j], prices[i] - dp[j - 1])
15            dp[j] = max(dp[j], prices[i] - min_price[j])
16     return dp[k]
```

复杂度分析

n 为 prices 数组的长度。

- 当 $k \leq n/2+1$ 时，时间复杂度为 $O(kn)$，空间复杂度为 $O(k)$。

- 当 $k > n/2+1$ 时，时间复杂度为 $O(n)$，空间复杂度为 $O(1)$。

总结

以上就是股票系列的所有问题，题目难度逐步提高，希望你可以循序渐进地理解解题思路。我们先后使用了暴力法、贪心法和动态规划等多种算法，相信你对算法适用场景和解题思路的掌握已经更进了一步。暴力法和贪心法通常能够快速解决简单的问题；动态规划算法通常效率较高，适应性也最强，当然相对来说对解题者的解题经验要求也更高。

后面的两节都使用了动态规划算法，但具体来看解题思路又有所不同。它们的区别在于对状态的抽象，以及随之确定的解题条件和适用范围。有时同一套算法框架可以作为模板解决更广范围内的问题，例如 13.5 节中的解法，可以拿来解决前面的所有问题。又如针对 13.4 节的问题，使用数组 dp[i] 表示第 i 天（阶段）的最佳收益，借助将上一次交易的收益纳入本次交易的成本的思路，可以得到状态转移方程 dp[i]=max(dp[i-1], price[i]- (price[j]-dp[j-1]))，其中 j = 0⋯i-1，进而得到下面的算法实现。

```
01 class Solution:
02 def maxProfit(self, prices: List[int]) -> int:
03     if len(prices) <= 1:
04         return 0
05     dp = [0] * (len(prices)+1)
06     min_price = prices[0]
07
08     for i in range(1, len(prices)):
09         min_price = min(min_price, prices[i] - dp[i - 1])
10         dp[i + 1] = max(dp[i], prices[i] - min_price)
11     return dp[-1]
```

由此可见，许多算法题目尤其是难度较高的问题通常会有不同的解法。解题时不仅可以利用不同的算法思想实现多种解法，有时从同样的算法思想出发，也可能得到大相径庭的解题思路，这种灵活性正是算法的魅力所在，因此，一方面，我们不必为自己没有想到特定的某种算法实现而苦恼，另一方面我们要懂得多练习，解每道题都多思考，刷起题来才会事半功倍。

在算法优化方面，针对平方阶算法，由于通常必须至少遍历数据一次，**无法省略最外层循环**，优化重点应考虑是否能够**降低内层操作的时间复杂度**，无论是优化到对数阶还是常数阶，算法的效率都会有相当可观的提高。

第 **14** 章

分治法

在计算机科学中，分治法是一种很重要的算法，属于五大常用算法之一。其字面意思是"分而治之"，具体可以分为 3 个步骤。

● "分"指的是将一个复杂的问题分成多个性质相同但规模更小的子问题，而子问题同样能够继续分解直到能够被解决。

● "治"指的是对子问题分别进行处理。

● "合"就是将子问题的解进行合并，从而得到原问题的解。

与动态规划一样，分治法很大程度上也基于递归的思想，两者的区别在于动态规划分解后的子问题是有重复的（重叠子问题性质），而分治法的子问题通常不会重复。

因此，分治法所能解决的问题一般具有以下几个特征。

1. 问题的规模缩小到一定程度后可以被很容易地解决。

2. 问题可以分解为若干个规模较小的相同性质的问题。

3. 问题的解等于子问题解的合并。

4. 问题分解的各个子问题相互独立，没有重复。

上述前 3 点决定了问题能否通过分治法来解决。而最后一点涉及分治法的效率，原因在于如果各个子问题不相互独立，则会产生重复的工作，此时虽然可以使用分治法，但使用动态规划效率会更高。

下面我们列出常见的可以使用分治法的经典问题。

● 二分搜索。

- 大整数的乘法。

- strassen 矩阵乘法。

- 棋盘覆盖问题。

- 归并排序和快速排序。

- 最接近点对问题。

- 汉诺塔问题。

在力扣（LeetCode）中，使用分治法的题目并不算多，但是仍然有几道经典的题目可以帮助我们理解分治法的"套路"。

14.1　合并 *k* 个排序链表

题目描述（第 23 题）

合并 *k* 个排序链表，返回合并后的排序链表，请分析和描述算法的复杂度。

示例

输入：

```
[
    1→4→5,
    1→3→4,
    2→6

]
```

输出：1→1→2→3→4→4→5→6

解法一　逐一两两合并

思路

本章开头我们提到了归并排序是常用的分治法"套路"，它被用来将无序的数据处理成有序的数据。在基本的归并排序算法中有 3 类操作。

- 分解操作：将数据的给定范围从中间分成两部分（两个子问题）。
- 解决子问题操作：在子问题范围内递归调用自身。
- 合并操作：将已各自有序的两部分合并。

仔细观察的话，我们会发现归并排序的合并操作和题目的要求非常类似，而合并 k 个有序链表就是进行 $k-1$ 次两个有序链表的合并操作。

两个有序链表的合并在力扣（LeetCode）中有原题，即第 21 题合并两个有序链表（见参考链接/正文[16]）。

这里我们直接给出两两合并的递归公式：

$$\text{merge}\left(\text{list}_1, \text{list}_2\right) = \begin{cases} \text{list}_1[0] + \text{merge}\left(\text{list}_1[1:], \text{list}_2\right), & \text{list}_1[0] < \text{list}_2[0] \\ \text{list}_2[0] + \text{merge}\left(\text{list}_1, \text{list}_2[1:]\right), & \text{list}_1[0] \geqslant \text{list}_2[0] \end{cases}$$

对于递归思想来讲，重要特征有两个。

- 自我调用。用来解决子问题，如上面递归公式中的 $\text{merge}\left(\text{list}_1[1:], \text{list}_2\right)$。
- 终止条件。定义了最简单的子问题，在这里就是 list_1 或 list_2 为空，直接返回另外一个。

下面直接给出两两合并的代码。

```python
def mergeTwoLists(self, l1: ListNode, l2: ListNode) -> ListNode:
    if l1 is None:
        return l2
    if l2 is None:
        return l1
    if l1.val < l2.val:
        l1.next = self.mergeTwoLists(l1.next, l2)
        return l1
    l2.next = self.mergeTwoLists(l1, l2.next)
    return l2
```

在这里，需要强调一个写递归算法的重要技巧：明白一个函数的作用，并且要相信它能够完成任务，千万不要试图跳入细节。

另外，还可以将上述递归写法改成迭代写法。这样做的好处在于可以改善算法的空间复杂度，由 $O(n+m)$（这里是最坏空间复杂度）优化到 $O(1)$，这里 n 和 m 是 list_1 和 list_2 的节点个数。

```python
def mergeTwoLists(self, l1: ListNode, l2: ListNode) -> ListNode:
```

```
02
03      sentinel = ListNode(-1)  # 哨兵节点
04
05      curr = sentinel
06      while l1 and l2:
07          if l1.val <= l2.val:
08              curr.next = l1
09              l1 = l1.next
10          else:
11              curr.next = l2
12              l2 = l2.next
13          curr = curr.next
14
15      curr.next = l1 if l1 is not None else l2
16
17      return sentinel.next
```

有了两个有序链表的合并算法，那么 k 个有序链表的两两合并算法就显而易见了。下面来看一下完整的代码。

```
01  from typing import List
02  # Definition for singly-linked list.
03  class ListNode:
04      def __init__(self, x):
05          self.val = x
06          self.next = None
07
08
09  class Solution:
10      def mergeKLists(self, lists: List[ListNode]) -> ListNode:
11          def mergeTwoLists(l1: ListNode, l2: ListNode) -> ListNode:
12
13              sentinel = ListNode(-1)   # 哨兵节点
14
15              curr = sentinel
16              while l1 and l2:
17                  if l1.val <= l2.val:
18                      curr.next = l1
19                      l1 = l1.next
20                  else:
21                      curr.next = l2
22                      l2 = l2.next
23                  curr = curr.next
```

```
24
25        curr.next = l1 if l1 is not None else l2
26
27        return sentinel.next
28
29    if not lists:
30        return None
31    l = lists[0]
32
33    for i in range(1, len(lists)):
34        l = mergeTwoLists(l, lists[i])
35
36    return l
```

复杂度分析

● 时间复杂度：$O(kn)$，n 是 k 个链表的节点总个数。已知我们可以在 $O(m)$ 的时间内合并两个有序链表，这里假设 m 是两个链表的总长度，并假设每个链表的长度都是 $\dfrac{n}{k}$（这种情况的时间复杂度推导可以推广到一般情况），那么总时间复杂度为 $O\left(\displaystyle\sum_{i=1}^{k-1}\left(i\times\left(\dfrac{n}{k}\right)+\dfrac{n}{k}\right)\right)=O(kn)$。

● 空间复杂度：如果 mergeTwoList 采用迭代写法，那么总的空间复杂度为 $O(1)$；如果 mergeTwoList 采用递归写法，那么最坏的空间复杂度为 $O(n)$（调用栈的大小），n 是 k 个链表的节点总个数。

解法二　分治法

思路

仔细观察会发现，解法一中先遍历到的链表会被重复处理很多次，如 $list_0$ 中的每个节点会被遍历比较 $k-1$ 次，$list_1$ 中的每个节点会被遍历比较 $k-2$ 次，这些重复操作是可以被优化的。

将问题本身看作对链表进行排序，k 个有序链表其实就是 k 个已经处理好的子问题，接下来的操作是将它们合并。

● 将 k 个链表进行两两配对并合并。一轮过后 k 个链表被合并成 $k/2$ 个链表。这里如果 k 为奇数，则将最后一个链表单独作为一对，不处理。

● 重复上述过程，得到最终的有序链表总共发生 $\log_2 k$ 轮合并操作。

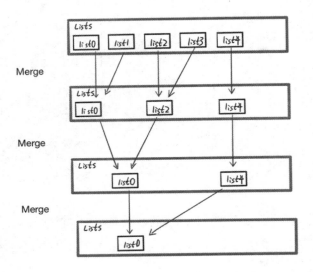

代码

```
01  from typing import List
02  # Definition for singly-linked list
03  class ListNode:
04      def __init__(self, x):
05          self.val = x
06          self.next = None
07
08
09  class Solution:
10      def mergeKLists(self, lists: List[ListNode]) -> ListNode:
11          def mergeTwoLists(l1: ListNode, l2: ListNode) -> ListNode:
12
13              sentinel = ListNode(-1)   # 哨兵节点
14
15              curr = sentinel
16              while l1 and l2:
17                  if l1.val <= l2.val:
18                      curr.next = l1
19                      l1 = l1.next
20                  else:
21                      curr.next = l2
22                      l2 = l2.next
23                  curr = curr.next
```

```
24
25          curr.next = l1 if l1 is not None else l2
26
27          return sentinel.next
28
29      amount = len(lists)
30      interval = 1
31      while interval < amount:
32          for i in range(0, amount - interval, interval * 2):
33              lists[i] = mergeTwoLists(lists[i], lists[i + interval])
34          interval *= 2
35      return lists[0] if amount > 0 else lists
```

复杂度分析

● 时间复杂度：$O(n\log k)$，n 是 k 个链表的总节点个数，推导过程同解法一。

● 空间复杂度：$O(1)$。

到这里，我们基本明白了分治法的合并操作是如何具体应用到题目中的。另外，本题也可以通过优先队列思路来解决，时间复杂度同样是 $O(n\log k)$，在这里不做详细介绍，具体可以参考本书官方网站提供的代码。

14.2　数组中的第 k 个最大元素

题目描述（第 215 题）

在未排序的数组中找到第 k 个最大的元素。请注意，你需要找的是数组排序后的第 k 个最大的元素，而不是第 k 个不同的元素。

示例 1

输入：[3,2,1,5,6,4] 和 k = 2

输出：5

示例 2

输入：[3,2,3,1,2,4,5,5,6] 和 k = 4

输出：4

说明：你可以假设 k 总是有效的，且 $1 \leqslant k \leqslant$ 数组的长度。

解法一 排序

思路

寻找数组中的第 k 大元素这个问题，隐含着一重深意：在未排序数组中寻求某种有序性，因此，最直观的想法是对数组进行降序排序，然后取数组的第 k 个元素。

这里直接使用编程语言自带的排序库函数。

```
01  class Solution:
02      def findKthLargest(self, nums: List[int], k: int) -> int:
03          nums.sort() # 将元素进行升序排序
04          return nums[-k]
```

复杂度分析

- 时间复杂度：取决于库函数 sort 的实现方式，一般为 $n\log n$，n 是数组的长度。
- 空间复杂度：取决于库函数 sort 的实现方式。

很明显，解法一将数组全部进行排序的代价过大。题目只要求第 k 大元素，不需要其他元素都有序。

有经验的读者应该可以想到使用堆的思路。因为堆是一种部分有序，并且能够在 $O(1)$ 时间内获取最大或最小值的数据结构。我们在遍历数组的过程中维护一个大小为 k 的最大堆，在遍历结束后堆顶元素即是第 k 大元素。这种解法因为和本章主题不符不再进行详细介绍，具体可以查看本书官方网站提供的代码。

解法二 分治法：快速选择

思路

在计算机科学中，快速选择（quick select）作为一种在无序列表中获得第 k 小元素的选择算法，是分治思想的经典应用之一。它和快速排序（quick sort）算法一样，都来自 Tony Hoare，因此也被称为 Hoare's selection algorithm。我们知道快速排序算法在实践中拥有非常好的平均性能，很多工业界的排序算法都有其身影（比如各种高级编程语言官方库中的排序方法）。与快速排序算法思想相近的快速选择算法及其变种，同样拥有非常好的平均性能，但缺点也是类似的，即该算法在最坏情况下性能很差。

回归到题目，求第 k 大元素可以直接转换成求第 $n-k+1$ 小的元素，这里的 n 是数组的大小，也就是说我们可以在这里使用快速选择算法。

快速选择算法和快速排序算法共用了 partition 子过程，也就是分治法中的分解操作。而两者之间的区别在于，快速排序算法会将问题划分为两个子问题分开递归解决，其只需要递归处理一个子问题即可。

快速选择算法的逻辑很简单，如下所示。

1. 随机选择一个 pivot（支点）。

2. 使用 partition 子过程将 pivot 放在数组中合适的位置，将其设为 pos。partition 的作用就是将小于 pivot 的元素移到左边，大于或等于 pivot 的元素移到右边。

➢ partition 之后，我们先判断 pos 是否是想要的结果，如果是，则直接得到答案（这里也是上面讲述分治法时提到的可以直接求解的最简单子问题）。

➢ 如果不是，判断答案是在 pos 的左边还是右边，然后在新的范围中重复步骤 1 和 2。这就是将问题拆分成子问题，并对子问题进行递归处理的过程。

这里随机选择一个 pivot 是为了尽量降低快速选择算法中最坏情况发生的可能性。另外一种技巧是随机化打乱数组的预处理。

下面具体介绍一下 partition 子过程。通常来讲，有两种 partition 方式：Lomuto partition 和 Hoare partition。

对于 Lomuto partition，思路如下。

```
01  algorithm partition(A, lo, hi) is
02      pivot := A[hi] // 这里为了简化代码，pivot 直接选取了最右边的元素
03                     // 在实际开发中，会随机选择 pivot
04      i := lo
05      for j := lo to hi do
06          if A[j] < pivot then
07              swap A[i] with A[j]
08              i := i + 1
09      swap A[i] with A[hi]
10      return i
```

而 Hoare partition 是我们实际使用的方式，思路如下。

```
01  algorithm partition(A, lo, hi) is
02      pivot := A[⌊(hi + lo) / 2⌋] // 这里为了简化代码，pivot 直接选取了中间元素
03                                  // 在实际开发中，会随机选择 pivot
04      i := lo - 1
05      j := hi + 1
```

```
06 |   loop forever
07 |     do
08 |        i := i + 1
09 |     while A[i] < pivot
10 |     do
11 |        j := j - 1
12 |     while A[j] > pivot
13 |     if i >=序号2 j then
14 |        return j
15 |     swap A[i] with A[j]
```

对于上述两种 partition 方法，Hoare partition 性能更加优秀。因为平均而言，Hoare partition 的 swap 次数将减少为原来的 1/3，并且 Hoare partition 在处理存在很多重复元素时有更好的性能。

了解了 partition 子过程，整个算法就不难实现了，代码如下。

```
01 | from typing import List
02 | import random
03 |
04 | class Solution:
05 |     def findKthLargest(self, nums: List[int], k: int) -> int:
06 |         return self.select(nums, 0, len(nums) - 1, len(nums) - k)
07 |
08 |     def select(self, nums: List[int], left: int, right: int,
09 |                k_smallest: int) -> int:
10 |         if left == right:
11 |             # 如果只有 1 个元素，则最左边的元素即是答案
12 |             return nums[left]
13 |         # 随机获取一个 [left, right] 范围的整数
14 |         pivot_index = random.randint(left, right)
15 |         # 根据 pivot = nums[pivot_index] 进行划分，得到新的 pivot_index
16 |         #此时 pivot_index 左边的元素都小于或等于 pivot，右边的元素都大于或等于 pivot
17 |         pivot_index = self.partition(nums, left, right, pivot_index)
18 |         if k_smallest == pivot_index:
19 |             # 如果此时 n - k == pivot_index，表示我们已经找到第 n-k+1 小的元素
20 |             # 即第 k 大元素，这也是前面所说的可以直接解决的子问题
21 |             return nums[k_smallest]
22 |         elif k_smallest < pivot_index:
23 |             return self.select(nums, left, pivot_index - 1, k_smallest)
24 |         else:
25 |             return self.select(nums, pivot_index + 1, right, k_smallest)
26 |
```

```
27      def partition(self, nums: List[int], left: int, right: int,
28                    pivot_index: int):
29          i = left
30          j = right + 1
31          pivot = nums[pivot_index]
32          nums[pivot_index], nums[left] = nums[left], nums[pivot_index]
33
34          while True:
35              while True:
36                  i += 1
37                  if i == right or nums[i] >= pivot:
38                      break
39              while True:
40                  j -= 1
41                  if j == left or nums[j] <= pivot:
42                      break
43              if i >= j:
44                  break
45              nums[i], nums[j] = nums[j], nums[i]
46          nums[left], nums[j] = nums[j], nums[left]
47          return j
```

复杂度分析

● 时间复杂度：在最好情况下为 $O(n)$，在最坏情况下为 $O(n^2)$。

● 空间复杂度：为函数调用栈的大小，在最好情况下为 $O(1)$，在最坏情况下为 $O(n)$。

上面代码中 select 方法是尾递归，熟悉本章内容的读者应该已经猜到我们可以将其转换成迭代的写法。

```
01  class Solution:
02      def findKthLargest(self, nums: List[int], k: int) -> int:
03          return self.select(nums, 0, len(nums) - 1, len(nums) - k)
04
05      def select(self, nums: List[int], left: int, right: int,
06                 k_smallest: int) -> int:
07          while left < right:
08              pivot_index = random.randint(left, right)
09              pivot_index = self.partition(nums, left, right, pivot_index)
10              if k_smallest == pivot_index:
11                  return nums[k_smallest]
12              elif k_smallest < pivot_index:
13                  right = pivot_index - 1
```

```
14          else:
15              left = pivot_index + 1
16
17      if left == right:
18          return nums[left]
19
20  # partition 方法与上面的思路一致，这里就不重复了
```

复杂度分析

- 时间复杂度：在最好情况下为 $O(n)$，在最坏情况下为 $O(n^2)$。

- 空间复杂度：$O(1)$。

14.3　搜索二维矩阵 II

题目描述（第 240 题）

编写一个高效的算法来搜索 $m \times n$ 矩阵 matrix 中的一个目标值 target。该矩阵具有以下特性。

- 每行元素从左到右升序排序。

- 每列元素从上到下升序排序。

示例：现有矩阵 matrix 如下。

```
[
    [1,     4,   7, 11, 15],
    [2,     5,   8, 12, 19],
    [3,     6,   9, 16, 22],
    [10,   13, 14, 17, 24],
    [18,   21, 23, 26, 30]
]
```

给定 target = 5，返回 True。

给定 target = 20，返回 False。

解法一 暴力法

思考

在一个矩阵 matrix 中搜索是否存在目标值的最直观的办法是枚举，我们只需要枚举矩阵中所有的元素来看一下是否存在目标值即可。对于力扣（LeetCode）上本题的测试用例集来说，暴力法是可以通过的。

代码

```
01  from typing import List
02  class Solution:
03      def searchMatrix(self, matrix: List[List[int]], target: int)
                          -> bool:
04          """
05          :type matrix: List[List[int]]
06          :type target: int
07          :rtype: bool
08          """
09          if not matrix or not matrix[0]:
10              return False
11
12          m = len(matrix)
13          n = len(matrix[0])
14
15          for i in range(m):
16              for j in range(n):
17                  if matrix[i][j] == target:
18                      return True
19
20          return False
```

复杂度分析

● 时间复杂度：$O(mn)$。m 是 matrix 的行数，n 是 matrix 的列数。在最坏情况下，需要遍历整个矩阵。

● 空间复杂度：$O(1)$。

解法二　使用二分法改进暴力法

思路

线性枚举整个解空间时，我们并没有利用矩阵的行有序和列有序特性。我们知道，在一个有序数组中搜寻某数时可以使用二分法来降低时间复杂度，而二分法也是分治思想的经典应用之一，因此，我们可以将在矩阵中搜寻某数转换成在 m 个有序数组中搜寻某数。这样一来就可以直接通过二分法来进行优化了（二分查找的具体细节可以看专门的二分法章节，这里就不详细介绍了）。

代码

```python
01 from typing import List
02 class Solution:
03     def searchMatrix(self, matrix: List[List[int]], target: int)
                       -> bool:
04
05         def binarySearch(arr: List[List[int]], target: int) -> bool:
06             lo = 0
07             hi = len(arr) - 1
08             while lo <= hi:
09                 mid = lo + (hi - lo) // 2
10                 if arr[mid] == target:
11                     return True
12                 elif arr[mid] < target:
13                     lo = mid + 1
14                 else:
15                     hi = mid - 1
16
17             return False
18
19         if not matrix or not matrix[0]:
20             return False
21
22         m = len(matrix)
23
24         for i in range(m):
25             if binarySearch(matrix[i], target):
26                 return True
27
28         return False
```

复杂度分析

● 时间复杂度：$O(m\log n)$。m 是 matrix 的行数，n 是 matrix 的列数。

● 空间复杂度：$O(1)$。

与解法一相比，解法二大大降低了时间复杂度。

解法三　二分法的优化

思路

在解法二中，我们只利用了矩阵的行有序特性，但是并没有利用列有序的特性。有没有可能同时利用这两种特性呢？

思路其实也很简单，只需要沿着对角线同时二分搜索行和列即可。

```
[
  [1,   4,   7,  11,  15],
  [2,   5,   8,  12,  19],
  [3,   6,   9,  16,  22],
  [10, 13,  14,  17,  24],
  [18, 21,  23,  26,  30]
]
```

代码

```python
from typing import List
class Solution:
    def binary_search(self, matrix: List[List[int]], target: int,
                      start: int, vertical: bool) -> bool:
        lo = start
        hi = len(matrix[0]) - 1 if vertical else len(matrix) - 1

        while lo <= hi:
            mid = lo + (hi - lo) // 2
            if vertical:
                if matrix[start][mid] < target:
                    lo = mid + 1
                elif matrix[start][mid] > target:
                    hi = mid - 1
```

```
14              else:
15                  return True
16          else:
17              if matrix[mid][start] < target:
18                  lo = mid + 1
19              elif matrix[mid][start] > target:
20                  hi = mid - 1
21              else:
22                  return True
23
24      return False
25
26  def searchMatrix(self, matrix: List[List[int]], target: int)
                          -> bool:
27      if not matrix:
28          return False
29
30      minLen = min(len(matrix), len(matrix[0]))
31      for i in range(minLen):
32          vertical_found = self.binary_search(matrix, target, i, True)
33          horizontal_found = self.binary_search(matrix, target,
                                                  i, False)
34          if vertical_found or horizontal_found:
35              return True
36
37      return False
```

复杂度分析

- 时间复杂度：$O(\lg n!) \approx O(n\log n)$。这里的 n 指的是行数和列数的较大者。这里简单分析一下该时间复杂度是如何计算的。在主循环中总共运行 $\min(m,n)$ 次迭代，其中 m 表示行数，n 表示列数。在每次迭代中，我们对长度为 $m-i$ 和 $n-i$ 的数组片执行两次二分搜索，因此，循环的每一次迭代都以 $O(\lg(m-i)) + \lg(n-i)$ 时间运行，其中 i 表示当前迭代。在最坏的情况下是 $n \approx m$，我们可以将其简化为 $O(2 \times \lg(n-i)) = O(\lg(n-i))$。（当 $m \ll n$ 时，n 将在渐近分析中占主导地位，基本退化成线性数组的二分搜索）。为了不损失一般性，通过汇总所有迭代的运行时间，我们得到以下表达式：$O(\lg(n) + \lg(n-1) + \lg(n-2) + \cdots + \lg(1)) = O(\lg n!)$。

- 空间复杂度：$O(1)$。

解法四　分治法：缩减搜索空间

思路

解法二和解法三中的二分法是分治思想在一维数据上的应用。而本身题目给的矩阵是二维的，我们能不能直接在二维层面上进行分治呢？答案是可以的。我们可以通过某种技巧将矩阵划分成 4 个子矩阵，那么在原矩阵中搜索目标值的问题就直接转换成了在 4 个子矩阵中搜索目标值的子问题。按照这种思路不断进行划分，直到子问题可以被直接、简单地解决。

有了划分方法，那么在本题中分治法的合并操作是什么呢？只要有一个子问题为真，答案即为真。

有了上面的思路之后，具体该如何划分空间呢？

我们非常希望能够通过某种划分，直接排除某几个子问题，否则时间复杂度就与暴力法没什么两样了，而在矩阵中间进行划分显然是个不错的尝试。

沿着矩阵的中间列进行搜索，这里将其设为 $\text{matrix}[i][\text{mid}]$，搜索分为两种情况。

● 如果搜索到 target，则直接返回 True。

● 当搜索到中间某一行，使 $\text{matrix}[i-1][\text{mid}] < \text{target} < \text{matrix}[i][\text{mid}]$，此时我们可以沿着该位置将矩阵分为 4 个矩阵，并且很明显左上和右下子矩阵不能够包含目标。这是因为对于本题中的任意一个子矩阵而言，该矩阵的左上角和右下角分别是该矩阵的最小值和最大值。这里可能存在特殊情况：目标值小于 $\text{matrix}[0][\text{mid}]$ 或大于 $\text{matrix}[m-1][\text{mid}]$（$m$ 为行数），此时只需要将其中两个子矩阵看成空矩阵即可。

有了划分方法后，下面来看看本题的最简单子问题（属于递归出口）。

● 空矩阵，直接返回 False。

● 目标值大于矩阵右下角元素或小于左上角元素，直接返回 False。

另外，如在查找划分点时直接遇到 target 值也是递归出口之一，此时直接返回 True，但是在逻辑上不算子问题。

代码 1

```
01 from typing import List
02 class Solution:
03     def searchMatrix(self, matrix: List[List[int]], target: int)
```

```
04                          -> bool:
05        if not matrix:
06            return False
07
08        def search_rec(left, up, right, down):
09          # 空矩阵
10          if left > right or up > down:
11              return False
12          # 目标值大于矩阵右下角元素或小于左上角元素
13          elif target < matrix[up][left] or target > matrix[down][right]:
14              return False
15
16          mid = left + (right - left) // 2
17
18          # 定位 row, 使 matrix[row-1][mid] < target < matrix[row][mid]
19          row = up
20          while row <= down and matrix[row][mid] <= target:
21              if matrix[row][mid] == target:
22                  return True
23              row += 1
24
25          return search_rec(left, row, mid - 1, down) or search_rec(
26              mid + 1, up, right, row - 1
27          )
28
29        return search_rec(0, 0, len(matrix[0]) - 1, len(matrix) - 1)
```

复杂度分析

● 时间复杂度：$O(n\log n)$。

为了方便分析，同解法三一样，我们假设 $n=m$，这样就得到简化的时间复杂度公式 $f(x)=2\times f(x/4)+\sqrt{x}$，$x=n^2$。根据上述公式很容易可以推导出 $f(x)=n\log n$。

● 空间复杂度：$O(\log n)$，空间取决于递归中函数调用栈的大小。

上述做法是否可以继续改进呢？仔细思考就会发现，定位划分点时使用的是线性搜索，而本身搜索的列是有序的。也就是说，我们可以将线性搜索改成二分搜索。而在这里的二分搜索，可以使用找到第一个大于 target 位置的写法。

代码 2

```
01  from typing import List
02  class Solution:
03      def searchMatrix(self, matrix: List[List[int]], target: int)
```

```
                        -> bool:
04      if not matrix:
05          return False
06
07      # 找到第 1 个大于 target 的位置
08      def binarySearch(matrix: List[List[int]], up: int, down: int,
09                      col: int, target: int) -> List:
10          lo = up
11          hi = down + 1
12          while lo < hi:
13              mid = lo + (hi - lo) // 2
14              if matrix[mid][col] == target:
15                  return [True, mid]
16              elif matrix[mid][col] < target:
17                  lo = mid + 1
18              else:
19                  hi = mid
20
21          return [False, lo]
22
23      def search_rec(left: int, up: int, right: int, down: int)
24                          -> bool:
25          # 空矩阵
26          if left > right or up > down:
27              return False
28          # 目标值大于矩阵右下角元素或小于左上角元素
29          elif target < matrix[up][left] or target
30                          > matrix[down][right]:
31              return False
32
33          mid = left + (right - left) // 2
34
35          # 定位 row, 使 matrix[row-1][mid] < target < matrix[row][mid]
36          find, row = binarySearch(matrix, up, down, mid, target)
37
38          return (
39              find
40              or search_rec(left, row, mid - 1, down)
41              or search_rec(mid + 1, up, right, row - 1)
42          )
43
44      return search_rec(0, 0, len(matrix[0]) - 1, len(matrix) - 1)
```

● 时间复杂度：$O(\log n \times \log n)$。

为了方便分析，同代码 1 一样，我们假设 $n=m$。这样就得到简化的时间复杂度公式 $f(x)=2 \times f(x/4)+\log n$，$x = n^2$。根据上述公式很容易可以推导出 $f(x)=\log n \times \log n$，这里不再给出详细的过程。

● 空间复杂度：$O(\log n)$，空间取决于递归中函数调用栈的大小。

尽管到目前为止，二维空间的分治算法在时间复杂度上已经降低了很多，但就本题而言，还存在线性级别时间复杂度的算法，也就是解法五。

解法五　空间缩减的优化

思路

因为矩阵的行是从左到右有序，列是从上到下有序的。如果从左上角或右下角搜索，就只能缩减行或列中的一个，但是如果从左下角或右上角搜索，则可以同时缩减行和列，将时间复杂度进一步降低。

这里我们给出从左下角搜索的写法（右上角与之类似）。下面简单分析一下为什么可以同时缩减行和列，当前指向的值和目标值有 3 种关系。

● 当前值等于目标值，表示已经找到答案，直接返回 True 即可。

● 当前值小于目标值，则表示本列中从当前位置往上的所有元素都小于目标值（这很明显，因为列是从下到上降序的），而本列中当前位置往下的所有元素在前面已经缩减过了，因此不再考虑，所以直接向右移动一列。

● 当前值大于目标值，则表示本行中从当前位置往右的所有元素都大于目标值（这很明显，因为行是从左到右升序的），而本行中当前位置往左的所有元素在前面已经缩减过了，因此不再考虑，所以直接向上移动一行。

代码

```
from typing import List
class Solution:
    def searchMatrix(self, matrix: List[List[int]], target: int):
        if len(matrix) == 0 or len(matrix[0]) == 0:
            return False
```

```
06
07      m = len(matrix)
08      n = len(matrix[0])
09
10      row = m - 1
11      col = 0
12
13      while col < n and row >= 0:
14          if matrix[row][col] > target:
15              row -= 1
16          elif matrix[row][col] < target:
17              col += 1
18          else:
19              return True
20
21      return False
```

复杂度分析

- 时间复杂度：$O(m+n)$，m 表示行数，n 表示列数。
- 空间复杂度：$O(1)$。

总结

在本章中，我们用 3 道经典的题目向读者一步步阐述了分治思想的应用，也分别介绍了归并排序、快速选择和快速排序及二分法的思想，后面就需要读者自己通过各种习题来巩固知识，举一反三（比如在搜索二维矩阵中由一维转向二维的思考过程）了。对于以后的任何一道题目，如果能够满足本章开头说的分治法特征，就可以尝试使用分治法来处理，具体如下所示。

- 问题的规模缩小到一定程度后可以被很容易地解决。
- 问题可以分解为若干个规模较小的相同性质的问题。
- 问题的解等于子问题解的合并。
- 问题分解的各个子问题相互独立，没有重复。

　　而在具体使用分治法时，紧紧抓住"分解""解决"和"合并"这 3 个步骤，然后慢慢往里面填细节，答案就出来了。

　　力扣（LeetCode）中关于分治法的题目还有很多，下面列出一些课后习题帮助读者加强理解。

　　1．第 4 题寻找两个正序数组的中位数。

　　2．第 315 题计算右侧小于当前元素的个数。

　　3．第 932 题漂亮数组。

第**15**章
贪心法

贪心法或许是最难的一种算法思想了。它是指每次根据问题的**当前状态**，选择一个**局部最优策略**，并且能够不断迭代，最后产生一个**全局最优解**。换句话说，每次都是从当前问题出发，而不考虑之前或之后的问题的状态，然后做出一个最有利于当前问题的决策，迭代更新问题，不断重复同样的操作直到问题得到解决，此时得到的解为全局最优解。

一般而言，贪心法的题目只要求我们想到一个**合理**的**局部最优策略**，并且通过自己**举例测试**局部最优策略是否会出问题即可，而不需要去关注如何证明这个策略能够产生一个全局最优解。

本章将会通过几道贪心类型的题目来展现花样百出的**局部最优策略**，带领读者总结归纳几种常见的思路，并以此作为解题的灵感来源之一。

15.1 分发饼干

题目描述（第 455 题）

假设你是一位很棒的家长，想给你的孩子们一些小饼干，但是每个孩子最多只能给一块饼干。对每个孩子 i，都有一个胃口值 g_i，这是能满足孩子胃口的饼干的最小尺寸；并且每块饼干 j，都有一个尺寸 s_j。如果 $s_j \geqslant g_i$，我们可以将这个饼干 j 分配给孩子 i，这个孩子会得到满足。你的目标是满足尽可能多的孩子，并输出这个最大数值。

注意

可以假设胃口值为正。一个孩子最多只能拥有 **1 块**饼干。

示例 1

输入：[1,2,3]，[1,1]

输出：1

解释：你有 3 个孩子和 2 块小饼干，3 个孩子的胃口值分别是 1,2,3。虽然你有 2 块小饼干，但由于它们的尺寸都是 1，你只能让胃口值是 1 的孩子满足，所以你应该输出 1。

示例 2：

输入：[1,2], [1,2,3]

输出：2

解释：你有 2 个孩子和 3 块小饼干，2 个孩子的胃口值分别是 1,2。你拥有的饼干数和饼干的尺寸足以让所有孩子满足，所以你应该输出 2。

思路

目标是尽可能增加被满足的孩子的数量，换句话说就是尽可能让每个孩子都被分配 1 个饼干。由于孩子和饼干存在一定关联，我们需要对二者分别讨论，并朝着全局最优解的方向前进。

在孩子方面，**胃口小**的孩子需要优先考虑，因为他们**最容易被满足**，被成功分配的概率高，有利于提高总体被满足的孩子数。

在饼干方面，每个饼干都应该**物尽其用**。当一个孩子能够被多个饼干满足时，应该选择一块**最小**的饼干，使剩下的较大饼干可以用来满足更大胃口的孩子，减少饼干的浪费。

综合考虑以上两个方面，预处理孩子的胃口值及饼干尺寸，分别从小到大进行排序。首先遍历孩子的胃口值（从小到大进行遍历，即优先考虑**胃口小**的孩子），对于每个孩子，遍历当前**剩下**的所有饼干（从小到大进行遍历，即让饼干**物尽其用**），如果某个饼干无法满足当前的孩子，则这个饼干无法满足后面胃口值更大的孩子，因此可以直接舍去这个饼干，并继续考虑后面尺寸更大的饼干。

策略归纳

当全局最优解涉及多个变量时，分别考虑每个变量对全局最优解的影响，最后将所有情况进行汇总考虑，形成局部最优策略。例如本题的目标（被满足的孩子的数量）涉及孩子和饼干，可以分别考虑哪些孩子先满足、饼干怎么分配这两个问题，最后综合考虑形成对应的贪心算法。

代码

```
01  class Solution:
02      def findContentChildren(self, g: List[int], s: List[int]) -> int:
03          # 对孩子胃口及饼干进行排序
04          g.sort()
05          s.sort()
06          ans = 0
07          # 饼干下标
08          idx = 0
09          # 遍历每个孩子
10          for i in range(len(g)):
11              # 遍历剩余的饼干
12              while idx < len(s):
13                  if s[idx] >= g[i]:
14                      ans += 1
15                      idx += 1
16                      break
17                  else:
18                      idx += 1
19          return ans
```

复杂度分析

● 时间复杂度：$O(n\log n + m\log m)$，其中 n 为孩子个数，m 为饼干个数。复杂度主要来源于孩子和饼干排序操作所花费的时间开销，而对于分配饼干的过程，时间复杂度较低，为 $O(m+n)$，所有孩子和饼干只被过遍历一次。

● 空间复杂度：$O(1)$。

15.2 跳跃游戏

题目描述（第 55 题）

给定一个非负整数数组，你最初位于数组的第 1 个位置。数组中的每个元素代表你在该位置可以跳跃的最大长度。判断你是否能够到达最后一个位置。

示例 1

输入：[2,3,1,1,4]

输出：True

解释：可以先跳 1 步，从位置 0 到达位置 1，再从位置 1 跳 3 步到达最后一个位置。

示例 2

输入：[3,2,1,0,4]

输出：False

解释：无论怎样，你总会到达索引值为 3 的位置，但该位置的最大跳跃长度是 0，所以你永远不可能到达最后一个位置。

解法一　动态规划

思路

模拟整个过程，可以发现数组中的每个位置能否到达都依赖于前面的位置。只要前面某个位置可达，并且它的最大跳跃长度能够达到目标位置，那么目标位置也是可达的。

每个位置都有可达和不可达两种状态，并且跳跃的过程可以模拟为状态转移的过程，因此这个问题可以尝试使用动态规划去解决。

设计布尔值 dp[i] 表示状态，True 为可达，False 为不可达，从左到右依次遍历每个位置，每次通过前面的位置来求解当前位置是否可达。状态转移方程为 dp[i] = dp[i] or dp[j]($0 <= j < i$ 且 $j + nums[j] >= i$)，其中 i 为当前求解位置的下标，j 为前面位置的下标，nums[j] 为前面位置可以跳跃的最大长度。

代码

```
01 class Solution:
02     def canJump(self, nums: List[int]) -> bool:
03         dp = [False] * len(nums)
04         dp[0] = True
05         for i in range(1, len(nums)):
06             for j in range(0, i):
07                 if j + nums[j] >= i:
08                     dp[i] = dp[i] | dp[j]
09         return dp[len(nums) - 1]
```

复杂度分析

- 时间复杂度：$O(n^2)$，其中 n 为数组长度。
- 空间复杂度：$O(n)$，其中 n 为数组长度。

算法优化

重新观察一下整个循环的过程，每次为了判断第 i 个位置是否可达（外循环），我们都需要考虑从 0 到 i - 1 上的位置信息（内循环），显然**前面位置**上的信息都会不断**重复地被考虑**。

优化的方法就是改变 dp[i] 状态的含义，让 dp[i] 能够表示**所有前面的位置信息**，而不仅仅表示自身位置是否可达。上面的**内循环**实际上在考虑**前面位置**所能到达的**最远位置**是否大于**当前位置**，因此可以让 dp[i] 表示起点为 0 到 i 的位置所能到达的最远位置。考虑前 i - 1 个位置能否到达 i，具体如下。

- 如果不能到达 i，则不能从 i 起跳，前 i 个位置所能到达的最远位置就是 dp[i - 1]。
- 如果能到达 i，则可以从 i 起跳，前 i 个位置所能到达的最远位置就是起点为 **i 能够起跳的最远位置**和**前 i - 1 个位置所能到达的最远位置**这两者的较大值。

状态转移方程总结如下。

$$dp[i] = \begin{cases} dp[i-1] & dp[i\text{-}1] < i \\ \max\left(dp[i-1], i + nums[i]\right) & dp[i\text{-}1] \geqslant i \end{cases}$$

代码

```
class Solution:
    def canJump(self, nums: List[int]) -> bool:
        n = len(nums)
        dp = [0] * n
        dp[0] = nums[0]
        for i in range(1, n):
            if dp[i - 1] < i:
                dp[i] = dp[i - 1]
            else:
                dp[i] = max(dp[i - 1], i + nums[i])
        return dp[n - 1] >= n - 1
```

复杂度分析

- 时间复杂度：$O(n)$，其中 n 为数组长度。
- 空间复杂度：$O(n)$，其中 n 为数组长度。

解法二　贪心

思路

我们的目标是最后一个位置，那么每次都选择一个最远的位置是不是更容易到达终点呢？

显然，使用这个局部最优策略会出现问题。假设选择了某一个最远位置，而这个最远位置可以跳跃的最大长度为 0，此时就进入了一个死胡同，无法继续跳跃，造成终点不可达的假象；或许可以选择一些较近的位置，虽然总体跳跃的次数变多了，但可以慢慢逼近且最终到达终点。

因此需要在跳跃的过程中考虑这些距离较近的位置。

转换角度

假设当前可以跳跃到 A、B、C，而从 B 能跳跃到的位置更远，这意味着 B 下次可供选择的新跳跃位置更多（旧跳跃位置包括当前已经可达的所有位置）。由于新的跳跃位置越多，可以到达的距离越远，且有更多新的选择进入下一跳，也就更有机会到达终点。

如下图所示，A 可供选择的新跳跃位置为 D 和 E（B、C 为旧位置），B 可供选择的新跳跃位置为 D、E 和 F，C 可供选择的新跳跃位置为 D。由于 B 能跳跃的位置最远，B 的下一跳选择更多，涵盖了 A 和 C 的所有下一跳选择，因此应该选择跳跃到 B，得到更多的机会，提高抵达终点的概率。

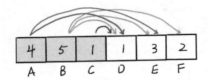

综上，我们每次在可跳跃范围内选择一个下次能够跳得最远的位置，并更新可跳跃范围，直到抵达终点或范围不发生变化（终点不可达）。

策略归纳

每次只考虑下一次的处境变化，尽可能让下一次的处境更好，而不去关心最终的处境是怎么样的。例如本题每次选择的跳跃位置都是考虑下一次可跳跃的范围是否更大，并且通过举例发现这样的选择有利于到达终点，简单地证明出该局部最优策略的可行性。

代码

```
01 class Solution:
02     def canJump(self, nums: List[int]) -> bool:
03         begin, end = 0, 0
04         while True:
05             # 下次考虑的最远位置
06             next_end = end
07             # min(end + 1, len(nums)) 防止越界
08             for i in range(begin, min(end + 1, len(nums))):
09                 next_end = max(next_end, i + nums[i])
10             if next_end == end:
11                 break
12             begin, end = end + 1, next_end
13         return end >= len(nums) - 1
```

复杂度分析

- 时间复杂度：$O(n)$，其中 n 为数组长度。

- 空间复杂度：$O(1)$。

15.3　任务调度器

题目描述（第 621 题）

给定一个用字符数组表示的 CPU 需要执行的任务列表。其中包含使用大写的 A ~ Z 字母表示的 26 种不同种类的任务。任务可以以任意顺序执行，并且每个任务都可以在 1 个单位时间内执行完。CPU 在任何一个单位时间内都可以执行一个任务，或者为待命状态。

然而，两个相同种类的任务之间必须有长度为 n 的冷却时间，因此至少在连续 n 个单位时间内 CPU 在执行不同的任务，或者为待命状态。

需要计算完成所有任务所需要的最短时间。

示例

输入：tasks = ["A","A","A","B","B","B"]，n = 2

输出：8

执行顺序：A → B → (待命) → A → B → (待命) → A → B

注：

● 任务的总个数为[1, 10000]。

● n 的取值范围为[0, 100]。

思路

为了更早地完成所有任务，我们需要减少待命状态，尽可能让每个时间点都有任务。

首先考虑出现**次数最多**的任务，例如出现**次数最多**的任务为 A，其出现了 3 次，且任务冷却时间为 2，则 A 和 A 之间至少包含两个冷却间隔，这两个冷却间隔要么安排其他任务，要么闲置。为了尽可能快地完成任务，我们需要在冷却间隔安排其他任务，所以目前的任务序列变为 A _ _ A _ _ A，其中 _ 可能为任务或待命状态。

假设其他种类的任务都可以被放在空位中，那如何计算时间总量呢？A 出现 3 次，则 A 与 A 之间会产生 3-1 = 2 个间隔，每个间隔可以和左边的 A 组成**间隔片段**（长度为 3），并且任务序列的尾部会有一个单独的 A，则时间总量为间隔数量 × 间隔片段长度 + 尾部 = 2 × 3 + 1 = 7。

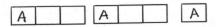

进一步推理，出现**次数最多**的任务 A 出现了 max_num 次，冷却时间为 n，则时间总量为 (max_num-1) × (n+1) + 1。此外，还需要考虑出现**次数最多**的任务有**多个类型**，间隔数量不变，但最后剩下的不再是一个单独的 A，而是多个出现次数最多的任务，设这些任务的种类数量为 cnt，则时间总量为(max_num-1) ×(n+1) + cnt。

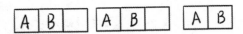

上面考虑的都是剩余的空位**足够**放下其他任务的情况，那如果放不下呢？由于其他任务出现次数必定小于任务 A，可以直接依次把剩余的任务按顺序插入**间隔片段**的**尾部**，时间总量为**任务总数量**。

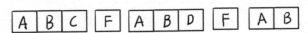

综合上述两种情况，先计算空位足够的情况下的**时间总量**，如果时间总量小于任务总数量，则意味着还有任务尚未插入。此时，时间总量应该改变为**任务总数量**，因此直接取两者最大值即可。

代码

```
01 class Solution:
02     def leastInterval(self, tasks: List[str], n: int) -> int:
03         t_map = [0] * 26
04         for t in tasks:
05             t_map[ord(t) - ord("A")] += 1
06         t_map.sort()
07         # max_num 为最高次数，cnt 为最高次数的任务种类
08         max_num, cnt = t_map[25], 0
09         for i in range(26):
10             if t_map[i] == max_num:
11                 cnt += 1
12         return max((max_num - 1) * (n + 1) + cnt, len(tasks))
```

复杂度分析

● 时间复杂度：虽然用到了排序，但 t_map 的长度只有 26，因此为 $O(n)$，其中 n 为任务总数。

● 空间复杂度：$O(1)$。

策略归纳

局部最优策略可以通过合理地限制条件，再进行推理演算得到。例如本题中我们限制优先考虑次数多的任务，并在此基础上推理出最短时间总量的计算公式，值得注意的是限制条件不能对最终的答案造成影响。

15.4　分发糖果

题目描述（第 135 题）

老师想给孩子们分发糖果，n 个孩子站成一条直线，老师会根据每个孩子的表现，预先给他们评分。你需要按照以下要求，帮助老师给这些孩子分发糖果。

● 每个孩子至少分配到 1 个糖果。

● 相邻的孩子中，评分高的孩子必须获得更多的糖果。

那么这样一来，老师至少需要准备多少颗糖果呢？

示例 1

输入：[1,0,2]

输出：5

解释：可以分别给这 3 个孩子分发 2 颗、1 颗、2 颗糖果。

示例 2

输入：[1,2,2]

输出：4

解释：可以分别给这 3 个孩子分发 1 颗、2 颗、1 颗糖果。第 3 个孩子只得到 1 颗糖果，这已满足上述两个条件。

思路

对于每个孩子来说，他会被左右两个相邻的孩子影响，只有当左/右孩子的糖果数确定时，才能够计算出中间孩子所需要的最小糖果数。如果将孩子划分为多个阶段，每个阶段的状态为孩子所得到的糖果数，显然无法找到一种合理的求解顺序，不能由一个初始阶段递推到下一个阶段，因此，本题不适合用动态规划来求解。

问题拆解

这里可以利用贪心策略，求局部最优解，然后合并为全局最优解。具体来说，将原问题中**相邻孩子**的条件划分为**左相邻孩子**和**右相邻孩子**两个条件，依次求解出两个条件下**每个孩子**所需要的**最小糖果数**。

在只考虑**左相邻孩子**的条件下，如果一个孩子比左边孩子的评分高，要求得到比左边孩子更多的糖果，为了降低总体的糖果数量，分配给这个孩子的最小糖果数是左边孩子的糖果数+1；反之则只分配 1 个糖果。由于每个孩子得到的糖果数量取决于左相邻的孩子，应该从左向右依次遍历每个孩子。

在只考虑**右相邻孩子**的条件下，如果一个孩子比右边孩子的评分高，要求得到比右边孩子更多的糖果，为了降低总体的糖果数量，分配给这个孩子的最小糖果数是右边孩子的糖果数+1；反之，则只分配 1 个糖果。由于每个孩子得到的糖果数量取决于右相邻的孩子，应该从右向左依次遍历每个孩子。

只考虑左相邻孩子条件的图示如下。

最后将两种条件的结果合并，分配给每个孩子的糖果数为两个条件下的最大值，即同时满足两个条件，才能达到全局最优解。

代码

```
01  class Solution:
02      def candy(self, ratings: List[int]) -> int:
03          left_ans, right_ans = [1] * len(ratings), [1] * len(ratings)
04          ans = 0
05          # 考虑左相邻孩子条件
06          for i in range(1, len(ratings)):
07              if ratings[i] > ratings[i - 1]:
08                  left_ans[i] = left_ans[i - 1] + 1
09          # 考虑右相邻孩子条件
10          for i in range(len(ratings) - 2, -1, -1):
11              if ratings[i] > ratings[i + 1]:
12                  right_ans[i] = right_ans[i + 1] + 1
13          # 合并两个条件结果
14          for i in range(0, len(ratings)):
15              ans += max(left_ans[i], right_ans[i])
16          return ans
```

复杂度分析

- 时间复杂度：$O(n)$，其中 n 为孩子的个数。
- 空间复杂度：$O(n)$，其中 n 为孩子的个数。

策略归纳

为了获得局部最优策略，可以分解原问题的限制条件，将一个限制条件拆分成多个子限制条件，然后针对每个子限制条件思考其对应的局部最优策略，最终结合多个局部最优策略计算全局最优解。例如，本题可以把相邻的限制条件拆分成左相邻条件和右相邻条件，并分别制定局部最优策略，然后合并策略的结果。

15.5 无重叠区间

题目描述（第 435 题）

给定一个区间的集合，找到需要移除区间的最小数量，使剩余区间互不重叠。

注意

● 可以认为区间的终点总是大于它的起点。

● 区间[1,2]和[2,3]的边界相互"接触"，但没有相互重叠。

示例 1

输入：[[1,2], [2,3], [3,4], [1,3]]

输出：1

解释：移除[1,3]后，剩下的区间没有重叠。

示例 2

输入：[[1,2], [1,2], [1,2]]

输出：2

解释：需要移除两个[1,2]以使剩下的区间不重叠。

示例 3

输入：[[1,2], [2,3]]

输出：0

解释：不需要移除任何区间，因为它们已经是无重叠的了。

思路

问题反转

移除区间的数量需要达到最小，而总的区间数量是有限的，这也意味着不移除区间的数量需要达到最大。那么原问题就可以转换为求解数量最多的不重叠的区间。由于两个问题优化的目标是一致的，因此可以认为是等价的，区别在于求解的具体变量值不同,二者的关系为移除区间数量(原问题) = 总的区间数量 - 不移除区间数量(新问题)。

限制条件

假设我们只能从左向右选择区间,例如选择区间[4, 7]后,只能继续选择区间起点大于 7 的区间。由于问题的解必定是一连串的区间,并且可以从左向右遍历,因此从左向右选择的限制条件不影响最优解。

那么当我们选择一个区间后,后续选择的区间的起点将会被这个区间的终点所影响(后一个区间起点要大于或等于前一个区间终点)。进一步分析,选择区间的终点越小,后续将有越大的空间来存放区间,也就越有利于增加区间的数量。

综上所述,根据终点对区间从小到大进行排序,然后依次考虑,每次选择一个与上一个区间不重叠的区间。

代码

```
01 class Solution:
02     def eraseOverlapIntervals(self, intervals: List[List[int]]) -> int:
03         if len(intervals) == 0:
04             return 0
05         intervals.sort(key=lambda i: i[1])
06         cnt = 1
07         end = intervals[0][1]
08         for i in range(1, len(intervals)):
09             if intervals[i][0] < end:
10                 continue
11             end = intervals[i][1]
12             cnt += 1
13         return len(intervals) - cnt
```

复杂度分析

● 时间复杂度:$O(n\log n)$,其中 n 表示区间数量。时间复杂度主要与区间排序操作所花费的时间相关。

● 空间复杂度:取决于排序算法的空间复杂度。

策略归纳

当问题不容易求解时,可以尝试思考问题的相反面,将其转换成比较容易求解的等价问题。例如,本题将移除区间转变为不移除区间,由此对问题有了新的启发。此外,合理利用多种贪心策略也有利于计算出全局最优解。例如,本题结合了限制条件及优化未来处境两种策略，由此构造出了一个合理的局部最优策略。

总结

不同于其他算法，贪心法没有一个较为固定的思路，解法通常让人意想不到，更像是"脑筋急转弯"，它也因此被称为最难的一种算法思想。

但读者也不必太过担心，总体而言贪心类型的题目难度级别大部分只有中等，对应的解题技巧主要包括 3 个步骤。

● 掌握常见的贪心策略，例如本章的内容或其他人总结的经典贪心思想。

● 不断练习，积累题目经验，补充贪心策略，开拓自己的眼界和认知。

● 面对一道新颖的贪心类型的题目，要敢于设想一个局部最优策略。寻找局部最优策略的过程就是试错的过程，可以基于自己的生活经验或解题经验，并对策略的可行性进行简单的推理论证。

课后习题

下面列举几道力扣（LeetCode）中关于贪心法的题目，希望读者进一步去尝试解题。

● 第 45 题跳跃游戏 II。

● 第 402 题移掉 k 位数字。

● 第 406 题根据身高重建队列。

● 第 452 题用最少数量的箭引爆气球。

● 第 1326 题灌溉花园的最少水龙头数目。

第 16 章

回溯法

回溯法是一种复杂度很高的**暴力搜索算法**，实现简单且有固定模板，常被用于搜索**排列组合问题**的所有可行性解。不同于普通的暴力搜索，回溯法会在每一步判断状态是否合法，而不是等到状态全部生成后再进行确认。当某一步状态非法时，它将回退到上一步中正确的位置，然后继续搜索其他不同的状态。前进和后退是回溯法的关键动作，因此可以使用递归去模拟整个过程，即使用**递归**实现回溯法。

鉴于回溯法的特殊性质，相关类型的算法题目在严格意义下的时间复杂度较为复杂，且大部分题目只要求读者能够理解并运用回溯法，因此本章的题目将不再讨论算法的复杂度。

本章将在 16.1 节着重介绍回溯法及其模板，这一节也是本章的**重点**，希望读者能从中理解回溯法的执行过程，并掌握相应的模板。后面几道题目与 16.1 节相似，但具体实现细节有所不同，主要是介绍不同运用场景下的**小技巧**，进一步加深读者对回溯法的理解。

16.1　组合总和 I

本节篇幅较长，但也是后面几节的基础，读者还须慢慢品味，以打下牢固的基础。

题目描述（第 39 题）

给定一个无重复元素的数组 candidates 和一个目标数 target，找出 candidates 中所有可以使数字和为 target 的组合。candidates 中的数字可以无限制重复被选取。

说明

● 所有数字（包括 target）都是正整数。

● 解集不能包含重复的组合。

示例 1

输入：candidates = [2,3,6,7]，target = 7

所求解集为：

```
[
    [7],
    [2,2,3]

]
```

示例 2

输入： candidates = [2,3,5]，target = 8

所求解集为：

```
[
    [2,2,2,2],
    [2,3,3],
    [3,5]

]
```

思路

认识模板

首先来看一下回溯法固定模板的实现，该模板通用性较强，几乎可以适用于所有回溯法类型的题目。读者第一次看模板可能会感觉比较吃力，如果不能完全记住，可以关注几个关键步骤。在后面几节的题目中，读者可以尝试独立编写代码，再回头阅读这个模板，对比一下步骤流程，并补充缺漏的地方，以加深对模板的理解。

```
01  # idx 表示当前位置，cur 表示当前路径的某个信息，path 表示路径，ans 表示结果集
02  def dfs(idx, cur, path):
03      # 结束条件
04      # 1.找到解
05      if cur == target:
```

```
06              ans.append(path.copy())
07              return
08      # 2.搜索完毕
09      if idx == n:
10          return
11
12      # 考虑可能的解，进入下一层递归
13      for num in nums:
14          # 非法解忽略
15          if num == error or num in visited:
16              continue
17          # 更新状态
18          visited.add(num)
19          path.append(num)
20          dfs(idx + 1, cur + num, path)
21          # 恢复状态
22          path.pop()
23          visited.remove(num)
```

回溯法的本质是深度优先遍历，具体的实现方法是**递归**，因此需要定义一个递归函数来模拟整个搜索过程，即 dfs()。

不断向下递归的过程，也就是搜索前进的过程，那么在这个过程中需要注意哪些问题呢？这些问题与递归函数的内容及参数息息相关，值得我们关注理解。

（i）如何区别不同的递归？或者如何知道现在搜索到哪里了？

每一层递归的函数内容是固定的，有所区别的只有**参数信息**，因此可以将参数信息作为区分的标记。通过获取当前递归的参数信息，也就能够认识到搜索的位置了。

也可以称这些参数信息为递归携带的**状态**，模板中定义了 3 个状态，分别是 idx、cur 和 path。其中，idx 标记位置信息，例如 idx = 1 可以表示搜索到数组的第 1 个数字，idx = 2 可以表示搜索到数组的第 2 个数字；cur 和 path 实际上都是从出发点到当前位置的路径上的某个信息，需要根据题目的要求灵活定义。

（ii）递归如何结束？有几个结束出口？

搜索的目标就是找到**可行性解**。通常情况下找到可行性解就应该结束搜索，但在一些特殊场景下，不同的解可能会重叠，例如找到解后继续搜索可能会得到新的解，此时就不能结束搜索。此外，当无法继续搜索时也应该结束搜索，例如依次遍历数组元素，如果递归过程中 idx 等于数组末尾的下标，则不能继续往下搜索，否则会发生程序错误。

模板包括两种结束出口：1.找到可行性解（cur == target）；2.搜索完毕（idx == n）。

（iii）递归过程中状态可能会互相影响，如何解决？

这个问题可能不是很好理解。举个例子来说，假设当前可以向左前进，也可以向右前进，并且需要保存走过的路径。基于上述第一个问题，应该在递归中携带状态 path 来保存当前路径，并在进入下一层递归之前改变状态：向左前进则 path.append(left)，向右前进则 path.append(right)。如果先选择向左前进，path 已经发生变化，包括向左的一些路径信息，再选择向右前进就会存在问题。

一种简单的解决方案是：每次进入下一层递归时重新复制 path，但复制 path 的时间复杂度为 $O(n)$，时间开销太大，无法充分利用 path。可以考虑另外一种解决方案：在递归结束的地方恢复原来 path 的状态，即在下一层递归前通过 path.append(num) 改变状态，并在递归结束时通过 path.pop() 恢复状态。

思考

visited 的作用是什么？（将在 16.2 节揭晓）。

运用模板

相信读者现在对回溯法的整个流程已经有了初步的理解，接下来让我们看一下实际运用中所要考虑的 3 个方面，分别是搜索的设计、递归的状态及递归的结束条件。

搜索的设计

根据回溯法一步一步前进的特点，需要对求解的空间进行**划分**，让**每一层递归都去尝试搜索一部分的解空间**，直至搜索完所有可能的解空间。

本题的求解空间包括数组中的所有元素。由于求解目标是**组合序列**，各个数字之间的相对顺序是不重要的，可以简单地依次考虑每个数字是否加入序列，这个考虑的过程也就是递归不断**深入**的过程。具体而言，每层递归考虑当前的数字，然后下一层递归考虑下一个数字或当前的数字（数字可重复加入）。

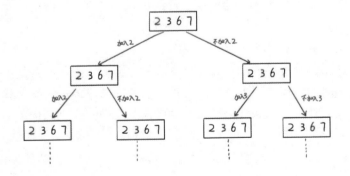

```
01 def dfs(curNum):
02     # 继续考虑当前数字
03     dfs(curNum)
04     # 不考虑当前数字
05     dfs(nextNum)
```

递归的状态

状态是用来区分不同递归的，实际上也是为了搜索而设计的，应该根据搜索过程中的需求进行合理设计。

● 标记当前搜索位置的需求：使用 idx: int 记录当前搜索的数字下标。

● 记录目标数，判断找到可行性解的需求：使用 cur: int 记录 target 和当前序列的元素和之差，若 cur == 0，则当前序列的元素和等于 target，即找到了可行性解。

● 记录组合序列的需求：使用 path: List[int] 记录当前递归已经加入的数字序列。

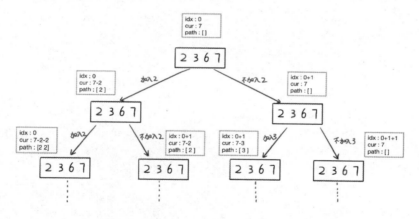

汇总上述设计，可以得到以下搜索函数的声明。

```
01 def dfs(idx: int, cur: int, path: List[int]): pass
```

递归的结束条件

● 找到可行性解：cur == 0，当前组合序列和等于 target。

● 搜索完毕：idx == n（n 为数组长度），已经考虑完数组中的所有数字。

```
01 # 递归结束
02 if cur == 0:
03     return
04 elif idx == n:
05     return
```

补充完善

考虑好以上 3 个方面，整体的思路也应该浮现出来了，剩下的就是根据题意补充一些细节。

（i）找到解时要将其添加到可行性解的集合 ans 中。path 是引用类型，所有递归共用 path，需要进行克隆（path[:]）。

```
01  if cur == 0:
02      ans.append(path[:])
03      return
```

（ii）数字都是正整数，如果 cur 小于 0，则后续无法添加数字使其等于 0，因此，让 cur 小于 0 是一个非法的步骤，无须朝这个方向前进，只有当当前数字 candidates[i] 小于 cur 时才可能添加这个数字。

```
01  if candidates[idx] <= cur:
02      path.append(candidates[idx])
03      dfs(idx, cur - candidates[idx], path)
04      path.pop()
```

代码

```
01  class Solution:
02      def combinationSum(self, candidates: List[int], target: int) ->
03  List[List[int]]:
04          ans = []
05          n = len(candidates)
06
07          def dfs(idx: int, cur: int, path: List[int]):
08              # 递归结束
09              if cur == 0:
10                  # 复制 path 并添加到 ans
11                  ans.append(path[:])
12                  return
13              elif idx == n:
14                  return
15              # 1.加入这个数字
16              if candidates[idx] <= cur:
17                  path.append(candidates[idx])
18                  # idx 不变，继续考虑当前数字
19                  dfs(idx, cur - candidates[idx], path)
20                  # 消除影响
```

```
21              path.pop()
22          # 2.不加入这个数字，考虑下一个数字
23          dfs(idx + 1, cur, path)
24
25      dfs(0, target, [])
26      return ans
```

16.2　组合总和 II

题目描述（第 40 题）

给定一个数组 candidates 和一个目标数 target，找出 candidates 中所有可以使数字和为 target 的组合。candidates 中的每个数字在每个组合中只能使用一次。

说明

● 所有数字（包括目标数）都是正整数。

● 解集不能包含重复的组合。

示例 1

输入：candidates = [10,1,2,7,6,1,5]，target = 8

所求解集如下。

```
[
  [1, 7],
  [1, 2, 5],
  [2, 6],
  [1, 1, 6]
]
```

示例 2

输入：candidates = [2,5,2,1,2]，target = 5

所求解集如下。

```
[
    [1,2,2],
    [5]
]
```

思路

修改搜索的设计

与上一题相比，本题存在两个不同之处。

1．数组中每个数字只能被使用一次。

2．数组中可能存在重复数字。

完全可以**复用**上一题的**代码及思路**，唯一要做的就是修改**搜索的逻辑**。

对于第 1 点，我们可以很快地想到对应的解决方案：每次进入下一层递归时，不再考虑当前数字，而是继续考虑下一个数字，这就避免了数字被多次使用的情况。

对于第 2 点，重复的数字可能会产生重复的组合，例如上面的示例 1，如果按照原来的搜索方式，则会出现 [1 7] 及 [7 1'] 两个重复的组合（1 表示数组中第 1 个 1，1' 表示数组中第 2 个 1）。如何进行解决呢？

我们可以对重复数字进行标记，并且规定每次加入重复数字时，必须先加入下标小的重复数字，才能继续添加下标大的重复数字，这样重复数字被添加时的**相对次序**就是固定的了（序号 1……序号 2……序号 3），不会出现多种重复数字组合，但在这种做法下，每次加入数字时都要遍历一遍所有数字，并判断是否有下标更小的重复数字没有被添加，时间开销较大。

优化细节

继续优化这个思路，我们的目的是固定重复数字的**相对次序**，因此可以对数组进行排序，这样重复数字会连在一起。每次添加数字时，判断当前数字是否与前面的数字相同，如果相同且前面数字还未被添加到当前路径中（下标小的重复数字未添加），则忽略添加这个数字的情况。

visited 的作用

为了快速判断数字是否未被添加到路径中，使用一个无序集合 visited 来保存路径中已经加入的数字的**下标**，递归过程中可以直接通过 if idx not in visited 来判断某个数字的下标 idx 是否存在于路径中。

代码

```
01 class Solution:
02     def combinationSum2(self, candidates: List[int], target: int) ->
03     List[List[int]]:
04         ans = []
05         n = len(candidates)
06         visited = set()
07         candidates.sort()
08
09         def dfs(idx: int, cur: int, path: List[int]):
10             if cur == 0:
11                 ans.append(path[:])
12                 return
13             elif idx == n:
14                 return
15             # 当前数字与前面的数字相同且前面的数字没有在路径中，则忽略这个数字
16             if (
17                 idx != 0
18                 and candidates[idx] == candidates[idx - 1]
19                 and (idx - 1) not in visited
20             ):
21                 dfs(idx + 1, cur, path)
22                 return
23             # 1.加入这个数字
24             if candidates[idx] <= cur:
25                 path.append(candidates[idx])
26                 visited.add(idx)
27                 # 向下递归时考虑下一个数字
28                 dfs(idx + 1, cur - candidates[idx], path)
29                 # 消除影响
30                 path.pop()
31                 visited.remove(idx)
32             # 2.不加入这个数字
33             dfs(idx + 1, cur, path)
34
35         dfs(0, target, [])
36         return ans
```

16.3　子集

题目描述（第 78 题）

给定一组**不含重复元素**的整数数组 nums，返回该数组所有可能的子集（幂集）。

说明：解集不能包含重复的子集。

示例

输入：nums = [1,2,3]

输出：

```
[
    [3],
    [1],
    [2],
    [1,2,3],
    [1,3],
    [2,3],
    [1,2],
    []
]
```

思路

数组中的每个**整数**相对于每个子集来说只有**两种状态**：要么存在，要么不存在。子集中数字**相对顺序**是不重要的，因此，我们可以依次遍历数组中的元素，对于每个整数存在两种情况。

● 　加入子集中。

● 　不加入子集中。

与上面几题相比，本题**没有约束条件**，不需要考虑当前解非法的情况。递归中只需要携带**两种状态**：当前数字的下标 idx 和路径 path，而递归结束的条件也只有一个：idx 达到数组长度，考虑完数组中的所有整数。

代码

```
01  class Solution:
02      def subsets(self, nums: List[int]) -> List[List[int]]:
03          ans = []
04          n = len(nums)
05
06          def dfs(idx: int, path: List[int]):
07              if idx == n:
08                  ans.append(path[:])
09                  return
10              path.append(nums[idx])
11              dfs(idx + 1, path)
12              path.pop()
13              dfs(idx + 1, path)
14
15          dfs(0, [])
16          return ans
```

16.4 全排列

题目描述（第 46 题）

给定一个没有重复数字的序列，返回其所有可能的全排列。

示例

输入：[1,2,3]

输出：

```
[
  [1,2,3],
  [1,3,2],
  [2,1,3],
```

```
            [2,3,1],
            [3,1,2],
            [3,2,1]
        ]
```

思路

对于排列来说,我们需要考虑数字之间的相对顺序,**不同的相对顺序会产生不同的排列方式**。此外,序列中的每个数字一定存在于每个排列当中。因此,不能依次考虑每个数字的状态。换个角度来思考,可以依次考虑排列中的每一个位置,对于每个位置来说,它可能是序列中的任意一个数字,因此可以在整个递归深入的过程中依次考虑每个位置上的所有可能性。

为了使每个数字只被使用一次,还需要通过无序集合 visited 来记录上层递归路径中加入的数字,若数字存在于 visited 中则忽略。

在递归的过程中,我们不需要关心当前考虑的是哪一个位置,当路径 path 长度达到序列长度时,则形成一个完整的排列。

代码

```python
01 class Solution:
02     def permute(self, nums: List[int]) -> List[List[int]]:
03         ans = []
04         n = len(nums)
05         visited = set()
06
07         def dfs(path: List[int]):
08             if len(path) == n:
09                 ans.append(path[:])
10                 return
11             for i in range(n):
12                 if i not in visited:
13                     visited.add(i)
14                     path.append(nums[i])
15                     dfs(path)
16                     path.pop()
17                     visited.remove(i)
18
19         dfs([])
20         return ans
```

16.5　解数独

题目描述（第 37 题）

编写一个程序，通过已填充的空格来解决数独问题。一个数独的解法须遵循如下规则。

数字 1 ~ 9 在每一行只能出现一次，数字 1 ~ 9 在每一列只能出现一次，数字 1 ~ 9 在每一个以粗实线分隔的 3×3 宫内只能出现一次。空格用 '.' 表示。下图为一个数独。

5	3			7				
6			1	9	5			
	9	8					6	
8				6				3
4			8		3			1
7				2				6
	6					2	8	
			4	1	9			5
				8			7	9

下图中阴影部分为答案。

5	3	4	6	7	8	9	1	2
6	7	2	1	9	5	3	4	8
1	9	8	3	4	2	5	6	7
8	5	9	7	6	1	4	2	3
4	2	6	8	5	3	7	9	1
7	1	3	9	2	4	8	5	6
9	6	1	5	3	7	2	8	4
2	8	7	4	1	9	6	3	5
3	4	5	2	8	6	1	7	9

注意

- 给定的数独序列只包含数字 1 ~ 9 和字符 '.'。
- 你可以假设给定的数独只有唯一解。

● 给定数独永远是 9×9 形式的。

思路

将棋盘中的空格想象成排列中的位置，则本题可以近似转换为上一题的全排列，区别在于本题的求解目标是找出一个满足某个条件的排列。沿用上一题的想法，依次考虑每个空格，如果空格已经填充数字则不需要进行处理；如果空格尚未填充则可能存在 9 种状态（数字 1～9），因此，整个递归深入的过程就是考虑空格位置向前移动，每层递归对于未填充的空格遍历 9 个状态。

可行状态的判断

那我们如何去判断这 9 个状态哪个是**可行**的呢？这也是本题的难点之一。一个简单的方法是：尝试填入这个数字，然后根据题目的规则扫描当前空格的行、列及所属宫，判断是否存在重复数字。显然，每一次判断都需要遍历 3 次棋盘长度（$3n$），效率较低。

visited 的思想

事实上，我们可以借用 visited 的思想，记录每一行每一列及每一宫的相关信息。对于每一行每一列，使用 9×9 的 bool 数组 col 和 row 来表示，例如 row[0][1] 表示第 0 行是否存在数字 2（数字从 0 开始）；col[1][0] 表示第 1 列是否存在数字 1。与宫相关的信息的记录也是如此，使用 9×9 的 bool 数组 place 来表示，依次从左到右、从上到下对宫进行标号，对于坐标 (i, j) 的方格，$i / 3$ 等于宫的行号，$j / 3$ 等于宫的列号，而每一行有 3 个宫，因此该方格对应的宫下标为 $i / 3 \times 3 + j / 3$。

搜索前进的技巧

递归中需要携带 (i, j) 的状态来表示当前考虑的空格的坐标，在进入下一个空格时，如果碰到右边界情况比较难处理，我们可以简单地对 j 进行自增，并且在递归的开头判断 j 是否为 9，如果为 9 则到达边界，需要进入下一行，重新递归 dfs(i + 1, 0)。

提前结束的技巧

本题存在唯一解，需要在找到正确解时停止遍历，否则会修改正确的棋盘布局，因此，需要让递归增加 bool 返回值来表示当前路径是否可行，若 9 个状态中存在一个可行的，即 dfs(i, j + 1) 返回 True，则当前递归直接返回 True，不再继续遍历其他情况。

代码

```
01  class Solution:
02      def solveSudoku(self, board: List[List[str]]) -> None:
03          col = [[False] * 9 for i in range(9)]
04          row = [[False] * 9 for i in range(9)]
```

```
05          place = [[False] * 9 for i in range(9)]
06          for i in range(9):
07              for j in range(9):
08                  if board[i][j] != ".":
09                      num = int(board[i][j]) - 1
10                      col[j][num] = True
11                      row[i][num] = True
12                      place[i // 3 * 3 + j // 3][num] = True
13
14          def dfs(i: int, j: int) -> boolean:
15              if j == 9:
16                  return dfs(i + 1, 0)
17              if i == 9:
18                  return True
19              if board[i][j] != ".":
20                  return dfs(i, j + 1)
21              for k in range(9):
22                  if (
23                      col[j][k] == True
24                      or row[i][k] == True
25                      or place[i // 3 * 3 + j // 3][k] == True
26                  ):
27                      continue
28                  board[i][j] = str(k + 1)
29                  col[j][k] = True
30                  row[i][k] = True
31                  place[i // 3 * 3 + j // 3][k] = True
32                  if dfs(i, j + 1) == True:
33                      return True
34                  board[i][j] = "."
35                  col[j][k] = False
36                  row[i][k] = False
37                  place[i // 3 * 3 + j // 3][k] = False
38              return False
39
40          dfs(0, 0)
```

总结

回溯的算法思想较为固定，核心要点是理解其流程，并掌握模板。一般而言，回溯类型的题目难度级别只有中等或简单，当读者能够熟练使用模板时，剩下的就是补充各种场景下的小技巧了，例如本章后 4 道算法题所提及的数字只能使用一次、存在重复数字等场景的应对方法。

课后习题

下面列举几道力扣（LeetCode）中关于回溯法的题目，希望读者进一步去尝试解题。

- 第 47 题全排列 II。
- 第 51 题 N 皇后。
- 第 90 题子集 II。
- 第 216 题组合总和 III。
- 第 1219 题黄金矿工。

第 **17** 章

一些有趣的题目

本章将介绍一些不那么大众化的题目。这些题目往往隐藏着一些有趣的信息，提取出这些隐藏信息是解题的关键。本章会用到的题目如下。

- 求众数。带你认识一种不那么常见的算法——摩尔投票法。

- 只出现一次的数字系列。这属于力扣（LeetCode）的一个系列问题，与之类似的换汤不换药的题目还有几个，比如第 645 题错误的集合。

- 一周中的第几天。这是一个很少见的题目类型。如果你见到一个陌生的题目类型，该怎么办呢？或许这道题可以给你一点思路。

- 水壶问题。这是本书第 1 章提到的一个题目，本章带你重新来认识它。

- 可怜的小猪。这道题是一个难以让人看出本质的数学题，本章会带你一步一步进行拆解，揭开其神秘面纱。

17.1 求众数 II

题目描述（第 229 题）

给定一个大小为 n 的数组，找出其中所有出现次数超过 $n/3$ 次的元素。

说明：要求算法的时间复杂度为 $O(n)$，空间复杂度为 $O(1)$。

示例 1

输入：[3,2,3]

输出：[3]

示例 2

输入：[1,1,1,3,3,2,2,2]

输出：[1,2]

思路

这道题和第 169 题多数元素很像，都使用相同的解题方法——摩尔投票法（见参考链接/正文[17]），只不过这道题有一点不同，这里的众数不再是超过 1/2，而是超过 1/3。题目也说明了超过 1/3 的元素有可能有多个（实际上也只有 0、1、2 这 3 种可能），因此这里不能只用一个 counter 来解决，这里的思路是同时使用两个 counter，其他地方和第 169 题一样。最后需要注意的是这两个 counter 只是出现次数最多的两个数字，不一定都满足超过 1/3 这个条件，因此最后需要进行过滤。

这里画了一个图，读者可以感受一下。

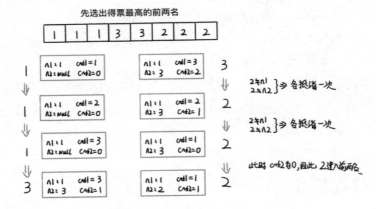

代码

```
01  class Solution:
02      def majorityElement(self, nums: List[int]) -> List[int]:
03          n = len(nums)
04          res = []
05          cnt1 = 0
06          cnt2 = 0
07          n1 = None
08          n2 = None
09
10          # 筛选出出现次数最多的前两个元素
11          for num in nums:
12              if num == n1:
13                  cnt1 += 1
14              elif num == n2:
15                  cnt2 += 1
16              elif cnt1 == 0:
17                  n1 = num
18                  cnt1 += 1
19              elif cnt2 == 0:
20                  n2 = num
21                  cnt2 += 1
22              else:
23                  cnt1 -= 1
24                  cnt2 -= 1
25          # 筛选出出现次数超过 1/3 的元素
26          # 这里的 cnt1 和 cnt2 的含义已经变了
27          # 这里的 cnt1 和 cnt2 表示的是出现次数，而上面的则不是
28          cnt1 = 0
29          cnt2 = 0
30          for num in nums:
31              if num == n1:
32                  cnt1 += 1
33              if num == n2:
34                  cnt2 += 1
35          if cnt1 > n // 3:
36              res.append(n1)
37          if cnt2 > n // 3:
38              res.append(n2)
39          return res
```

复杂度分析

● 时间复杂度：$O(n)$，其中 n 为数组长度。

● 空间复杂度：$O(1)$。

扩展

如果题目中的 3 变成 k，该怎么解决？读者可以自己思考一下，这里给出一个力扣（LeetCode）的讨论帖子（见参考链接/正文[18]）。

17.2 柱状图中最大的矩形

题目描述（第 84 题）

给定 n 个非负整数，用来表示柱状图中各个柱子的高度。每个柱子彼此相邻，且宽度为 1。求在该柱状图中，能够勾勒出来的矩形的最大面积。

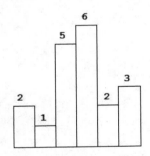

以上是柱状图的示例，其中每个柱子的宽度为 1，给定的高度分别为 2,1,5,6,2,3。

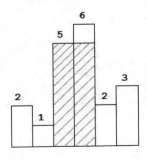

图中阴影部分为所能勾勒出的最大矩形面积，其面积为 10 个单位。

示例

输入：[2,1,5,6,2,3]

输出：10

暴力枚举　左右端点法（超时）

思路

暴力尝试所有可能的矩形。由于矩阵是二维图形，可以使用左右两个端点来确认唯一的一个矩阵，因此使用双层循环枚举所有的可能性即可。

而矩形的面积等于（右端点坐标−左端点坐标+1)×最小的高度，最小的高度也可以在遍历时一并求出。

代码

```
01 class Solution:
02     def largestRectangleArea(self, heights: List[int]) -> int:
03         n, ans = len(heights), 0
04         if n != 0:
05             ans = heights[0]
06         for i in range(n):
07             height = heights[i]
08             for j in range(i, n):
09                 height = min(height, heights[j])
10                 ans = max(ans, (j - i + 1) * height)
11         return ans
```

复杂度分析

- 时间复杂度：$O(n^2)$。
- 空间复杂度：$O(1)$。

暴力枚举　中心扩展法（超时）

思路

仍然暴力尝试所有可能的矩形。只不过这一次从中心向两边进行扩展。对于每一个

i，我们计算出其左边第 1 个高度小于它的索引 p，同样地，计算出右边第 1 个高度小于它的索引 q。那么以 i 为最低点能够构成的面积就是 (q - p - 1) * heights[i]。这种算法毫无疑问也是正确的。

下面简单证明一下，假设 $f(i)$ 表示在以 i 为最低点的情况下所能形成的最大矩阵面积。那么原问题转化为 $\max(f(0), f(1), f(2), \cdots, f(n-1))$，这毫无疑问是完备的。

具体算法如下。

- 使用 l 和 r 数组。其中 l[i] 表示左边第 1 个高度小于它的索引，r[i] 表示右边第 1 个高度小于它的索引。

- 从前往后求出 l，再从后往前计算出 r。

- 遍历求出所有的可能面积，并取出最大的那个。

代码

```
01  class Solution:
02      def largestRectangleArea(self, heights: List[int]) -> int:
03          n = len(heights)
04          l, r, ans = [-1] * n, [n] * n, 0
05          for i in range(1, n):
06              j = i - 1
07              while j >= 0 and heights[j] >= heights[i]:
08                  j -= 1
09              l[i] = j
10          for i in range(n - 2, -1, -1):
11              j = i + 1
12              while j < n and heights[j] >= heights[i]:
13                  j += 1
14              r[i] = j
15          for i in range(n):
16              ans = max(ans, heights[i] * (r[i] - l[i] - 1))
17          return ans
```

复杂度分析

- 时间复杂度：$O(n^2)$。
- 空间复杂度：$O(n)$。

优化中心扩展法

思路

实际上内层循环没必要一步一步移动，可以直接将 j -= 1 改成 j = l[j]，j += 1 改成 j = r[j]。

代码

```
01  class Solution:
02      def largestRectangleArea(self, heights: List[int]) -> int:
03          n = len(heights)
04          l, r, ans = [-1] * n, [n] * n, 0
05
06          for i in range(1, n):
07              j = i - 1
08              while j >= 0 and heights[j] >= heights[i]:
09                  j = l[j]
10              l[i] = j
11          for i in range(n - 2, -1, -1):
12              j = i + 1
13              while j < n and heights[j] >= heights[i]:
14                  j = r[j]
15              r[i] = j
16          for i in range(n):
17              ans = max(ans, heights[i] * (r[i] - l[i] - 1))
18          return ans
```

复杂度分析

- 时间复杂度：$O(n)$。
- 空间复杂度：$O(n)$。

单调栈

思路

实际上，读完第 2 种方法，你就应该注意到了，我们的核心是求左边第 1 个比 i 小的元素和右边第 1 个比 i 小的元素。如果你熟悉单调栈的话，那么应该会想到这是非常适合使用单调栈来处理的场景。

我们可以从左到右遍历柱子，对于每一个柱子，我们想找到第 1 个高度小于它的柱子，那么就可以使用一个单调递增栈来实现。如果柱子大于栈顶的柱子，那么说明不是我们要找的柱子，把它塞进去继续遍历；如果比栈顶的柱子小，那么我们就找到了第 1 个要找的柱子。**对于栈顶元素，其右边第 1 个小于它的柱子就是当前遍历到的柱子，左边第 1 个小于它的柱子就是栈中下一个要被弹出的元素，因此当前栈顶为最小柱子能够勾勒出来的矩形的最大面积为当前栈顶的柱子高度 × (当前遍历到的柱子索引 - 1 - 栈中下一个要被弹出的元素索引 - 1 + 1)。**

这种方法只需要遍历一次，并且只用了一个栈。由于每一个元素最多进栈、出栈一次，因此时间和空间复杂度都是 $O(n)$。

为了统一算法逻辑，减少边界处理，这里在 heights 首/尾添加了两个哨兵元素，**这样可以保证所有的柱子都会出栈。**

代码

```
01  class Solution:
02      def largestRectangleArea(self, heights: List[int]) -> int:
03          n, heights, st, ans = len(heights), [0] + heights + [0], [], 0
04          for i in range(n + 2):
05              while st and heights[st[-1]] > heights[i]:
06                  ans = max(ans, heights[st.pop(-1)] * (i - st[-1] - 1))
07              st.append(i)
08          return ans
```

复杂度分析

- 时间复杂度：$O(n)$。

- 空间复杂度：$O(n)$。

力扣（LeetCode）中关于单调栈的题目还是有一些的，下面趁热打铁再来 3 道，帮助读者加强理解。

- 第 739 题每日温度。

- 第 740 题下一个更大元素 I。

- 第 741 题接雨水。

17.3　一周中的第几天

题目描述（第 1185 题）

给定一个日期，请你设计一个算法来判断它对应一周中的哪一天。

输入为 3 个整数：day、month 和 year，分别表示日、月、年。

返回的结果必须是这几个值中的一个 {"Sunday", "Monday", "Tuesday", "Wednesday", "Thursday", "Friday", "Saturday"}。

示例 1

输入：day = 31，month = 8，year = 2019

输出："Saturday"

示例 2

输入：day = 18，month = 7，year = 1999

输出："Sunday"

示例 3

输入：day = 15，month = 8，year = 1993

输出："Sunday"

提示

给出的日期一定是在 1971 到 2100 年之间的有效日期。

思路

想要知道任意一天是星期几，首先要有一个参照物，而且要知道参照物是星期几。有了这样一个背景之后就比较简单了，我们只要算出目标时间和参照物相差几天，然后除以 7（一周的天数）取余数即可。

例如，选定的日期是 1971-01-01，并且已知这一天是周五，想求 2019-12-12 是周几。算出两者相差了 17877 天，只需要算出 17877 % 7 为 6，那么 2019-12 就是周四。

那么问题就转化为如何求出给定两个日期的相隔天数。我们知道一年要么是 365 天，要么是 366 天，这取决于是否是闰年。如果是闰年的话就是 366 天，否则是 365 天。闰年的判断方式是当前年份能够被 4 整除，但是不能够被 100 整除，另外，如果年份能够被 400 整除同样也是闰年。

还有一点需要注意的是，闰年的二月多了一天（29 天），因此二月需要单独考虑。为了简化判断逻辑，我们将 12 个月的天数用一个数组来表示，这样就不需要分情况讨论了。

代码

```
01  class Solution:
02      def dayOfTheWeek(self, day: int, month: int, year: int) -> str:
03          months = [31, 28, 31, 30, 31, 30, 31, 31, 30, 31, 30, 31]
04          leap_months = [31, 29, 31, 30, 31, 30, 31, 31, 30, 31, 30, 31]
05          # 1971-01-01 为基准日期
06          # 1971-01-01 是周五
07          days = [
08              "Friday",
09              "Saturday",
10              "Sunday",
11              "Monday",
12              "Tuesday",
13              "Wednesday",
14              "Thursday",
15          ]
16          years = year - 1971
17          leaps = 0
18          i = 1972
19          # 处理年
20          while i < year:
21              if i % 400 == 0 or (i % 4 == 0 and i % 100 != 0):
22                  leaps += 1
23              i += 1
24          diff = (years * 365) + leaps
25          # 处理月
26          for m in range(month - 1):
27              if i % 400 == 0 or (i % 4 == 0 and i % 100 != 0):
28                  diff += leap_months[m]
29              else:
30                  diff += months[m]
31          # 处理日
32          diff += day - 1
33          return days[diff % 7]
```

复杂度分析

- 时间复杂度：$O(n)$，其中 n 为被求时间的年份与 1971 年的差值。

- 空间复杂度：$O(1)$。

扩展

其实这道题还有一种取巧的解法，那就是直接使用公式。关于星期几的计算其实是一种纯数学问题，也有很多不同的算法，不过这些算法都有着类似的机制，这里可以采用**泰勒公式**（见参考链接/正文[19]）。

代码

```python
01 class Solution:
02     def dayOfTheWeek(self, day: int, month: int, year: int) -> str:
03         list_of_days = [
04             "Saturday",
05             "Sunday",
06             "Monday",
07             "Tuesday",
08             "Wednesday",
09             "Thursday",
10             "Friday",
11         ]
12         if month == 1 or month == 2:
13             year = year - 1
14             month = month + 12
15         y = year % 100
16         c = year // 100
17         weekday = int((day + 13 * (month + 1) // 5 + y + y // 4
                           + c // 4 + 5 * c) % 7)
18         required_day = list_of_days[weekday]
19         return required_day
```

复杂度分析

- 时间复杂度：$O(1)$。

- 空间复杂度：$O(1)$。

关于算法的详细描述可以参考本书官方网站中的相关内容。力扣（LeetCode）也有一些类似的题目，如果你知道这些公式，那么瞬间就可以做出来。

17.4 水壶问题

这是一道微软的面试题。有人调侃道"这就是微软不想招人，从而故意放出来的题目"。有意思的是这也是从电影《虎胆龙威 3》中的一个情节提取出来的一道题目。下面来看一下这道题。

题目描述（第 365 题）

有两个容量分别为 x 升和 y 升的水壶及无限多的水。请判断能否通过使用这两个水壶，得到恰好 z 升的水？如果可以，请用以上水壶中的一或两个来盛放取得的 z 升水。

允许你：

装满任意一个水壶/清空任意一个水壶/从一个水壶向另外一个水壶倒水，直到装满或倒空。

示例 1

输入：x = 3，y = 5，z = 4

输出：True

示例 2

输入：x = 2，y = 6，z = 5

输出：False

暴力法（超时）

思路

如果将 x、y、z 变成具体的数字，那么这就是一道小学数学题，相信读者应该做过这种题目，现在让我们把它们全部换成变量，尝试一下这种题目的通用解法。

第一眼看到这道题，大家的想法可能是不断枚举所有的可能状态，直到达到我们想要的状态，即两壶水恰好是 z 升，这时返回 True。枚举的过程需要记录已经枚举了哪些状态，一方面是防止重复计算，另一方面需要一个出口，即所有的状态都被枚举过了，这时直接返回 False。

我们用 (x, y) 这样的元组来表示水壶的盛水状态，那么初始状态就是 $(0, 0)$。可以采取的行动有以下 6 种。

- 将 x 的水倒空。
- 将 y 的水倒空。
- 将 x 的水盛满。
- 将 y 的水盛满。
- 将 x 的水全部倒给 y（x 可能倒不完，同时 y 可能溢出）。
- 将 y 的水全部倒给 x（y 可能倒不完，同时 x 可能溢出）。

每一种行动之后，都对应一种状态，同样用元组来表示。同时用一个 set 来记录已经处理过的状态。每遇到一个新的状态，就加到队列中，如果没有新的状态需要处理，则直接返回 False。如果在检查状态过程中，两壶水可以达到 z 升，则直接返回 True。

代码

```
01  class Solution:
02      def canMeasureWater(self, x: int, y: int, z: int) -> bool:
03          if x + y < z:
04              return False
05          queue = [(0, 0)]
06          seen = set((0, 0))
07
08          while len(queue) > 0:
09              a, b = queue.pop(0)
10              if a == z or b == z or a + b == z:
11                  return True
12              states = set()
13
14              states.add((x, b))
15              states.add((a, y))
16              states.add((0, b))
17              states.add((a, 0))
18              states.add((min(x, b + a), 0 if b < x - a else b - (x - a)))
19              states.add((0 if a + b < y else a - (y - b), min(b + a, y)))
20              for state in states:
21                  if state in seen:
22                      continue
```

```
23          queue.append(state)
24          seen.add(state)
25    return False
```

复杂度分析

● 时间复杂度：由于状态最多有 $O((x+1)(y+1))$ 种，因此总的时间复杂度为 $O(xy)$。

● 空间复杂度：这里使用了队列来存储状态，set 存储已经访问的元素，空间复杂度和状态数目一致，因此空间复杂度是 $O(xy)$。

上面的思路很直观，但是很遗憾这个算法在力扣（LeetCode）的表现是 TLE（Time Limit Exceeded）。不过如果你能在真实面试中写出这样的算法，我相信在大多数情况下是可以过关的。

我们来看一下有没有别的解法。实际上，上面的算法就是一个标准的 BFS。如果从更深层次去看这道题，会发现这道题其实是一道纯数学问题，类似的纯数学问题在力扣（LeetCode）中还有一些，不过大多数这样的题目，仍然可以用其他方法做出来。那么下面来看一下如何用数学法来解这个题吧。

数学法

思路

假设有两个互质整数 p 和 q，那么对于任意的整数 $k < p$ 且 $k < q$，必然存在 $mp + nq = k$，其中 m 和 n 是整数，可以是正数或负数。互质数指的是最大公约数为 1 的两个数。

回到这道题，m（或 n）如果为正数，则表示倒满 m 次（或 n 次）；如果 m（或 n）是负数，则表示倒空 m 次（或 n 次）。也就是说如果两个水壶的容量互质，那么其一定可以盛出任意不超过水壶容量和的正整数的水。比如两个水壶的容量分别是 3 和 7，那么其可以盛的水为小于或等于 10 的正整数，但是题目并没有限定两个壶的容量是互质的。不过没有关系，这里有一个关于最大公约数的定理——**裴蜀定理**（见参考链接/正文[20]）。定理内容为当且仅当 k 是 d 的倍数时，$mp + nq = k$ 有解，其中 d 为 p 和 q 的最大公约数。回到这道题就是说只要 z 是 x 和 y 的最大公约数的倍数，就可以盛出来，否则不可以。有了这个理论依据，代码就比较简单了，下面来看一下。

```
01  class Solution:
02      def canMeasureWater(self, x: int, y: int, z: int) -> bool:
03          if x + y < z:
04              return False
05
```

```
06        if z == 0:
07            return True
08
09        if x == 0:
10            return y == z
11
12        if y == 0:
13            return x == z
14
15        def GCD(a: int, b: int) -> int:
16            smaller = min(a, b)
17            while smaller:
18                if a % smaller == 0 and b % smaller == 0:
19                    return smaller
20                smaller -= 1
21
22        return z % GCD(x, y) == 0
```

复杂度分析

● 时间复杂度：算法的时间复杂度主要体现在 GCD 部分。关于 GCD 部分，最好的情况是执行一次循环体，最坏的情况是循环到 smaller 为 1，因此总的时间复杂度为 $O(n)$，其中 n 为 a 和 b 中较小的数。

● 空间复杂度：由于函数调用栈的原因，在这里空间复杂度实际上和时间复杂度是同阶的，因此空间复杂度为 $O(n)$，其中 n 为 a 和 b 中较小的数。。

GCD 函数可以使用**辗转相除法**（见参考链接/正文[21]）和递归来实现，这样不仅代码会更加简洁，性能也会更好。

下面对辗转相除法进行简单的介绍。如果运用辗转相除法计算 a 和 b 的最大公约数，首先需要计算出 a 除以 b 的余数 c，把问题转化成求 b 和 c 的最大公约数；然后计算出 b 除以 c 的余数 d，把问题转化成求 c 和 d 的最大公约数；再计算出 c 除以 d 的余数 e，把问题转化成求 d 和 e 的最大公约数……以此类推，逐渐把两个较大整数之间的运算转化为两个较小整数之间的运算，直到两个数可以整除为止。

```
01 def GCD(a: int, b: int) -> int:
02     return a if b == 0 else GCD(b, a % b)
```

复杂度分析

● 时间复杂度：$O(\log(\max(a,b)))$ 。

● 空间复杂度：同上。

但是如果 a 和 b 都很大，$a\%b$ 性能会较低。《九章算术》中提到过一种类似辗转相减法的**更相减损术**（见参考链接/正文[22]）。它的原理是：两个正整数 a 和 b（$a>b$），它们的最大公约数等于 $a-b$ 的差值 c 和较小数 b 的最大公约数。

```
01 def GCD(a: int, b: int) -> int:
02    if a == b:
03        return a
04    if a < b:
05        return GCD(b - a, a)
06    return GCD(a - b, b)
```

上面的代码会报栈溢出异常。原因在于如果 a 和 b 相差比较大的话，递归次数会明显增加，比辗转相除法递归深度增加很多，最坏时间复杂度为 $O(\max(a, b))$。这时可以将辗转相除法和更相减损术做一个结合，从而在各种情况下都可以获得较好的性能，由于这部分不是本章的重点内容，就不再继续展开讲解了。

关于最大公约数的题目，力扣（LeetCode）还有很多，比如第 878 题第 n 个神奇数字，值得读者注意并掌握。

17.5　可怜的小猪

题目描述（第 458 题）

有 1000 个水桶，其中有且只有一桶中含有毒药，其余装的都是水。它们从外观上看起来都一样。如果小猪喝了毒药，它会在 15min 内死去。

问题来了，如果需要在 1h 内，弄清楚哪只水桶含有毒药，你最少需要多少头猪？

回答这个问题，并为下列的进阶问题编写一个通用算法。

进阶

假设有 n 个水桶，猪饮水中毒后会在 m 分钟内死亡，你需要多少（x）头猪就能在 p 分钟内找出有毒的水桶？这 n 个水桶里有且只有一个有毒的桶。

提示

可以允许小猪同时饮用任意数量的桶中的水，并且该过程不需要时间。

小猪喝完水后，必须有 m 分钟的冷却时间。在这段时间里，只允许观察，而不允许小猪继续饮水。

任何给定的桶都可以无限次采样（无限数量的猪）。

搜索法

思路

先来看一下题目给出的特殊情况，看能不能通过这个例子打开思路。首先 250 头猪肯定是可以的，将所有的水桶都分别让一头猪喝，一头猪可以喝 4 次，然后只要观察哪头猪死了，就知道哪一桶有毒。这种算法的死亡率很理想，只需要牺牲一头猪即可，但是很显然这个不是需要最少的猪的算法。

仔细思考就会发现这其实是一个搜索问题，可以尝试用搜索的思路来解决。为了方便讲解，我们假设不是 1000 个水桶，而是 4 个，时间也变成 15min，而不是 1h。用一个如下的矩阵来表示。

```
1 2
3 4
```

如果用上面的暴力解法，实际上可以用 3 头猪来解决。如果从搜索的角度思考，可以用两头猪搞定，让一号猪喝第一行水桶的水，二号猪喝第一列水桶的水。

- 两头猪都活着，说明 4 号桶有毒。

- 两头猪都死了，说明 1 号桶有毒。

- 一号猪死了，二号猪活着，说明 2 号桶有毒。

- 一号猪活着，二号猪死了，说明 3 号桶有毒。

也就是只需要两头猪就够了。那么如果测试时间从 15min 变成 1h，4 个水桶变成 25 个水桶呢？我们也可以很容易地画出如下的矩阵。

```
01 02 03 04 05
06 07 08 09 10
11 12 13 14 15
16 17 18 19 20
21 22 23 24 25
```

类似地：

- 一号猪喝 1 到 4 行水桶的水，每次休息 15min。
- 二号猪喝 1 到 4 列水桶的水，每次休息 15min。

也就是仍然只需要两头猪就够了。这里不难得出规律，一头猪可以检查的行数为 $(p // m) + 1$。如果是两头，那么可以检查的结果就是 $((p // m) + 1)^2$。当然 3 头及更多的猪就变成多维了，有了这样的思路，不难写出代码。

代码

```
01  class Solution:
02      def poorPigs(self, buckets: int, minutesToDie: int,
                            minutesToTest: int) -> int:
03          cnt = 0
04          while (minutesToTest / minutesToDie + 1) ** cnt < buckets:
05              cnt += 1
06          return cnt
```

复杂度分析

- 时间复杂度：minutesToTest 和 minutesToDie 的变化影响的只是底数，因此总的时间复杂度还是 $O(\log n)$，其中 n 为桶的个数。
- 空间复杂度：$O(1)$。

n 分法

思路

n 分法的本质是将问题规模缩小，缩小到一半就是二分法，如果将问题规模缩小到三分之一就是三分法，以此类推。

为了方便讲解，仍然假设不是 1000 个桶，而是 4 个，测试时间是 15min。先对 1000 个桶进行编号，不过不是使用十进制而是使用二进制进行编号。

```
001  # 1
010  # 2
011  # 3
100  # 4
```

我们的目标是找到哪只桶有毒，换句话说就是找到有毒的桶的编号，再换句话说是找到有毒的桶的 3 个 bit 分别是什么，是 0 还是 1。比如有毒的是 3 号桶，那么就是想确认第 1 个 bit 是 0，第 2 个 bit 是 1，第 3 个 bit 是 1，即 011，转化为 10 进制就是 3 号。

那么如何确定每一个 bit 是什么呢？回想一下，我们手上有猪，猪有两个状态，生或死。接下来逐一对桶进行分组，分组的依据就是每一个 bit 的值。如上，可以分成 3 组。

```
01 | 001 010 011        #group1.1   第 1 个 bit 是 0
02 | 100                #group1.2   第 1 个 bit 是 1
03 | 001 100            #group2.1   第 2 个 bit 是 0
04 | 010 011            #group2.2   第 2 个 bit 是 1
05 | 010 100            #group3.1   第 3 个 bit 是 0
06 | 001 011            #group3.2   第 3 个 bit 是 1
```

先让一号猪来喝 group1.1（即一号桶、二号桶和三号桶）的水，如果它死了，那么毒就在这一组，也就是说毒的第一个 bit 是 0，否则是 1。

类似地，让二号猪来喝 group2.1 的水，如果它死了，那么毒就在这一组，也就是说毒的第 2 个 bit 是 0，否则是 1，最后让三号猪来喝 group3.1 的水，如果它死了，那么毒就在这一组，也就是说毒的第 3 个 bit 是 0，否则是 1。其实我们发现只需要进行逻辑上的分组，然后每一个分组准备一份就够了。

按照成本最小的原则，实际上分组 1 只取 group1.2 就好了。

按照这个思路，我们可以推导出 1000 个桶只需要 10 头猪，即 $\log_2 1000$，2 的 10 次方是 1024，因此 10 头猪就够了，如果有 1025 个桶的话，就需要 11 头猪了。这种算法需要牺牲的猪的头数在最坏的情况下是 $\log_2 n$，最好的情况是一头都不死。

如果你仔细思考的话，不难看出，我们是用猪喝了水之后的反应（生或死）来判断每一个 bit 的数字的，不管生死，我们总能得出这个 bit 的值是 0 或 1，因此每使用一头猪我们都将问题规模缩小为原来的 1/2，这就是二分法。

这是最优解么？换句话说在最坏的情况下表现是不是最好？答案是肯定的，如果你愿意用严格的数学来证明的话，可以尝试一下数学归纳法。如果你只想感性地判断一下的话，可以继续往下读。

首先，什么是最优解？这里的最优解指的是让未知世界无机可乘，也就是说在最坏的情况下结果最优（现实世界都是未知的）。上面的例子，不管猪是生还是死，我们都可以将问题规模缩小到 1/2，也就是说最坏的情况就是最好的情况，我们让未知世界无机可乘。

那么是否可以将问题规模缩小到 1/3 甚至更小呢？答案是不可以。因为猪只有两种可观察状态，即生和死。假如我们有 10 个小球，其中有一个是异常的，其他 9 个都是一样的，我们怎样才能通过最少的称量次数来确定哪一个是异常的，并判断是重还是轻呢？这时就可以使用三分法了，为什么？因为天平有 3 个状态：平衡、左倾、右倾，使我们"有可能"将问题规模缩小为 1/3，事实上，确实可以将问题规模缩小到 1/3。

代码

```python
01  import math
02
03  class Solution:
04      def poorPigs(self, buckets: int, minutesToDie: int,
                     minutesToTest: int) -> int:
05          return math.ceil(math.log(buckets, minutesToTest / minutesToDie
                     + 1))
```

复杂度分析

- 时间复杂度：minutesToTest 和 minutesToDie 的变化影响的只是底数，因此总的时间复杂度还是 $O(\log n)$，其中 n 为桶的个数。

- 空间复杂度：$O(1)$。

扩展

- 如果你熟悉信息论的话，应该听说过**香农第一定理**（见参考链接/正文[23]），其实这里也可以得出同样的结论，感兴趣的读者可以查阅一下相关资料。

- 基于比较的排序都无法逃脱 $n \log n$ 时间复杂度的命运，这是为什么呢？能否利用本章的思想进行解释？

总结

本章所讲的题目相对而言不那么具有代表性，但是每一道题目都很有趣，并且每一道题的本质都不那么容易被发现，需要你从特别的角度来看待问题，比如从位、数学、信息论的角度等，从这些角度思考问题或许能够帮我们打开新世界的大门。

第 **18** 章

一些通用解题模板

软件工程项目开发讲究代码风格一致，在刷题时也要如此。如果有一些非常优秀的最佳实践或通用模板，可以直接拿来使用，一方面可以节约做题时间，降低出错的可能性，另一方面风格一致有利于自己思考和回顾。如果你能在面试时灵活地运用模板解题，并清晰地说出整个模板的流程和思路，相信一定能给面试官留下一个好的印象。

本章将会总结归纳常见的解题模板，希望能够帮助读者理解题目"套路"，运用模板快速解题。其中部分内容会对应到前面的内容，读者可通过开头的指引去对应章节详细了解，具体算法细节将不再重复讲解。

18.1　二分法

章节指引 — 第 6 章二分法

普通二分法

这是入门级的二分算法，通常出现在面试中的"手撕算法"环节，要求面试者能够准确无误地手写出来。

```
01 # 查找 nums 数组中元素值为 target 的下标，如果不存在，则返回 -1
02 def bs(nums: [], target: int) -> int:
```

```
03    n = len(nums)
04    l, h = 0, n - 1
05    while l <= h:
06        mid = l + (h - l) // 2
07        if nums[mid] == target:
08            return mid
09        elif nums[mid] < target:
10            l = mid + 1
11        else:
12            h = mid - 1
13    return -1
```

复杂度分析

- 时间复杂度：$O(\log n)$，其中 n 为数组长度。
- 空间复杂度：$O(1)$。

二分法变种

有些二分法类型的题目，在二分时无法直接判断中间元素是否为目标元素，这类问题被称作二分法变种问题。例如在有序数组里面查找第 1 个大于或等于 5 的元素，每次判断中间元素时，无法直接断定这个元素是否是第 1 个大于或等于 5 的元素，它可能是第 2 个或第 3 个大于或等于 5 的元素。

对于这种问题，一个简单的思路是不断地缩小查找范围，直到剩下一个元素，即目标元素。

二分法变种问题大致分为两种情况。

- 查找第一个满足条件的元素，例如查找第一个大于或等于 x 的元素。
- 查找最后一个满足条件的元素，例如查找最后一个小于或等于 x 的元素。

此外需要注意边界的控制，这是二分法变种问题最容易出错的地方。若我们在循环中让 l = mid，则可能产生**死循环**（具体细节可翻阅第 6 章的内容），解决方案是通过判断**当前搜索范围内元素是否剩下两个（l + 1 == h）**来跳转出去，并在最后筛选出目标元素。

下面来看一下这两种情况的实现细节。

第 1 种情况，假设问题是在有序数组中查找第 1 个大于或等于 x 的元素，且该元素必定存在。

左边界的更新为 l = mid + 1，不会产生死循环，当剩下 1 个元素时跳出即可。

```python
# 查找第 1 个大于或等于 x 的元素
def bs(nums: List[int], x: int) -> int:
    l, h = 0, len(nums) - 1
    while l <= h:
        mid = l + (h - l) // 2
        if l == h:
            break
        elif nums[mid] >= x:
            h = mid
        else:
            l = mid + 1
    return nums[l]
```

复杂度分析

● 时间复杂度：$O(\log n)$，其中 n 为数组长度。

● 空间复杂度：$O(1)$。

第 2 种情况，假设问题是在有序数组中查找最后一个小于或等于 x 的元素，且该元素必定存在。

左边界的更新为 l = mid，会产生死循环，当剩下 2 个元素时跳出即可。

```python
# 查找最后一个小于或等于 x 的元素
def bs(nums: List[int], x: int) -> int:
    l, h = 0, len(nums) - 1
    while l <= h:
        mid = l + (h - l) // 2
        if l == h or l + 1 == h:
            break
        elif nums[mid] <= x:
            l = mid
        else:
            h = mid - 1
    if nums[h] <= x:
        return nums[h]
    else:
        return nums[l]
```

复杂度分析

● 时间复杂度：$O(\log n)$，其中 n 为数组长度。

● 空间复杂度：$O(1)$。

18.2 回溯法

章节指引 — 第 16 章回溯法

回溯法的本质是回溯思想，通常使用递归实现，因此实现回溯法的重点是实现递归。

递归的实现需要考虑 3 个方面：搜索的设计、递归的状态及递归的结束条件。

搜索的设计

对求解的空间进行**划分**，让**每一层递归**都去尝试搜索**一部分的解空间**，直至搜索完所有可能的解空间。

递归的状态

状态是用来区别不同递归的，实际上也是为了搜索而设计的，应该根据搜索过程中的需求进行合理的设计。一般而言，我们至少携带一种状态——当前位置 idx，它用于找到当前可以继续前进的搜索空间，以此进入下一层递归。此外，由于题目的要求，我们可能还需要携带多个状态，用来标记当前路径解的某些信息，例如携带状态 path 来记录当前的路径及状态 cur 来记录路径上的某个信息。

递归的结束条件

通常包括两个方面：找到可行性解，提前结束搜索；搜索完毕，已经没有可搜索的解空间。

虽然回溯法问题的解决思路较为固定，但由于题目的不同，实现细节可能会有较大区别，无法归纳出一个固定的代码"套路"，因此下面给出的是伪代码，部分代码的作用可以通过注释进行理解，不必过于纠结。

```
01 # idx 表示当前位置，cur 表示当前路径的某个信息，path 表示路径
02 def dfs(idx, cur, path):
03     # 结束条件
04     # 1.找到解
05     if cur == target:
06         ans.append(path.copy())
07         return
08     # 2.搜索完毕
```

```
09      if idx == n:
10          return
11
12      # 考虑可能的解，进入下一层递归
13      for num in nums:
14          # 非法解忽略
15          if num == error or num in visited:
16              continue
17          # 更新状态
18          visited.add(num)
19      path.append(num)
20          dfs(idx + 1, cur + num, path)
21          # 恢复状态
22          path.pop()
23          visited.remove(num)
```

复杂度分析

回溯法类型的题目在严格意义下的复杂度分析较为复杂，且这类题目对复杂度的要求不高，这里省略不讲。

18.3　并查集

并查集是一种树型结构，经常被用来处理一些不相交集合的查询和合并问题。具体而言，当我们遇到需要快速连接任意两个点，并且判断任意两个点是否连通的问题时，就可以使用并查集模板来实现。

这里引入一道题目让大家直观感受一下并查集的应用。

题目

班上有 n 名学生，其中有些人是朋友，有些则不是，他们的友谊具有传递性。如果已知 A 是 B 的朋友，B 是 C 的朋友，那么我们可以认为 A 也是 C 的朋友。所谓的朋友圈，是指所有朋友的集合。

给定一个 $n \times n$ 的矩阵 M，表示班级中学生之间的朋友关系。如果 $M[i][j] = 1$，表示已知第 i 个和第 j 个学生互为朋友关系，否则为未知。你必须输出所有学生中已知的朋友圈总数。

思路

把每个学生看作节点，将互为朋友关系的节点连接起来构成树型结构，每个树就是一个朋友圈，整个朋友圈就可以抽象为一组树型结构（**并查集**）。我们的任务便转化成了模拟建树的过程，即将具有朋友关系的学生节点连接起来，并在最后输出树的总数。

除数据结构外，并查集还需要实现两个操作：union(p, q)（连接节点 p 和节点 q，使这两个节点以及它们的所有子节点合并成一个树）和 find(p)（查找节点 p 的祖先节点，祖先节点用于唯一标识每个树）。对于本题而言，通过 union 操作来模拟建立朋友关系，最后输出并查集维护的连通区域数量 cnt 来表示朋友圈总数。此外，可以通过 if find(p) == find(q) 判断两个学生节点是否在同一个朋友圈（祖先节点的唯一性）。

下面介绍两种比较高效实用的并查集模板，对于并查集的各种演变版本不再进行展开讲解。

加权快速合并

首先使用 parent 数组来记录每个节点的父节点，在初始情况下每个节点的父节点为**本身**（parent[i] = i）；并使用 rank 记录以每个节点为根的树的权值（树的节点数）。

然后借助这两个变量来实现以下两个操作。

● find(p)：当 parent[p]不为 p 时，表示存在非本身的父节点，此时让 p 等于 parent[p]，即向上寻找祖先节点，不断重复这个过程直到 parent[p] 等于 p，则 p 为祖先节点。

● union(p, q)：通过 find(p, q) 找到 p 和 q 的祖先节点，然后将权值小的祖先节点（以该节点为树的高度较矮）的父节点设置为另外一个权值大的祖先节点，即将较矮的树合并到较高的树中。理论分析证明，这种算法能够保证合并后的树高度为 $O(\log n)$。

```
01  class UnionFind:
02      def __init__(self, n: int):
03          # 每个节点的父节点
04          self.parent = [i for i in range(n)]
05          # 以该节点为根的树权值（树的节点数）
06          self.rank = [0 for i in range(n)]
07          # 连通区域数量
08          self.cnt = n
09
10      def find(self, p: int) -> int:
11          while p != self.parent[p]:
```

```
12          p = self.parent[p]
13      return p
14
15  def union(self, p: int, q: int):
16      root_p, root_q = self.find(p), self.find(q)
17      if root_p == root_q:
18          return
19      if self.rank[root_p] > self.rank[root_q]:
20          self.parent[root_q] = root_p
21      elif self.rank[root_p] < self.rank[root_q]:
22          self.parent[root_p] = root_q
23      else:
24          self.parent[root_q] = root_p
25          self.rank[root_p] += 1
26      self.cnt -= 1
```

复杂度分析

● 时间复杂度：find(p)操作为 $O(\log n)$，union(p, q)操作为 $O(\log n)$，其中 n 为节点数。

● 空间复杂度：$O(n)$，其中 n 为节点数。

一般而言，本模板几乎能够满足力扣（LeetCode）上所有并查集算法题目的要求。下面介绍一种时间复杂度更低的并查集模板。

路径压缩加权快速合并

相较于加权快速合并，路径压缩加权快速合并的 union(p,q)实现方式不变，只对 find(p)进行优化。

优化方式：每当向上搜索到一个节点的祖先节点时，把搜索路径上所有节点都指向祖先节点。下次再搜索这条路径上的节点的祖先节点时，将省去不断重复向上搜索的过程，有效加快 find 及 union。

```
01  def find(self, p: int) -> int:
02      if p != self.parent[p]:
03          self.parent[p] = self.find(self.parent[p])
04      return self.parent[p]
```

复杂度分析

● 时间复杂度：并查集的时间主要消耗在 union 和 find 操作上，路径压缩和按秩合并优化后两者的时间复杂度接近于 $O(1)$。更加严谨的表达则是 $O(\log(m \times \text{Alpha}(n)))$，$n$

为合并的次数，m 为查找的次数，这里 Alpha 是 Ackerman 函数的某个反函数。但如果只有路径压缩或只有按秩合并，则两者的时间复杂度分别为 $O(\log x)$ 和 $O(\log y)$，x 和 y 分别为合并和查找的次数

● 空间复杂度：$O(n)$，其中 n 为节点数。

18.4　BFS

章节指引 — 第 5 章深度优先遍历和广度优先遍历

基于队列的广度优先遍历，将起始节点放入队列中，循环遍历队列中的节点，扩展节点相邻的有效节点，并将其放入队列中。

整个过程较为简单，读者可以直接阅读代码感受一下。

```
01 from collections import deque
02 grid = [[0] * 5 for _ in range(5)]
03 # n × m大小的矩阵
04 n, m = len(grid), len(grid[0])
05 # 扩展方向
06 direction = [[0, 1], [0, -1], [-1, 0], [1, 0]]
07 # 记录节点是否被访问
08 visited = [[False for _ in range(m)] for _ in range(n)]
09 queue = deque()
10 # 深度
11 level = 0
12 # 加入初始节点
13 queue.append([0, 0])
14 visited[0][0] = True
15 while len(queue) > 0:
16     sz = len(queue)
17     for _ in range(sz):
18         top = queue.popleft()
19         x, y = top[0], top[1]
20         # 扩展节点
21         for d in direction:
22             next_x = x + d[0]
23             next_y = y + d[1]
24             # 判断相邻节点是否有效
25             if (
26                 next_x < 0
```

```
27          or next_x >= n
28          or next_y < 0
29          or next_y >= m
30          or visited[next_x][next_y]
31      ):
32          continue
33      queue.append([next_x, next_y])
34      visited[next_x][next_y] = True
35  # 深度增加
36  level += 1
```

复杂度分析

● 时间复杂度：$O(mn)$，其中 m 为行数，n 为列数。

● 空间复杂度：$O(\min(m,n)+mn)$，即 $O(mn)$，其中 m 为行数，n 为列数，$\min(m,n)$ 是队列的空间消耗，mn 是 visited 的空间消耗。

18.5　滑动窗口

章节指引 — 第 11 章滑动窗口

借助双指针表示窗口的左边界和右边界，并根据题目要求不断移动指针，搜索可能存在的有效值。

根据窗口大小是否固定，以及最优解为最大或最小窗口，可以将滑动窗口分为 3 种类型。对应的模板也有一些差异，下面将分别介绍它们。

滑动窗口 Ⅰ

特征是窗口大小固定，最优解与窗口大小无关。

整体的主要流程为初始化大小为 init_len 的滑动窗口，检查窗口是否满足条件，更新最优解，然后循环移动窗口直到抵达边界，每次将右指针 right 及左指针 left 向右移动一步，并再次检查窗口内的信息是否满足条件，更新最优解。

```
01  cnt = {0 for _ in range(max(nums))}
02  ans = 0
```

```
03 # 初始化大小为 init_len 的窗口
04 for i in range(init_len):
05     num = nums[i]
06     cnt[num] += 1
07 left, right = 0, init_len
08 # 检查是否满足题目要求
09 if check(cnt):
10     ans = get(left, right)
11 while right < len(nums):
12     num, num2 = nums[left], nums[right]
13     cnt[num] -= 1
14     cnt[num2] += 1
15     # 检查是否满足题目要求
16     if check(cnt):
17         # 优化答案
18         ans = max(ans, get(left, right))
19     left += 1
20     right += 1
```

滑动窗口 II

特征是窗口大小不固定，最优解为最小窗口。

整体的主要流程为初始化大小为 0 的滑动窗口；然后循环移动窗口直到抵达边界，每次右指针 right 向右移动一步，并检查窗口是否满足条件，如果是，则循环向右移动左指针 left，每次移动一步，不断尝试缩小窗口直到窗口不满足条件，更新最优解。

```
01 left, right = 0, 0
02 cnt = {0 for _ in range(max(nums))}
03 ans = len(nums)
04 while right < len(nums):
05     num = nums[right]
06     cnt[num] += 1
07     # 满足题目要求，尽可能缩小窗口
08     while left <= right and check(cnt):
09         # 优化答案
10         ans = min(ans, right - left + 1)
11         # 尝试缩小窗口
12         num = nums[left]
13         cnt[left] -= 1
14         left += 1
15     right += 1
```

滑动窗口 Ⅲ

特征是窗口大小不固定，最优解为最大窗口。

整体的主要流程为初始化大小为 0 的滑动窗口；然后循环移动窗口直到抵达边界，每次右指针 right 向右移动一步，并检查窗口是否**不满足**条件，如果是，则循环向右移动左指针 left，每次移动一步直到满足条件，然后更新最优解。

```
01  left, right = 0, 0
02  cnt = {0 for _ in range(max(nums))}
03  ans = 0
04  while right < len(nums):
05      num = nums[right]
06      cnt[num] += 1
07      # 不满足题目要求，需要缩小窗口
08      while not check(cnt):
09          num = nums[left]
10          cnt[num] -= 1
11          left += 1
12      # 优化答案
13      ans = max(ans, right - left + 1)
14      right += 1
```

复杂度分析

- 时间复杂度：$O(n)$，其中 n 为滑动窗口右指针的移动范围。
- 空间复杂度：$O(n)$，其中 n 为滑动窗口右指针的移动范围。

18.6　数学

素数

开根号法

素数只能被 1 和它本身整除，而非素数除它们之外，至少还有两个除数 a 和 b。为了判断 num 是否为非素数，我们可以在 [2, num - 1] 区间查找是否存在 num 的除数。

进一步观察非素数的因子的特征，a 和 b 是相互配对的，且必然有一个比较小，假设较小的数为 min，我们只要去搜索 $[2, \min]$ 区间即可。现在问题就转换为如何求 min 的最大值了，小数 × 大数 = n，为了让小数尽可能地大，缩小大数，最后变成小数 × 小数 = n，则 min 的最大值为 $\sqrt{n}$。

```
01 def isPrime(n: int) -> boolean:
02     if n <= 1:
03         return False
04     i = 2
05     while i * i <= n:
06         if n % i == 0:
07             return False
08         i += 1
09     return True
```

复杂度分析

- 时间复杂度：$O\sqrt{n}$，其中 n 为数字大小。

- 空间复杂度：$O(1)$。

对于素数判断的问题，该算法的时间复杂度还是可以接受的，但对于计数问题，如求解 n 以内的素数个数，1 至 n 中的每个数都要调用一次函数来验证，时间复杂度将达到 $O(n\sqrt{n})$，耗时过大。由于每个数都是独立判断的，因此无法充分利用数字之间的关联，下面介绍一种更为高效的算法。

埃氏筛法

利用**素数的倍数是合数**的性质，从小到大遍历每个数字，如果数字为素数，则筛掉其倍数。

具体实现时，使用布尔数组来记录每个数字是否为素数，并通过标记数组元素为 False 来模拟筛掉操作。

先来看一下具体的实现代码，关于查找倍数的优化细节将在后面补充。

```
01 class Solution:
02     def countPrimes(self, n: int) -> int:
03         if n <= 1:
04             return 0
05         tmp = [True for i in range(n)]
06         ans = 0
07         tmp[0] = False
08         tmp[1] = False
```

```
09          for i in range(2, n):
10              if not tmp[i]:
11                  continue
12              # 查找 i 倍数的优化细节：从 i * i 开始
13              for j in range(i * i, n, i):
14                  tmp[j] = False
15          for i in range(n):
16              if tmp[i]:
17                  ans += 1
18          return ans
```

查找倍数的优化

为什么查找 i 的倍数时不从两倍 $2i$ 开始，而是从 i 倍 $i \times i$ 开始呢？

假设从 k 倍开始查找，并且 k 小于 i，第 1 个倍数 num 为 ik。试想一下，num 是否可能在之前遍历过？

换个角度思考，ik 可以看作 k 的 i 倍，而查找 i 的倍数时，已经查找过小于 i 的每个数字的倍数（最外层循环从小到大遍历每个数字并查找倍数），这其中就包含数字 k 的倍数 ki。

复杂度分析

- 时间复杂度：$O(n\log n)$，其中 n 表示数字大小。
- 空间复杂度：$O(n)$，其中 n 表示数字大小。

最大公约数

根据欧几里得算法的定理：两个整数的最大公约数等于**其中较小的那个数**和**两数相除余数**的**最大公约数**，我们可以通过递归，不断缩小这两个数字，直到某个数字为 0，则另外一个数字为最大公约数。

```
01  def gcd(a: int, b: int) -> int:
02      return a if b == 0 else gcd(b, a % b)
```

复杂度分析

- 时间复杂度：$O(\log(\max(a,b)))$ 。
- 空间复杂度：同上。

最小公倍数

最大公约数和最小公倍数存在一个性质：两个数的乘积等于这两个数的最大公约数和最小公倍数的乘积，因此，两数最小公倍数 = 两数乘积 / 两数最大公约数。

```
01 def lcm(a: int, b: int) -> int:
02     return a * b // gcd(a, b)
```

复杂度分析

● 时间复杂度：$O(\log(\max(a,b)))$ 。

● 空间复杂度：同上。

总结

通用解题模板的适用范围较广，根据需要对其中的几个关键步骤进行定制，就可以运用在不同的场景中了。直接复制模板来解题可以省去许多重复的编码工作，不过还是建议读者要尽可能多地去了解模板背后算法的思想，总结解题"套路"。与复制粘贴相比，一个更好的模板使用方式是：编写代码之前先阅读对应的模板及其相关说明，尝试参考模板并结合题意编写出完整的算法代码。这样，久而久之，你便能够领悟模板，将其内化为自己的思想，解"套路"题时便游刃有余了。

由于作者精力和能力有限，本书无法完全涵盖所有解题模板，这里挑选了几位作者认为值得整理的解题模板，有兴趣的读者可以继续研究。

● KMP：改进的字符串匹配算法。经典的应用场景是查找字符串 A 在字符串 B 的起始位置。

● 马拉车：处理回文字符串问题的算法。经典的应用场景是查找字符串的最长回文字串。

● 树状数组：实现单点修改，区间查询的数据结构。实现难度较低，功能有限。

● 线段树：实现区间修改，区间查询的数据结构。实现难度较高，功能强大。

第 **19** 章

融会贯通

前面章节的题目在算法选择上会有一定的侧重点，通常会讲解最经典和最贴合章节主旨的内容。我们鼓励读者在做算法练习时尝试尽可能多的解题方法，那么本章就将思路打开，尝试一题多解，多题同解，力求掌握更为全面的解题思路。

本章我们首先讲数组和链表的循环移位问题，让读者感受一下相同的算法在不同的数据结构下的异同。19.2 节通过编辑距离让读者感受一下记忆化递归和动态规划的异同，以及如何使用滚动数组优化动态规划问题的空间复杂度。 19.3 节通过分析力扣（LeetCode）中的几个共性题目，即第 k 问题，总结了一套思考这类问题的方法和"套路"。当读者遇到类似的题目时，不妨试一下。相信通过本书介绍的方法，你也可以打造属于自己的解题"套路"。

19.1　循环移位问题

19.1.1　旋转数组

循环移位是一类非常经典的问题，通常涉及数组、字符串和链表等线性数据结构，包括移动问题、查找问题和包含问题等类型。虽然表现形式有很多，但其问题本质是相似的，只要理解其背后的算法思想，你便能掌握不同数据结构下的实现。

题目描述（第 189 题）

给定一个数组，将数组中的元素向右移动 k 个位置，其中 k 是非负数。

示例 1

输入：[1,2,3,4,5,6,7] 和 k = 3

输出：[5,6,7,1,2,3,4]

解释：

向右旋转 1 步：[7,1,2,3,4,5,6]；

向右旋转 2 步：[6,7,1,2,3,4,5]；

向右旋转 3 步：[5,6,7,1,2,3,4]。

示例 2

输入：[-1,-100,3,99] 和 k = 2

输出：[3,99,-1,-100]

解释：向右旋转 1 步：[99,-1,-100,3]；向右旋转 2 步：[3,99,-1,-100]。

说明

尽可能想出更多的解决方案，至少有 3 种不同的方法可以解决这个问题。要求使用空间复杂度为 $O(1)$ 的原地算法。

解法一 空间复杂度为 $O(n)$ 的解法

先思考两个问题。

● k 的范围是多少？如果很大，你的算法还有效么？

● n 的范围是多少？如果很大，你的算法还有效么？其中 n 为数组长度。

第 1 个问题，不管 k 有多大，我们只需要对 n 求模，将求模的值当成新的 k 即可，它表示实际的位移。第 2 个问题，取决于采用的算法的复杂度和题目的时间限制，我们可以结合题目的数据范围，根据算法的时间复杂度粗略地估算出当前算法是否可以被采纳。不管是面试还是刷力扣（LeetCode）题目，这都是一个很有用的技巧，本书的第 20

章会对它进行详细论述。

思路

如果采用原地旋转的方法，那么部分数据可能会因为在操作过程中被覆盖而丢失，解决这个问题最简单的做法是在开始时复制一个完全一样的数组，每次移动时从新的数组取数，但是这样占用的额外空间会随着数组大小的变化而线性增加，算法的空间复杂度为 $O(n)$。

代码

```
01  class Solution:
02      def rotate(self, nums: List[int], k: int) -> None:
03          copy = nums.copy()
04          n = len(nums)
05
06          for i in range(n):
07              nums[(k + i) % n] = copy[i]
```

实际上还可以优化一下，如果 k 是 n 的倍数，不需要做任何移动，直接返回即可。

```
01  class Solution:
02      def rotate(self, nums: List[int], k: int) -> None:
03          copy = nums.copy()
04          n = len(nums)
05          if k % n == 0:
06              return
07
08          for i in range(n):
09              nums[(k + i) % n] = copy[i]
```

复杂度分析

- 时间复杂度：这里使用了一层循环，因此时间复杂度是 $O(n)$。
- 空间复杂度：由于开辟了额外的一个同样的数组，因此空间复杂度为 $O(n)$。

扩展

这道题限定了 k 是非负数，如果没有这个限制应该怎么调整算法呢？

解法二　时间换空间（超时）

在旋转的过程中至少需要遍历一次数组，因此线性的时间复杂度已经是最优的了；

题目要求我们使用空间复杂度为 $O(1)$ 的原地算法，因此问题的关键是对空间复杂度进一步进行优化。

思路

来看一下常数空间复杂度的解法。这种算法思路很简单，每次只移动 1 位，完成整个数组的移动为 1 轮，总共移动 k 轮即可，整个过程可以共用 1 个变量，因此总的空间复杂度可以降低至 $O(1)$。

以字符串 abcdefgh 移动 3 位为例。

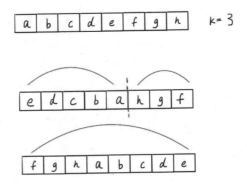

```
01  class Solution:
02      def rotate(self, nums: List[int], k: int) -> None:
03          """
04          Do not return anything, modify nums in-place instead.
05          """
06          n = len(nums)
07          t = None
08          offset = n - k % n  # 右移变左移
09          if offset == 0:
10              return
11          while offset:
12              t = nums[0]
13              offset -= 1
14              for i in range(n - 1):
15                  nums[i] = nums[i + 1]
16              nums[n - 1] = t
```

复杂度分析

- 时间复杂度：时间复杂度是 $O(nk)$，在最坏的情况下可以达到 $O(n^2)$。
- 空间复杂度：$O(1)$。

解法三　空间换时间

下面再来看一种空间换时间的算法，思路是拼接一个完全一样的数组到当前数组的尾部，问题就转化为截取数组使之满足右移的效果。

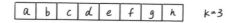

下面看一下代码。

```
01  class Solution:
02      def rotate(self, nums: List[int], k: int) -> None:
03          """
04          Do not return anything, modify nums in-place instead.
05          """
06          n = len(nums)
07          offset = k % n
08          nums = nums + nums.copy()
09          return nums[n - offset : n * 2 - offset]
```

复杂度分析

- 时间复杂度：$O(n)$。
- 空间复杂度：$O(n)$。

上述解法的空间复杂度仍然是 $O(n)$，不能满足常数空间复杂度的要求，但是这样扩展了解题思路，也是不错的，这也是刷题的乐趣之一。

提示：由于题目要求原地修改，因此上面的代码提交会报错。

解法四　三次翻转法

思路

下面来看另外一种方法——经典的三次翻转法。

此算法的使用有个前提条件：当以某个点对数组进行反转时，反转点前面的元素会被移动到反转点的后面，反转点后面的元素会被移动到反转点的前面。这特定的三次反转将与顺序旋转等价，后面会通过例子来辅助讲解，并给以数学证明。

举例来说，对于数组[1,2,3,4,5]，$k = 2$：

原始数组	1 2 3 4 5
反转前 $n-k$ 个数字后	3 2 1 4 5
反转后 k 个数字后	3 2 1 5 4
反转全部数字后	4 5 1 2 3→ 结果

具体来说，我们可以这么做：

● 　先把 $[0, n-k-1]$ 范围内的元素翻转；

● 　然后把 $[n-k, n-1]$ 范围内的元素翻转；

● 　最后把 $[0, n-1]$ 范围内的元素翻转。

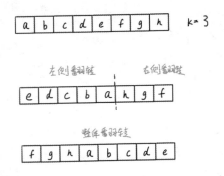

下面是简单的数学证明。

● 　对于 $[0, n-k-1]$ 部分，翻转一次后新的坐标 y 和之前的坐标 x 的关系可以表示为 $y = n - 1 - k - x$。

● 　对于 $[n-k, n-1]$ 部分，翻转一次后新的坐标 y 和之前的坐标 x 的关系可以表

示为 $y = 2 \times n - 1 - k - x$。

- 最后，在整体进行翻转时，新的坐标 y 和之前的坐标 x 的关系可以表示为：
  - $y = n - 1 - (n - 1 - k - x)$ 即 $y = k + x$ $(0 \leq x \leq n - k - 1)$；
  - $y = n - 1 - (2 \times n - 1 - k - x)$ 即 $y = k + x - n$ $(n - k \leq x \leq n - 1)$。

代码

```
class Solution:
    def rotate(self, nums: List[int], k: int) -> None:
        """
        Do not return anything, modify nums in-place instead.
        """
        # 首尾交换法
        def reverse(list: List[int], start: int, end: int) -> None:
            while start < end:
                t = list[start]
                list[start] = list[end]
                list[end] = t
                start += 1
                end -= 1

        n = len(nums)
        offset = k % n
        if offset == 0:
            return
        reverse(nums, 0, n - offset - 1)
        reverse(nums, n - offset, n - 1)
        reverse(nums, 0, n - 1)
```

复杂度分析

- 时间复杂度：$O(n)$。
- 空间复杂度：$O(1)$。

19.1.2　旋转链表

题目描述（第 61 题）

给定一个链表，旋转链表，将链表每个节点向右移动 k 个位置，其中 k 是非负数。

示例 1

输入：1→2→3→4→5→NULL，k = 2

输出：4→5→1→2→3→NULL

解释：

向右旋转 1 步：5→1→2→3→4→NULL；

向右旋转 2 步：4→5→1→2→3→NULL。

示例 2

输入：0→1→2→NULL，k = 4

输出：2→0→1→NULL

解释：

向右旋转 1 步：2→0→1→NULL；

向右旋转 2 步：1→2→0→NULL；

向右旋转 3 步：0→1→2→NULL；

向右旋转 4 步：2→0→1→NULL。

思路

与数组不同，单链表不支持随机访问，需要从头遍历去定位元素。上面提到的三次旋转法，借助数组下标对元素进行了交换，这在链表中是不可能的。

```
01 def reverse(list: List[int], start: int, end: int) -> None:
02     while start < end:
03         t = list[start]
04         list[start] = list[end]
05         list[end] = t
06         start += 1
07         end -= 1
```

不过在链表这类数据结构中实现元素移动更为简单，只需要找到关键的断点，然后重新拼接链表即可。本题中这个断点是第 $n - k \% n$ 个节点，其中 k 为右移的位数，n 为链表长度。这里取模的原因和上面一样，防止因 k 过大而带来不必要的运算。同样地，这道题目也限定了 k 是非负数，可以不用考虑 k 为负数的情况。

如图所示，其中 p1 为末尾节点，p2 为断点。

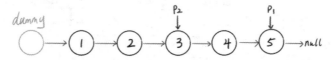

只需要让 p1 指向头节点，保存 p2 的下一个节点（p2.next），并让 p2.next 指向 None，并最终返回保存的节点即可。

代码

```
01  class Solution:
02      def rotateRight(self, head: ListNode, k: int) -> ListNode:
03          if head == None or head.next == None:
04              return head
05          p1 = head
06          res = None
07          n = 1
08
09          while p1 and p1.next:
10              p1 = p1.next
11              n += 1
12          cur = 1
13          p2 = head
14          while cur < n - k % n:
15              p2 = p2.next
16              cur += 1
17          p1.next = head
18          res = p2.next
19          p2.next = None
20
21          return res
```

复杂度分析

● 时间复杂度：先进行了一次完整遍历，然后进行了一次从头到断点的遍历，因此时间复杂度是 $O(n)$。

● 空间复杂度：$O(1)$。

扩展

链表的这种算法可以应用在数组中么？为支持随机访问，数组元素在内存里的地址是连续的。

如果采用与上述链表类似的方法，那么大概是这样的。

我们注意到，内存地址被颠倒了，这和数组内存连续这一点矛盾，因此这样不可行。

小结

具体来说，上面分别从数组、链表的循环移位问题入手，体会到两者的不同只是数据结构上的微小差异，其思想并没有什么大的差异。上文还提到了时空互换的方式，虽然并不满足题意，但是这种思考方式很重要。另外还介绍了三次翻转法，从数学角度降维打击，从而解决问题，力扣（LeetCode）类似的题目不少，读者可以留心观察一下。

数据结构和算法是相辅相成的，特定的算法需要结合特定的数据结构。希望通过本节的内容，读者能彻底掌握循环移位问题，并且能够感受不同数据结构对算法产生的影响。实际上，在本书的 6.1 节，也用了二叉搜索树来帮助读者理解题目中数组的搜索过程，这也说明了只有熟练掌握基础的数据结构与算法，才能从容应对各种复杂问题。

19.2　编辑距离

编辑距离是非常经典且实用的算法。它的使用场景也十分广泛，比如程序员常用的 Git 工具利用多种编辑距离算法实现文本比较；生物科学研究人员使用编辑距离判断 DNA 的相似度从而发现不同物种的近亲关系等。

编辑距离同时也是非常经典的动态规划问题，本题先从简单、直观的递归法入手，然后改造成动态规划的形式，并一步一步优化空间。

题目描述（第 72 题）

给定两个单词 word1 和 word2，计算出将 word1 转换成 word2 所使用的最少操作次数。

你可以对一个单词进行如下 3 种操作：插入一个字符/删除一个字符/替换一个字符。

示例 1

输入：word1 = "horse"，word2 = "ros"

输出：3

解释：horse → rorse（将 'h' 替换为 'r'），rorse → rose（删除 'r'），rose → ros（删除 'e'）。

示例 2

输入：word1 = "intention"，word2 = "execution"

输出：5

解释：intention → inention（删除 't'），inention → enention（将 'i' 替换为 'e'），enention → exention（将 'n' 替换为 'x'），exention → exection（将 'n' 替换为 'c'），exection → execution（插入 'u'）。

解法一　暴力法

编辑距离问题就是给定两个字符串 s1 和 s2，并只能进行 3 种操作，让我们把 s1 变成 s2，求最少的操作次数。需要注意的是，不管是把 s1 变成 s2，还是把 s2 变成 s1，其结果都是一样的，后文以将 s1 变成 s2 为例进行说明。

思路

简单的思路就是用递归解决。定义一个递归函数 helper(word1, s1, e1, word2, s2, e2)，其中 word1 和 word2 分别表示第 1 个和第 2 个单词，s1 和 s2 分别表示 word1 和 word2 的开始位置，e1 和 e2 分别表示 word1 和 word2 的结束位置，helper 的返回值是 word1[s1:e1 + 1] 和 word2[s2:e2 + 1] 的最小编辑距离，因此原问题转化为求解 helper(word1, 0, len(word1) - 1, word2, 0, len(word2) - 1)。

使用递归解决问题，需要考虑如何缩小问题规模，以及如何设置递归终止条件。

首先，考虑递归终止条件。

● 如果 s1 > e1，说明 word1 已经完成比较了，只需要删除 s2 对应字符或添加对应的字符到 s1 即可，这里直接返回 e2 - s2 + 1。

● s2 > e2 的情况也是同理。

继续考虑如何缩小问题规模。

● 如果 word1[s1]和 word2[s2]相同,则问题转化为 helper(word1, s1 + 1, e1, word2, s2 + 1, e2)。

● 如果 word1[s1]和 word2[s2]不同。这时需要考虑进行转化,将 word1[s1] 和 word2[s2] 转化为相同的,关于编辑的方法有 6 种情况。

➢ 修改 word1[s1] 为 word2[s2]。

➢ 修改 word2[s2] 为 word1[s1]。

➢ 添加 word1[s1] 到 word2。

➢ 添加 word2[s2] 到 word1。

➢ 删除 word1[s1]。

➢ 删除 word2[s2]。

因此问题转化为在这 6 种情况下的最小编辑距离再加上 1,其中 1 指的是 1 次操作。

以 word1="horse",word2="ros" 为例,其中 s1 和 s2 都为 0,对于上述 6 种情况结果分别如下。

➢ s1="rorse" s2="ros"。

➢ s1="horse" s2="hos"。

➢ s1="horse" s2="hros"。

➢ s1="rhorse" s2="ros"。

➢ s1="orse" s2="ros"。

➢ s1="horse" s2="os"。

对于 1 和 2 来说,原问题转化为 helper(word1, s1 + 1, e1, word2, s2 + 1, e2) + 1。

对于 3 和 5 来说,原问题转化为 helper(word1, s1 + 1, e1, word2, s2, e2) + 1。

对于 4 和 6 来说,原问题转化为 helper(word1, s1, e1, word2, s2 + 1, e2) + 1。

可以看出,表面是 6 种情况,但对于求编辑距离来说,其实只需要考虑 3 种情况就够了,因此问题转化为以上 3 种情况的最小值+ 1。

由于上面的计算过程会产生很多重复的计算,这里使用哈希表以空间换取时间的方式来避免这些重复计算。读者可以使用第 1 章介绍的技巧画出递归树,直观地感受一下重复计算对时间复杂度的影响。

代码

```
01  class Solution:
02      def helper(
03          self, word1: str, s1: int, e1: int, word2: str, s2: int,
                    e2: int, memo: dict
04      ) -> int:
05          if s1 > e1:
06              return e2 - s2 + 1
07          elif s2 > e2:
08              return e1 - s1 + 1
09          c1 = word1[s1]
10          c2 = word2[s2]
11          key = (s1, s2)
12          if key in memo:
13              return memo[key]
14          if c1 == c2:
15              memo[key] = self.helper(word1, s1 + 1, e1, word2, s2 + 1,
                        e2, memo)
16              return memo[key]
17          else:
18              memo[key] = (
19                  min(
20                      self.helper(
21                          word1, s1 + 1, e1, word2, s2, e2, memo
22                      ),  # delete or add
23                      self.helper(
24                          word1, s1, e1, word2, s2 + 1, e2, memo
25                      ),  # delete or add
26                      self.helper(word1, s1 + 1, e1, word2, s2 + 1, e2, memo),
                            # replace
27                  )
28                  + 1
29              )
30
31              return memo[key]
32
33      def minDistance(self, word1: str, word2: str) -> int:
34          return self.helper(word1, 0, len(word1) - 1, word2, 0, len(word2)
                    - 1, dict())
```

复杂度分析

● 时间复杂度：如果画出递归树的话，你会发现树的分叉要么是 1 个，要么是 3

351

个，具体取决于当前位置两个字符是否相等。由于每一层的节点数呈指数级增长，因此时间复杂度是指数阶的。

● 空间复杂度：这里使用了 memo 来存储已经计算过的结果，其中 key 为 (s1, s2) 这样的一个元组，空间复杂度取决于 key 的个数，因此空间复杂度为 $O(mn)$，其中 m 为 word1 的长度，n 为 word2 的长度。

注：这种解法部分语言会超时。

解法二　简单动态规划

动态规划和递归的思路一样，唯一不同的是，动态规划是自底向上求解，而递归是自顶向下求解。下面来感受一下这两种算法的差异。

思路

在解法一里我们已经对问题进行了分解，得出了子问题之间的递推公式。这里定义 dp[i][j] 表示字符串 word1[:i] 和 word2[:j] 的最小编辑距离（其中 i 是 word1 的索引，j 是 word2 的索引），因此不难得出：

● 如果 word1[i - 1] 等于 word2[j -1]，那么 dp[i][j]等价于 dp[i - 1][j - 1]。

● 否则 dp[i][j]等价于 min(dp[i - 1][j - 1], dp[i][j - 1], dp[i - 1][j]) + 1。

同时需要注意临界情况，首先初始化所有的编辑距离为 0，然后对 dp[i][0] 和 dp[0][j] 分别赋值 i 和 j 即可。

至此，我们发现递归与动态规划的解法思路和代码都很相似，不同的只是细节：动态规划是自底向上求解，而递归是自顶向下求解。dp[i][j]代替了上面的哈希表，并且省去了递归开辟栈空间的开销，因此大家更偏向于使用动态规划这一解法，不仅如此，动态规划解法可以更方便地使用诸如滚动数组的技巧来优化空间，这个技巧稍后会讲。

代码

```
01 class Solution:
02     def minDistance(self, word1: str, word2: str) -> int:
03         m = len(word1)
04         n = len(word2)
05         dp = [[0 for j in range(n + 1)] for i in range(m + 1)]
06
07         for i in range(1, m + 1):
08             dp[i][0] = i
09         for j in range(1, n + 1):
```

```
10              dp[0][j] = j
11
12      for i in range(1, m + 1):
13          for j in range(1, n + 1):
14              if word1[i - 1] == word2[j - 1]:
15                  dp[i][j] = dp[i - 1][j - 1]
16              else:
17                  dp[i][j] = min(dp[i - 1][j - 1], dp[i][j - 1],
                                   dp[i - 1][j]) + 1
18      return dp[m][n]
```

复杂度分析

● 时间复杂度：这里使用了两层循环，因此时间复杂度为 $O(mn)$，其中 m 为 word1 的长度，n 为 word2 的长度。

● 空间复杂度：这里使用$(m+1)(n+1)$的 dp 数组来存储重复计算，因此空间复杂度 为 $O(mn)$，其中 m 为 word1 的长度，n 为 word2 的长度。

解法三　优化的 dp

思路

上述的解法建立了 $(m + 1) \times (n + 1)$ 的矩阵来存储子问题，那么是否可以在空间上 进行优化呢？在回答这个问题之前，先来分析一下刚才的解法。首先将刚才的解法用下 面的示意图来表示。从图上可以看出，每一项 dp[i][j]仅依赖上面、下面和左斜上方的格 子，这一点其实从代码上也可以看出来。

如果做的动态规划题目足够多，你就会发现这是一个可以优化空间的信号，让我们 使用滚动数组来优化一下吧。具体算法是建立两个长度为 n（word2 的长度）的向量。

每次从左向右遍历时都清除之前的数据。具体来说就是，当上面的解法遍历到第 3 行时，其实再也不会用到第 1 行的数据了，同理到第 4 行时，再也不会用到前两行的数据了，因此维护两个长度为 n（word2 的长度）的向量是足够的。

代码

```
01  class Solution:
02      def minDistance(self, word1: str, word2: str) -> int:
03          m = len(word1)
04          n = len(word2)
05          pre = [0] * (n + 1)
06          cur = [0] * (n + 1)
07
08          for i in range(1, n + 1):
09              pre[i] = i
10          for i in range(1, m + 1):
11              cur[0] = i
12              for j in range(1, n + 1):
13                  if word1[i - 1] == word2[j - 1]:
14                      cur[j] = pre[j - 1]
15                  else:
16                      cur[j] = min(pre[j], pre[j - 1], cur[j - 1]) + 1
17              # move on
18              pre = cur.copy()
19          # 最后进行了一次交换，cur 变成了 pre，因此应该取 pre[n]，而不是 cur[n]
20          return pre[n]
```

复杂度分析

- 时间复杂度：这里使用了两层循环，因此时间复杂度为 $O(mn)$，其中 m 为 word1 的长度，n 为 word2 的长度。

- 空间复杂度：这里使用了两个 $n + 1$ 的 dp 数组来存储重复计算，因此空间复杂度为 $O(n)$，其中 n 为 word2 的长度。

解法四　继续优化

上面算法的空间复杂度已经从 $O(mn)$ 降低到 $O(n)$ 了，那么是否可以进一步优化空间呢？答案是可以，来看一下怎么做。

思路

具体思路是只建立一个长度为 n 的向量，而不是两个。仔细观察会发现，其实解法二的矩阵中每一行的上一行的后半段都是不需要的，前半段也只是需要左上角的一个元素和上方的一个元素。假设 dp[i][j] 只依赖上方的元素和左边的元素，那么其实很简单，力扣（LeetCode）有很多这种情况，比如硬币找零问题。这里其实多依赖了一个左上角的元素，用一个额外的变量去记录就好了，这个额外的变量是常数的复杂度。

虽然上述过程完成了空间上的优化，但要注意的是空间复杂仍然是 $O(n)$，也就是说没有量级上的提升，从力扣（LeetCode）的提交数据中也可以看出这一点，但是掩盖不了这个算法比上面的算法在空间复杂度上更优秀的事实。

代码

```
01  class Solution:
02      def minDistance(self, word1: str, word2: str) -> int:
03          m = len(word1)
04          n = len(word2)
05          cur = [0] * (n + 1)
06          pre = None
07
08          for i in range(1, n + 1):
09              cur[i] = i
10          for i in range(1, m + 1):
11              pre = cur[0]
12              cur[0] = i
13              for j in range(1, n + 1):
14                  temp = cur[j]
15                  if word1[i - 1] == word2[j - 1]:
16                      cur[j] = pre
17                  else:
18                      cur[j] = min(cur[j], cur[j - 1], pre) + 1
19                  pre = temp
20          return cur[n]
```

复杂度分析

● 时间复杂度：这里使用了两层循环，因此时间复杂度为 $O(mn)$，其中 m 为 word1 的长度，n 为 word2 的长度。

● 空间复杂度：这里使用了一个 $n + 1$ 的 dp 数组来存储重复计算，因此空间复杂度为 $O(n)$，其中 n 为 word2 的长度。

小结

编辑距离在很多场景中都有应用，比如字符串相似度计算、Git 的 diff 算法等。本节从最简单的递归算法，讲到同样逻辑的动态规划算法，然后一步步优化空间复杂度。

通过这道题，可以看出动态规划和记忆化递归并没有本质的不同。只不过记忆化递归采取的是自顶向下的求解过程，这一点更符合人的直觉，而动态规划采用的则是自底向上的求解过程。采用动态规划不仅可以减少调用栈的开销，还可以采取诸如滚动数组的方式来优化空间，这种优化方式在力扣（LeetCode）题目中有很多体现，希望你在做类似题目时可以想到这一点。

19.3　第 *k* 问题

截至目前，力扣（LeetCode）中有关第 *k* 的题目一共有 8 道，其中包含 1 道简单级别、5 道中等级别和 2 道困难级别的题目。

● 第 60 题第 *k* 个排列，第 779 题第 *k* 个语法符号，属于找规律的题目。

● 第 215 题数组中的第 *k* 个最大元素，第 703 题数据流中的第 *k* 大元素，可以用堆来解决。

● 第 230 题二叉搜索树中第 *k* 小的元素，这个比较特殊，用到了二叉搜索树这种数据结构，因此可以尝试用二分法解决，也可以使用前序遍历来解决，不过复杂度会更高一点。

● 第 378 题有序矩阵中第 *k* 小的元素，这道题可以利用横向/纵向分别有序的性质使用二分法解决。

● 第 668 题乘法表中第 *k* 小的数，可以使用二分法解决。

● 第 440 题字典序的第 *k* 小数字，可以将问题转化为十叉树，然后找规律解决。

从上面大概能够看出来，第 *k* 问题往往有 3 种解法：堆、二分法和找规律。

本书只介绍前两种解法，对于找规律问题，由于其代表性不是很强，限于篇幅，就不在本书中介绍了，感兴趣的读者可以参考本书的官方网站（见参考链接/正文[24]）。

19.3.1 堆

堆的一个经典的实现是完全二叉树，如果用完全二叉树来实现的话就是二叉堆，当然相应地也有其他种类的堆。堆的任意非叶子节点至少满足以下性质之一。

- 性质 1：nodes[i] <= nodes[2i+1] and nodes[i] <=nodes[2i+2]。
- 性质 2：nodes[i] >= nodes[2i+1] and nodes[i] >= nodes[2i+2]。

即任一非叶子节点的值不大于或不小于其左/右孩子节点的值，如下图所示（小顶堆）。

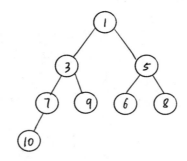

堆分为大顶堆和小顶堆，满足性质 1 的是小顶堆，满足性质 2 的则是大顶堆。由上述性质可知大顶堆的堆顶的值是最大的，小顶堆的堆顶的值是最小的。堆有两个操作：一个是 push，一个是 pop。不管哪种操作，都会破坏堆的性质，因此每次操作之后都需要进行调整，使之重新满足堆的性质。关于具体的堆操作，不在这里进行讲述，如果不知道或有所遗忘的读者，建议先学习一下相关知识再往后看，接下来我们通过两道题目来实践一下。

数组中的第 k 个最大元素

题目描述（第 215 题）

在未排序的数组中找到第 k 个最大的元素。请注意，你需要找的是数组排序后的第 k 个最大的元素，而不是第 k 个不同的元素。

示例 1

输入：[3,2,1,5,6,4] 和 k = 2

输出：5

示例 2

输入：[3,2,3,1,2,4,5,5,6] 和 k = 4

输出：4

说明：可以假设 k 总是有效的，且 1≤k≤数组的长度。

思路

最直观的想法是直接对数组进行排序，然后根据索引获取第 k 大元素。这种算法的时间复杂度是 $O(n\log n)$，空间复杂度是 $O(1)$。

下面使用堆的思路来优化上述解法。首先建立一个小顶堆，依次将数组中的元素入堆，并且保持堆的大小为 k，如果超过了 k 且当前值比堆顶元素大，则将堆顶的元素 pop 出去即可。根据堆的性质，我们此时会保留前 k 大的元素，由于是小顶堆，那么堆顶的元素自然就是第 k 大的元素。由于每次向堆中添加元素操作数为 $\log k$，并且需要对 n 个元素执行这样的操作，因此这种算法的时间复杂度是 $O(n\log k)$。因为需要建立大小为 k 的堆，所以算法的空间复杂度是 $O(k)$。

以 [3,2,1,5,6,4] 和 k = 2 为例，堆的建立过程是这样的。

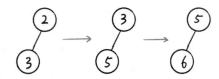

如上直接返回堆顶元素 5 即可。

代码

Python 可以使用 heapq.nlargest 快速生成前 k 个最大元素的小顶堆，这在数组长度不大的时候效率很高。

```python
from heapq import nlargest

class Solution:
    def findKthLargest(self, nums: List[int], k: int) -> int:
        return nlargest(k, nums)[-1]
```

复杂度分析

- 时间复杂度：这里维护了一个大小为 k 的小顶堆，因此每次建立堆的复杂度为

$O(\log k)$。由于需要不断 pop 出当前最大元素并重新建堆 n 次，因此时间复杂度为 $O(n\log k)$，其中 n 为数组长度。

● 空间复杂度：这里维护了一个大小为 k 的小顶堆，因此空间复杂度为 $O(k)$。

数据流中的第 k 大元素

题目描述（第 703 题）

设计一个找到数据流中第 k 大元素的类（class）KthLargest。注意是排序后的第 k 大元素，不是第 k 个不同的元素。

KthLargest 类需要一个同时接收整数 k 和整数数组 nums 的构造器，它包含数据流中的初始元素。每次调用 KthLargest.add，返回当前数据流中第 k 大的元素。

示例

int k = 3;

int[] arr = [4,5,8,2];

KthLargest kthLargest = new KthLargest(3, arr);

kthLargest.add(3); // returns 4

kthLargest.add(5); // returns 5

kthLargest.add(10); // returns 5

kthLargest.add(9); // returns 8

kthLargest.add(4); // returns 8

说明：可以假设 nums 的长度 $\geq k-1$ 且 $k \geq 1$。

思路

这道题和上面的题目比较类似，区别在于这道题的数据不再是静态的，而是动态的，因此直接遍历构造小顶堆的思路是不行的。不过只要稍加变通即可。

题目中给定的限制条件为 nums 的长度 $\geq k-1$ 且 $k \geq 1$。

● 可以在初始化时，构建一个大小为 k 的小顶堆，为了操作方便，直接在数组后面 push 一个最小值 float('-inf')可以简化判断逻辑。由于 push 了一个最小值 float('-inf')，因此使用一次 heapify 将堆顶元素放到数组的第 1 项，之后取第 k 大元素时只要取数组第 1 个元素即可。

- 每次添加数字时，执行一次 heappushpop 方法，使堆的大小 k 保持不变。

- 最后访问堆顶元素。

代码

```
01  import heapq
02
03  class KthLargest:
04     def __init__(self, k: int, nums: List[int]):
05        self.k = k
06        self.nums = heapq.nlargest(k, nums + [float("-inf")])
07        heapq.heapify(self.nums)
08
09     def add(self, val: int) -> int:
10        heapq.heappushpop(self.nums, val)
11        return self.nums[0]
```

复杂度分析

- 时间复杂度：与上面的题目类似，在 init 方法中时间复杂度为 $O(n\log k)$，其中 n 为初始化数组的长度。后续每次 add，都是在 push 一次的同时 pop 一次，维持堆的大小 k 不变，因此时间复杂度为 $O(\log k)$。

- 空间复杂度：这里维护了一个大小为 k 的小顶堆，因此空间复杂度为 $O(k)$。

19.3.2 二分法

二叉搜索树中第 k 小的元素

题目描述（第 230 题）

给定一个二叉搜索树，编写一个函数 kthSmallest 来查找其中第 k 个最小的元素。

说明：可以假设 k 总是有效的，$1 \leq k \leq$ 二叉搜索树的元素个数。

示例 1

输入：root = [3,1,4,null,2]，k = 1

输出：1

示例 2

输入：root = [5,3,6,2,4,null,null,1]，k = 3

输出：3

进阶：如果二叉搜索树经常被修改（插入/删除），并且需要频繁地查找第 k 小的值，你将如何优化 kthSmallest 函数呢？

思路

题目给定的数据结构是一个二叉搜索树（BST），下面先来看一下什么是二叉搜索树。对于一个树，需要满足以下 3 个条件。

● 　若它的左子树不空，则左子树上所有节点的值均小于它的根节点的值。

● 　若它的右子树不空，则右子树上所有节点的值均大于它的根节点的值。

● 　它的左、右子树也分别为二叉排序树。

如下图所示为二叉搜索树。

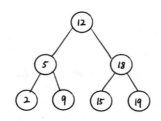

我们其实可以对二叉搜索树进行一次前序遍历，这样就可以得到一个递增的数组。这时直接取数组倒数第 k 个元素即可。这种算法的时间复杂度和空间复杂度都是 $O(n)$，其中 n 为节点数。下面来看一下如何使用二分法来解决。

由二叉搜索树的性质，可以知道：

● 如果根节点的左子树的节点个数等于 $k-1$，那么根节点就是我们要找的节点，直接返回即可。

● 如果根节点的左子树的节点个数大于 $k-1$，那么右子树就可以直接舍弃，答案一定在左子树上。

● 如果根节点的左子树的节点个数小于 $k-1$，那么左子树就可以直接舍弃，答案一定在右子树上。

对于其子树，重复执行上述逻辑即可。

代码

```
01  class Solution:
02      def kthSmallest(self, root: TreeNode, k: int) -> int:
03          # 返回该节点及其所有子节点的个数
04          def countNodes(node) -> int:
05              if node == None:
06                  return 0
07              l = countNodes(node.left)
08              r = countNodes(node.right)
09              return l + r + 1
10
11          cnt = countNodes(root.left)
12          if cnt == k - 1:
13              return root.val
14          elif cnt > k - 1:
15              return self.kthSmallest(root.left, k)
16
17          return self.kthSmallest(root.right, k - cnt - 1)
```

复杂度分析

● 时间复杂度：最好的情况和中序遍历一样为 $O(n)$，但是最差的情况会退化到 $O(n^2)$，在最坏的情况下，二叉搜索树退化为链表，二分查找部分的时间复杂度为 $O(n)$，另外 countNodes 的时间复杂度平均也是 $O(n)$，因此总的时间复杂度为 $O(n^2)$，其中 n 为节点数。

● 空间复杂度：最好的情况和中序遍历一样为 $O(n)$，但是最差的情况会退化到

$O(n^2)$，其中 n 为节点数。

值得一提的是，我们可以先预处理计算出所有节点的子节点个数，将其存到哈希表中。这样之后每次调用 countNodes 就可以在 $O(1)$ 时间内获取任意节点子节点的总数了。经过这种优化，时间复杂度可以降低至 $O(n)$。这种解法并不比解法一更好，不过可以帮助我们开拓解题思路。

有序矩阵中第 k 小的元素

题目描述（第 378 题）

给定一个 $n \times n$ 的矩阵，其中每行和每列元素均按升序排序，找到矩阵中第 k 小的元素。请注意，它是排序后的第 k 小元素，而不是第 k 个元素。

示例

matrix = [

    [1, 5, 9],

    [10, 11, 13],

    [12, 13, 15]

],

k = 8,

返回 13。

说明：可以假设 k 的值永远是有效的，$1 \leqslant k \leqslant n^2$。

思路

这道题是在一个横向、纵向都升序的矩阵中查找第 k 小的元素。通常碰到这种题目描述，都可以使用二分法来解决。当然也可以采取堆的思路来完成，但是却没有利用题目的有效信息"横向、纵向均排序"，这种解法不在这里进行讲述，下面尝试使用二分法来解决。

1. 由于横向、纵向都是递增的，那么矩阵左上角一定是最小值 lo，矩阵右下角一定是最大值 hi。

2. 通过 lo 和 hi 求出中间值 mid，其中 mid = (lo + hi) // 2。

3. 和上面的题目一样，计算出小于 mid 的个数 cnt。

4. 如果 cnt 等于 $k-1$，说明 mid 就是我们要找的元素，直接返回即可。

5. 如果 cnt 小于 $k-1$，说明我们要找的元素在 mid 的右边，舍弃左边部分。

6. 如果 cnt 大于 $k-1$，说明我们要找的元素在 mid 的左边，舍弃右边部分。

上述的 3、4、5、6 步是不对的，原因在于 mid 可能不在矩阵中，因此对于 3、4、5、6 步我们需要做如下的调整。

3. 计算出不大于 mid 的个数 cnt。

4. 如果 cnt 小于 k，说明我们要找的元素在 mid 的右边，舍弃左边部分。

5. 否则说明我们要找的元素在 mid 的左边或就在 mid 上，舍弃右边部分。

这样就能保证我们要找的 lo 一定在矩阵中，直接返回 lo 即可。想想看，这是为什么？

不妨使用题目中给出的示例数据来看一下这个过程。

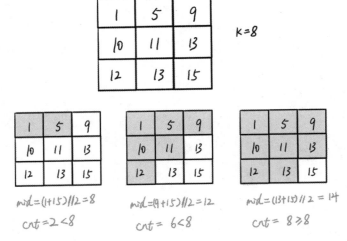

由于取中间值 mid 时采用的是向下取整，因此关于二分法的地方要如下这样写才不会陷入死循环。（注意 +1 的位置。）

```
01 if cnt < k:
02     lo = mid + 1
03 else:
04     hi = mid
```

代码

```
01  class Solution:
02      def kthSmallest(self, matrix: List[List[int]], k: int) -> int:
03          n = len(matrix)
04          lo = matrix[0][0]
05          hi = matrix[n - 1][n - 1]
06
07          def countNotGreater(target: int) -> int:
08              i, j = 0, n - 1
09              cnt = 0
10              while i < n and j >= 0:
11                  if matrix[i][j] <= target:
12                      cnt += j + 1
13                      i += 1
14                  else:
15                      j -= 1
16              return cnt
17
18          while lo < hi:
19              mid = (lo + hi) // 2
20              cnt = countNotGreater(mid)
21
22              if cnt < k:
23                  lo = mid + 1
24              else:
25                  hi = mid
26          return lo
```

复杂度分析

● 时间复杂度：外层循环的时间复杂度为 $O(\log(hi-lo))$，countNotGreater 的时间复杂度为 $O(n)$，因此总的时间复杂度为 $O(n\log(hi-lo))$，其中 n 为行数，hi 为矩阵最小值，lo 为矩阵最大值。

● 空间复杂度：空间复杂度取决于栈的深度，因此空间复杂度为 $O(\log m)$，其中 m 为矩阵中最大的元素。

乘法表中第 k 小的数

题目描述（第 668 题）

几乎每一个人都用过乘法表，但是你能在乘法表中快速找到第 k 小的数字吗？

给定高度为 m、宽度为 n 的一张 $m \times n$ 的乘法表，以及正整数 k，返回表中第 k 小的数字。

示例 1

输入：m = 3，n = 3，k = 5

输出：3

解释：

       乘法表：

          1 2 3

          2 4 6

          3 6 9

       第 5 小的数字是 3 (1, 2, 2, 3, 3)。

示例 2

输入：m = 2，n = 3，k = 6

输出：6

解释：

       乘法表：

          1 2 3

          2 4 6

       第 6 小的数字是 6 (1, 2, 2, 3, 4, 6)。

注意

m 和 n 的范围在 $[1, 30000]$ 之间，k 的范围在 $[1, mn]$ 之间。

思路

显然用大顶堆可以解决，时间复杂度为 $O(k\log(mn))$，但是这种算法没有利用题目中有序矩阵的特点，因此同样不是一种好算法。

我们仍然考虑二分法，和上面的思路类似。分别从第一个和最后一个数字向中间进行扫描，可以通过计算中间值在这个数组中排多少位，得到比中间值小或大的数字有多少个，然后与 k 进行比较，如果比 k 小，则说明中间值太小了，然后向后移动开始的位置，反之则向前移动最后的位置。

问题的关键点转化为如何计算不大于某一个数字的个数，拿 $m = 3$，$n = 3$ 来说。

$$1\ 2\ 3$$
$$4\ 5\ 6$$
$$7\ 8\ 9$$

由于是一个乘法表，因此单元格 (i, j) 的值是 ij，其中 i 是行，j 是列（都分别从 1 开始）。我们逐行计算不大于 mid 的数有多少个。

● 对于第 1 行，即 $i = 1$，最大可能值是 $v / 1$ 或 n。如果 $v/1$ 大于 n，那么其实第 1 行最大值应该是 n，而不可能是 $v / 1$。

● 对于第 2 行，即 $i = 2$，最大可能值是 $v / 2$ 或 n。如果 $v/2$ 大于 n，那么其实第 2 行最大值应该是 n，而不可能是 $v / 2$。

● 以此类推。

代码

```
01  class Solution:
02      def findKthNumber(self, m: int, n: int, k: int) -> int:
03          lo = 1
04          hi = m * n
05
06          def countNotGreater(mid: int, m: int, n: int) -> int:
07              cnt = 0
08              for i in range(1, m + 1):
09                  cnt += min(mid // i, n)
10              return cnt
11
12          while lo < hi:
13              mid = (lo + hi) // 2
14              if countNotGreater(mid, m, n) < k:
15                  lo = mid + 1
16              else:
17                  hi = mid
18          return lo
```

复杂度分析

● 时间复杂度：外层循环的时间复杂度为 $O(\log mn)$，countNotGreater 的时间复杂度为 $O(m)$，因此总的时间复杂度为 $O(m\log(mn))$，其中 m 为矩阵的行数，n 为矩阵的列数。

● 空间复杂度：$O(1)$。

小结

第 k 问题通常用 3 种方法来解决，它们分别是堆、二分法和找规律。对于前两种方法，我们对力扣（LeetCode）上的 5 道第 k 题目进行了对比，并使用堆和二分法来解决这种第 k 问题，以后读者如果碰到第 k 的题目，不妨尝试使用本节介绍的这两种方法。

总结

本章主要讲解了 3 类问题，分别是循环移位、编辑距离和第 k 问题。学完这三类问题，希望读者至少能够在碰到相同或相似问题时可以解答出来。如果你能够理解其中的思维过程，并能够在新题目类型中进行运用就更好了。

● 通过循环移位问题，我们了解到不同数据结构对于算法的实现还是有一定的差异性的，这也从侧面反映了数据结构和算法是缺一不可的。

● 编辑距离问题使用了多种方法求解，做到了**一题多解**，力扣（LeetCode）中的大多数题目都不只有一种解法，读者可以在平时的练习过程中尝试使用不同的方法解决同一道题。

● 通过第 k 问题，我们掌握了如何将相似的问题分类，发现共同点，然后总结解题框架，做到了**多题同解**。读者可以将此模式扩展到力扣（LeetCode）中的其他题目类型。

第 **20** 章

解题技巧和面试技巧

在知识水平相当的情况下，如何才能够更快、失误更少地给出算法？如果你要参加比赛，所用时间越短分数就会越高，错误提交越少分数也越高，因此缩短做题时间，减少错误提交是提高分数的有效手段。如果正在进行一场真实的面试，那么面试官很有可能会要求你一次通过。那么有没有什么技巧能够帮助我们更快、失误更少地解题呢？又或者如何将朴素的暴力法思路逐步优化成可通过的算法呢？这正是本章要讲解的内容，我们可以从以下几个方面入手。

● 　熟练各种解题模板，这是个非常重要的点，之前的章节中已经讲解过。

● 　识别问题的类型，从而快速从模板库中挑选出正确的模板。

● 　除此之外，还需要一些小技巧，比如预处理。

本章主要讲解后两点，让你能快速选定可行的算法或在空间和时间**复杂度**上更胜一等。

● 　第 20.1 节看限制条件和第 20.5 节猜测 Tag 帮助我们快速过滤和选定算法。

● 　第 20.2 节预处理帮助我们通过空间换时间的方式优化时间复杂度。

● 　第 20.3 节不要忽视暴力法帮助我们通过一些小的数据结构来优化一些无法通过的算法。

● 　第 20.4 节降维与状态压缩介绍了一种常见的空间优化技巧，这种技巧在动态规划和广度优先遍历等需要记录状态的算法中使用非常广泛。

20.1 看限制条件

限制条件非常重要，一定要看限制条件。很多时候限制条件也起到提示的作用。本节讨论的限制条件主要有以下几种情况。

20.1.1 数据规模

如果是刷力扣（LeetCode），那么题目中一般都会有数据的规模。如果你正在面试，那么搞清楚数据规模恐怕是搞清题意之后的首要事情了。有的题目数据规模比较小，那么暴力法就变得可行；如果暴力法不可行，那么再稍微加一个诸如缓存和剪枝的优化一般也可以通过；但是有的题目数据规模非常大，无法通过暴力法解决，那么就需要一些复杂度较低的算法来解决。那么数据规模多大的时候可以使用暴力法呢？实际上暴力法是一个很宽泛的概念，其复杂度理论上可以是任意的，因此我们的问题应该是什么样的数据规模应该采用什么复杂度的算法。如果知道了这个问题的答案，根据题目给定的数据规模，就大概锁定了能够选择的算法，甚至可以根据这个复杂度的提示来选定算法。

这里给出一个数据规模和可接受时间复杂度的对照表。

数据规模	算法可接受时间复杂度
≤ 10	$O(n!)$
≤ 20	$O(2^n)$
≤ 100	$O(n^4)$
≤ 500	$O(n^3)$
≤ 2500	$O(n^2)$
$\leq 10^6$	$O(n \times \log n)$
$\leq 10^7$	$O(n)$
$\leq 10^{14}$	$O(\sqrt{n})$
-	$O(\log n)$

这个表格列出了大致的范围，虽然并不精确，但仍有一定的指导意义。下面让我们通过两个题目来感受一下。

转化为全零矩阵的最少反转次数

题目描述（第 1284 题）

给你一个 $m \times n$ 的二进制矩阵 mat。每一步，你可以选择一个单元格并将它反转（反转指的是将 0 变 1，1 变 0）。如果存在与它相邻的单元格，那么这些相邻的单元格也会被反转（注：相邻的两个单元格共享同一条边）。

请你返回将矩阵 mat 转化为全零矩阵的最少反转次数，如果无法转化为全零矩阵，则返回-1。

二进制矩阵的每一个格子要么是 0，要么是 1。全零矩阵是所有格子都为 0 的矩阵。

示例 1：

$$\begin{bmatrix} 0 & 0 \\ 0 & 1 \end{bmatrix} \rightarrow \begin{bmatrix} 1 & 0 \\ 1 & 0 \end{bmatrix} \rightarrow \begin{bmatrix} 0 & 1 \\ 1 & 1 \end{bmatrix} \rightarrow \begin{bmatrix} 0 & 0 \\ 0 & 0 \end{bmatrix}$$

输入：mat = [[0,0]，[0,1]]

输出：3

解释：一个可能的解是反转 (1, 0)，然后 (0, 1)，最后是 (1, 1)。

示例 2

输入：mat = [[0]]

输出：0

解释：给出的矩阵是全零矩阵，所以你不需要改变它。

示例 3

输入：mat = [[1,1,1]，[1,0,1]，[0,0,0]]

输出：6

示例 4

输入：mat = [[1,0,0]，[1,0,0]]

输出：-1

解释：该矩阵无法转变成全零矩阵。

提示

- m == mat.length。

- n == mat[0].length。

- $1 \leqslant m \leqslant 3$。

- $1 \leqslant n \leqslant 3$。

- mat[i][j]是 0 或 1。

思路

这个很像小时候玩的游戏，只不过这里不一定非要使用特殊技巧，我们可以采取暴力法解决。弄清楚题意之后，第一件事就是看限制条件，对于这道题来说，我们比较关心的是 m 和 n 的范围。可以看出 m 和 n 的范围都是 [1, 3]。也就是说数据的最大规模是 $3 \times 3 = 9$，由于这个数据量非常的小，可以采用时间复杂度为 $O(2^n)$ 的暴力法解决。

一般来说，指数时间复杂度的算法在数据规模 20 以内都可以通过。

对于这种"最短距离"的题目，我们可以采用搜索算法中的 BFS 来实现。这里使用一个队列来存储将要被处理的状态。在搜索过程中，如果我们找到了想要的状态（本题中是矩阵全为 0），就结束搜索。同时我们需要一个 set 来存储已经访问过的状态，从而防止环的出现。

首先要定义问题的状态。一个自然而然的想法是使用矩阵来表示问题的状态，那么我们的目标状态就是一个全部为 0 的矩阵，初始状态自然是题目给出的矩阵 mat。状态转移也很好表示，直接将题目描述翻译成代码即可。还有一个问题就是需要将状态存储到 set 以避免环的出现，但是矩阵并不可以直接存储到 set 中。我们需要将矩阵转化成可以哈希表的形式，这里用字符串来表示。同时为了存储起来更为简单，我们对矩阵进行降维处理，将其降低到一维。

基于此，我们的目标状态就可以表示为 mn 个字符串 0。比如一个 2×3 的矩阵，目标状态就是"000000"，用代码表示就是'0' * (m * n)。相应地，我们的初始状态不再是 mat，而是".join(str(cell) for row in mat for cell in row)。每次加入所有邻居节点之后，steps + 1，直到出现了目标状态，返回 steps 即可，否则，则返回-1。

代码

这是一个非常标准的 BFS 模板，关于 BFS 模板读者可以参考第 5 章和第 18 章的内容。

```
01  class Solution:
02      def minFlips(self, mat: List[List[int]]) -> int:
03          # 放到 flip 函数外面可以减少计算
04          mapper = {"0": "1", "1": "0"}
05
06          def flip(state: List[str], i: int) -> None:
07              state[i] = mapper[state[i]]
08              if i % n != 0:
09                  state[i - 1] = mapper[state[i - 1]]
10              if i % n < n - 1:
11                  state[i + 1] = mapper[state[i + 1]]
12              if i >= n:
13                  state[i - n] = mapper[state[i - n]]
14              if i < (m - 1) * n:
15                  state[i + n] = mapper[state[i + n]]
16
17          m = len(mat)
18          n = len(mat[0])
19          target = "0" * (m * n)
20          cur = "".join(str(cell) for row in mat for cell in row)
21
22          queue = [cur]
23          visited = set()
24          steps = 0
25
26          while len(queue) > 0:
27              for _ in range(len(queue)):
28                  cur = queue.pop(0)
29                  if cur == target:
30                      return steps
31                  if cur in visited:
32                      continue
33
34                  visited.add(cur)
35                  for i in range(len(cur)):
36                      s = list(cur)
37                      flip(s, i)
38                      queue.append("".join(s))
39              steps += 1
40
41          return -1
```

复杂度分析

● 时间复杂度：由于状态共有 2^{mn} 个，因此总的时间复杂度为 $O(2^{mn})$，其中 m 为矩阵的行数，n 为矩阵的列数。

● 空间复杂度：由于需要存储所有遍历过的状态，因此总的空间复杂度为 $O(2^{mn})$，其中 m 为矩阵的行数，n 为矩阵的列数。

扩展

这个题目和第 773 题滑动谜题如出一辙，滑动谜题甚至规定了矩阵的大小为 2×3，感兴趣的读者可以使用这道题的思路套一下，很容易通过。有时如果题目数据规模不大，我们甚至可以进行数据预处理，从而达到更优的时间复杂度。关于数据预处理，我们会在 20.2 节进行介绍。

20.1.2 复杂度

除了数据规模，还有一个比较重要的信息是时间复杂度的限制。比如题目要求时间复杂度是对数复杂度，我们就很容易想到二分查找。又如题目要求常数的空间复杂度，我们很容易想到原地算法。

矩阵置零

题目描述（第 73 题）

给定一个 $m \times n$ 的矩阵，如果一个元素为 0，则将其所在行和列的所有元素都设为 0。请使用原地算法。

示例 1

输入：

[

  [1,1,1],

  [1,0,1],

  [1,1,1]

]

输出：

```
[
    [1,0,1],
    [0,0,0],
    [1,0,1]
]
```

示例 2

输入：

```
[
    [0,1,2,0],
    [3,4,5,2],
    [1,3,1,5]
]
```

输出：

```
[
    [0,0,0,0],
    [0,4,5,0],
    [0,3,1,0]
]
```

进阶

一个直接的解决方案是使用 $O(mn)$ 的额外空间，但这并不是一个好的解决方案。一个简单的改进方案是使用 $O(m+n)$ 的额外空间，但这仍然不是最好的解决方案。你能想出一个常数空间的解决方案吗？

思路

题目的进阶要求让你用常数的时间复杂度来解决。如果是在面试，很可能直接要求你用常数的空间复杂度来解决。看到这种限制条件，我们应该想到使用原地算法。

符合直觉的想法是，使用大小为 m 的数组和大小为 n 的数组分别表示原矩阵每一行及每一列是否应该全部为 0，先遍历一遍去构建这样的数组，然后根据这两个数组去修改 matrix 即可。

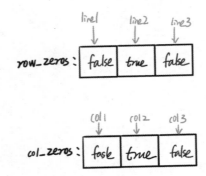

这样做的时间复杂度为 $O(mn)$，空间复杂度为 $O(m+n)$。那么 $O(1)$空间复杂度的算法该怎么实现呢？一种思路是使用第 1 行和第 1 列的数据来代替上述的 zeros 数组。这样就不必借助额外的存储空间，空间复杂度自然就是 $O(1)$了，这就是原地算法，因此我们需要记录"第 1 行和第 1 列是否全是 0"这样的一个数据，最后根据这个信息去修改第 1 行和第 1 列的数据。

具体步骤如下。

● 记录"第 1 行和第 1 列是否全是 0"这样的一个数据。

● 遍历除第 1 行和第 1 列之外的所有的数据，如果是 0，那就更新第 1 行第 1 列中对应的元素为 0。

你可以把第 1 行第 1 列的数据看成上面那种算法使用的 rowzeros 和 colzeros 数组。

● 根据第 1 行第 1 列的数据，更新 matrix。

● 最后根据最开始记录的"第 1 行和第 1 列是否全是 0"去更新第 1 行和第 1 列的数据即可。

代码

```
01 | class Solution:
02 |     def setZeroes(self, matrix: List[List[int]]) -> None:
03 |         """
04 |         Do not return anything, modify matrix in-place instead.
05 |         """
06 |
07 |         def setRowZeros(matrix: List[List[int]], i: int) -> None:
08 |             C = len(matrix[0])
09 |             matrix[i] = [0] * C
10 |
11 |         def setColZeros(matrix: List[List[int]], j: int) -> None:
12 |             R = len(matrix)
13 |             for i in range(R):
14 |                 matrix[i][j] = 0
15 |
16 |         isCol = False
17 |         R = len(matrix)
18 |         C = len(matrix[0])
19 |
20 |         for i in range(R):
21 |             if matrix[i][0] == 0:
22 |                 isCol = True
23 |             for j in range(1, C):
24 |                 if matrix[i][j] == 0:
25 |                     matrix[i][0] = 0
26 |                     matrix[0][j] = 0
27 |         for j in range(1, C):
28 |             if matrix[0][j] == 0:
29 |                 setColZeros(matrix, j)
30 |
31 |         for i in range(R):
32 |             if matrix[i][0] == 0:
33 |                 setRowZeros(matrix, i)
34 |
35 |         if isCol:
36 |             setColZeros(matrix, 0)
```

复杂度分析

● 时间复杂度：这里只遍历了一次矩阵——第 1 行及第 1 列的元素，因此总的时间复杂度为 $O(mn)$，其中 m 为矩阵的行数，n 为矩阵的列数。

● 空间复杂度：这里使用了原地算法，因此空间复杂度为 $O(1)$。

另一种方法是用一个特殊符号标记需要改变的结果，只要这个特殊标记不在题目数据范围内（0 和 1）即可，这里用 None。

```python
class Solution:
    def setZeroes(self, matrix: List[List[int]]) -> None:
        """
        # 这道题要解决的问题是必须有一个地方记录判断结果，但又不能影响下一步的判断条件
        # 直接改为 0 的话，会影响下一步的判断条件；因此，有一种思路是先改为 None
        # 最后再将 None 改为 0
        # 从条件上看，如果可以将第 1 行、第 2 行作为记录空间
        # 那么，用 None 应该也不算违背题目条件
        """
        rows = len(matrix)
        cols = len(matrix[0])
        # 遍历矩阵，用 None 记录要改的地方，注意，如果是 0，则要保留
        # 否则会影响下一步判断
        for r in range(rows):
            for c in range(cols):
                if matrix[r][c] is not None and matrix[r][c] == 0:
                    # 改值
                    for i in range(rows):
                        matrix[i][c] = None if matrix[i][c] != 0 else 0
                    for j in range(cols):
                        matrix[r][j] = None if matrix[r][j] != 0 else 0
        # 再次遍历，将 None 改为 0
        for r in range(rows):
            for c in range(cols):
                if matrix[r][c] is None:
                    matrix[r][c] = 0
```

时间和空间复杂度同上。

扩展

为什么选择第 1 行、第 1 列？选择其他行和列可以么，为什么？

除此之外，还有很多其他有用的提示信息，比如：

● 有序。

如果题目中出现了"有序"，我们应该联想到双指针、二分法等常见的有序序列算法。

● 连续子数组。

如果题目中出现了连续子数组或连续子串，我们应该联想到滑动窗口。

20.2　预处理

早期的计算工具，比如可以进行加/减/乘/除四则运算的步进计算器，由于其计算实在过于缓慢，算一个结果可能需要几个小时，甚至数天。所以在 20 世纪以前，大部分人会使用预先设计好的计算表。如果需要计算 12379³，我们不必计算，直接从计算表里查找即可，这个过程基本上可以在几分钟之内搞定。如果正在参与一场战争，需要使用计算机来计算炮弹的发射角度，毫无疑问，使用查表的方式更可行。这种表实际上就是射程表，射手可以根据当前的环境、距离等查找应该将大炮调整到什么角度。

上面的过程和本节要讲的预处理差不多。其思想也很简单，就是提前将计算结果存起来，在实际的计算中直接使用，从而节省计算资源。比如如果需要计算斐波那契数列，要求输出第 100 项的内容。我们可以自底向上计算，也就是从第 1 项一直计算到第 n 项。每次算法运行时，都是重复这个过程。假如不对算法进行优化的话，我们计算第 100 项要从第 1 项开始计算，计算第 200 项时，还要再从第 1 项开始计算一遍，这无疑增加了许多无谓的计算。对于这种问题，优化思路是可以事先计算好所有可能需要输出的项，比如题目限制 $n \leqslant 200$，那就把前 200 项的斐波那契数列都计算好，存在数组里，然后根据函数入参，输出对应的值就好了。

实际上，上面的这个过程就是打表，打表是一个信息学专用术语，通过打表可以获得一个常量表，从而优化时间复杂度。在某种题目没有最优解法时，这种算法也可以作为用来得到分数的一种策略。需要注意的是，虽然打表是空间换时间，但是其空间并不随着数据规模增大而增大，从空间复杂度上看，其空间复杂度是 $O(1)$，尽管这个常数项可能会比较大，但在很多情况下都是值得的。

20.2.1　顺次数

题目描述（第 1291 题）

我们将顺次数定义为每一位上的数字都比前一位的数字大 1 的整数。

请返回由 [low, high] 范围内所有顺次数组成的有序列表（从小到大排序）。

示例 1

输出：low = 100，high = 300

输出：[123,234]

示例 2

输出：low = 1000，high = 13000

输出：[1234,2345,3456,4567,5678,6789,12345]

提示

$10 \leqslant low \leqslant high \leqslant 10^9$。

常规解法

思路

实际上只需要用一个"123456789"字符串，我们要找到的顺序数一定是这个序列的子序列，那么问题就转化为求"123456789"的所有子序列，直接使用两层 for 循环暴力找出所有的子序列，然后根据题目所给的 low 和 high 过滤掉不符合条件的即可，时间复杂度是 $O(1)$。

有人会好奇为什么使用了双层循环，时间复杂度却是 $O(1)$。这是因为算法规模不随着 low 和 high 的变化而变化，实际上顺次数一共只有 36 个，具体如下。

- 长度为 2 的有 8 个。
- 长度为 3 的有 7 个。
- 长度为 4 的有 6 个。
- 长度为 5 的有 5 个。
- 长度为 6 的有 4 个。
- 长度为 7 的有 3 个。
- 长度为 8 的有 2 个。
- 长度为 9 的有 1 个。

因此这是一个 $O(1)$ 的算法。

代码

```
01  class Solution:
02      def sequentialDigits(self, low: int, high: int) -> List[int]:
03          numbers = "123456789"
04          ins = []
05          n = len(numbers)
06          for i in range(1, n):
07              for j in range(n - i):
08                  ins.append(int(numbers[j : i + j + 1]))
09          return [x for x in ins if x >= low and x <= high]
```

复杂度分析

● 时间复杂度：$O(1)$。
● 空间复杂度：$O(1)$。

二分法

思路

由于数组 ins 是有序的，因此可以使用二分查找确定左右边界，从而可以在对数的时间复杂度内解决。

代码

```
01  class Solution:
02      def sequentialDigits(self, low: int, high: int) -> List[int]:
03          numbers = "123456789"
04          ins = []
05          n = len(numbers)
06          for i in range(1, n):
07              for j in range(n - i):
08                  ins.append(int(numbers[j : i + j + 1]))
09          return ins[bisect.bisect_left(ins, low) :
                        bisect.bisect(ins, high)]
```

复杂度分析

● 时间复杂度：同样是 $O(1)$。虽然从复杂度上来看两个算法完全一样，但是这个算法要比上面的算法快一点。
● 空间复杂度：$O(1)$。

如果你不熟悉 bisect.bisect_left 和 bisect.bisect_left，下面有简单解释，如果你已经了解了，可以选择跳过。

● bisect.bisect_left(a,x, low=0, high=len(a))。

查找在有序列表 a 中插入 x 的 index。lo 和 hi 用于指定列表的区间，默认使用整个列表。如果 x 已经存在，在其左边插入。返回值为 index。注意这里并没有真实插入 x。

● bisect.bisect_right(a,x, low=0, high=len(a)) 和 bisect.bisect(a, x,low=0, high=len(a)) 功能一样。

这两个函数和 bisect_left 类似，但如果 x 已经存在，则在其右边插入。注意这里也并没有真实插入 x。

预处理

思路

上面使用了两层循环，在 $O(1)$ 的时间内计算出了 ins。由于数据规模并不大，我们甚至可以将其手写出来，以空间换时间。

代码

```
01  class Solution:
02      def sequentialDigits(self, low: int, high: int) -> List[int]:
03          ins = [
04              12,
05              23,
06              34,
07              45,
08              56,
09              67,
10              78,
11              89,
12              123,
13              234,
14              345,
15              456,
16              567,
17              678,
18              789,
19              1234,
```

```
20              2345,
21              3456,
22              4567,
23              5678,
24              6789,
25              12345,
26              23456,
27              34567,
28              45678,
29              56789,
30              123456,
31              234567,
32              345678,
33              456789,
34              1234567,
35              2345678,
36              3456789,
37              12345678,
38              23456789,
39              123456789,
40          ]
41          return ins[bisect.bisect_left(ins, low) : bisect.bisect(ins, high)]
```

但是由于这道题计算 ins 部分的时间复杂度本身就是 $O(1)$，因此这种优化实际上没有什么作用，反而由于每次函数指定都会初始化一个固定大小的数组（无论数据规模多小），内存开销会增大。这道题只是给读者介绍一下预处理的作用，只有当我们理解并掌握了这种预处理的方法，才能够想到并顺利地写出真正有用的预处理算法，下面将会提供一个真正有用的预处理例子。

20.2.2　单词接龙

题目描述（第 127 题）

给定两个单词（beginWord 和 endWord）和一个字典，找到从 beginWord 到 endWord 的最短转换序列的长度。转换需遵循如下规则。

每次转换只能改变一个字母；转换过程中的中间单词必须是字典中的单词。

说明

如果不存在这样的转换序列，则返回 0。所有单词具有相同的长度。所有单词只由小写字母组成。字典中不存在重复的单词。你可以假设 beginWord 和 endWord 是非空的，且二者不相同。

示例 1

输入：beginWord = "hit"，endWord = "cog"，wordList = ["hot","dot","dog","lot","log","cog"]

输出：5

解释：一个最短转换序列是 "hit" → "hot" → "dot" → "dog" → "cog"，返回它的长度 5。

示例 2

输入：beginWord = "hit"，endWord = "cog"，wordList = ["hot","dot","dog","lot","log"]

输出：0

解释：endWord "cog"不在字典中，所以无法进行转换。

暴力 BFS（超时）

思路

如果看过第 5 章的内容，我们很容易就发现这是一道典型的 BFS 题目，可以直接套用 BFS 模板来解决，有关 BFS 模板可以查看第 5 章和第 18 章的相关内容，这里不再赘述。

BFS 首先要做的就是定义状态及状态转移，如果是多维的状态，通常还需要进行数据压缩。其中状态有初始状态和最终状态。这道题的初始状态就是 beginWord，而最终状态就是 endWord。状态转移就如题目所说，对于两个单词，如果只有一个字母不一样，则可以完成状态转移。

明白了这些之后，下面来看一下代码。

```
01  from collections import defaultdict
02
03  class Solution:
04      def ladderLength(self, beginWord: str, endWord: str, wordList:
```

```
05                      List[str]) -> int:
06          queue = [beginWord]
07          visited = set()
08          steps = 1
09          L = len(beginWord)
10
11          while len(queue) > 0:
12              for _ in range(len(queue)):
13                  cur = queue.pop(0)
14                  if cur in visited:
15                      continue
16                  visited.add(cur)
17                  if cur == endWord:
18                      return steps
19                  # 这里尝试枚举所有可能的转换，并查看是否在 wordList 中
20                  # 如果在，则将其加入队列
21
22                  # 单词中的每一位都进行变换
23                  for i in range(L):
24                      # cur[i]依次变成 26 个小写字母中的每一个
25                      for j in range(26):
26                          s = list(cur)
27                          s[i] = chr(ord("a") + j)
28                          for word in wordList:
29                              if word == "".join(s):
30                                  queue.append(word)
31              steps += 1
32          return 0
```

复杂度分析

● 时间复杂度：$O(m^2 n)$。其中 m 是单词的长度，n 是单词表中单词的总数。找到所有的变换需要对每个单词做 m^2 次操作。同时，在最坏情况下广度优先遍历也要访问所有的单词。

● 空间复杂度：$O(m^2 n)$。visited 需要存储每个单词的访问状态，因此空间复杂度是 $O(m^2 n)$。

上述代码不出意外会超时，原因是判断状态转移的部分复杂度太高，接下来尝试进行优化。

预处理

思路

这里其实可以对数据进行一些处理，以减少后期的状态判断。我们使用一个不在题目范围内的字符，这里使用*来表示可以任意匹配一个字符。有了这个思路，我们可以对 wordList 进行一次预处理，每个处理结果都包含一个*，状态转移判断时，我们同样对当前的字符串进行一次加*处理。

以题目的 beginWord = "hit"，endWord = "cog"，wordList = ["hot","dot","dog","lot","log","cog"]来说，我们对 wordList 进行一次预处理，将 hot 预处理为 3 项，分别是*ot、h*t 和 ho*，dot、dog、lot、log、cog 执行同样的逻辑。之后会得到类似这样的一个数据结构。

```
{
    '*ot': ['hot', 'dot', 'lot'],
    'h*t': ['hot'],
    'ho*': ['hot'],
    'd*t': ['dot'],
    'do*': ['dot', 'dog'],
    '*og': ['dog', 'log'],
    'd*g': ['dog'],
    'l*t': ['lot'],
    'lo*': ['lot', 'log'],
    'l*g': ['log']
}
```

状态转移时，我们对当前状态执行同样的逻辑，比如当前状态是 hot，那么 hot 对应的有 3 种迁移状态 *ot、h*t 和 ho*。接着，通过上面构建的表查找相应的匹配项，发现它们分别是 ['hot', 'dot', 'lot']、['hot'] 和 ['hot']，去重之后就是 ['hot', 'dot', 'lot']。我们将这 3 个状态分别加入队列，同时转换次数+1，最终返回转换次数即可。如果队列的元素全部处理完还没有发现的话，则说明找不到这样的转换序列，按照题目要求需要返回 0。

```
from collections import defaultdict

class Solution:
    def ladderLength(self, beginWord: str, endWord: str,
wordList: List[str]) -> int:
        queue = [beginWord]
        visited = set()
        steps = 1
```

```
09    n = len(wordList)
10    L = len(beginWord)
11    wizards = defaultdict(list)
12    for i in range(n):
13        word = wordList[i]
14        for j in range(L):
15            wizards[word[:j] + "*" + word[j + 1 :]].append(word)
16
17    while len(queue) > 0:
18        for _ in range(len(queue)):
19            cur = queue.pop(0)
20            if cur in visited:
21                continue
22            visited.add(cur)
23            if cur == endWord:
24                return steps
25            for i in range(L):
26                for word in wizards.get(cur[:i] + "*" + cur[i + 1 :], []):
27                    queue.append(word)
28
29        steps += 1
30    return 0
```

复杂度分析

● 　时间复杂度：$O(mn)$。其中 m 是单词的长度，n 是单词表中单词的总数。找到所有的变换需要对每个单词做 m 次操作。同时，在最坏情况下广度优先遍历也要访问所有的单词。

● 　空间复杂度：$O(mn)$。visited 需要存储每个状态，这里的状态平均有 mn 个。

扩展

如果你能够顺利做出这道题，那么可以试一下第 126 题单词接龙 II。题目条件一样，只不过不再是返回最短转换序列的长度，而是最短转换序列本身。

20.3　不要忽视暴力法

在刷力扣（LeetCode）或参加面试时一定不要忽视暴力法，原因有以下几点。

● 暴力法可以给你提示，打开思路。

暴力法可以给你相对直观的思路，当想到用暴力法解决时，你应该思考暴力法的瓶颈在哪里。比如经典的爬楼梯问题，如果采用暴力法，我们发现中间会有很多重复的运算，这里可以考虑使用哈希表将全部计算存起来从而避免重复计算，得到可用的解。

● 暴力法可以通过剪枝、预处理等方法减少程序的运行时间，进而通过所有的测试用例。

上面说暴力法之所以有问题，一方面是因为它产生重复的计算；另一方面暴力法往往还会去执行一些根本不可能是结果的代码。

在这种情况下，上面的方案就变得不可行，我们可以通过剪枝来解决这个问题。剪枝在回溯法中应用得比较多。另一种可行的方法是数据预处理，这在 20.2 节已经做了详细的阐述，因此本节重点讲解剪枝，稍后我们通过一个具体的例子来感受一下。

20.3.1　统计全为 1 的正方形子矩阵

题目描述（第 1277 题）

给你一个 $m \times n$ 的矩阵，矩阵中的元素不是 0 就是 1，请你统计并返回其中完全由 1 组成的正方形子矩阵的个数。

示例 1

输入：matrix =

[

  [0,1,1,1],

  [1,1,1,1],

  [0,1,1,1]

]

输出：15

解释：

    边长为 1 的正方形有 10 个，

边长为 2 的正方形有 4 个，

边长为 3 的正方形有 1 个。

正方形的总数 = 10 + 4 + 1 = 15。

示例 2

输入：matrix =

[

　　[1,0,1],

　　[1,1,0],

　　[1,1,0]

]

输出：7

解释：

边长为 1 的正方形有 6 个，

边长为 2 的正方形有 1 个，

正方形的总数 = 6 + 1 = 7。

提示

- $1 \leqslant$ arr.length $\leqslant 300$。

- $1 \leqslant$ arr[0].length $\leqslant 300$。

- $0 \leqslant$ arri $\leqslant 1$。

思路

我们先从暴力法入手。符合直觉的思路是找出边长分别为 $1,2,3,\cdots,\min(m,n)$ 的正方形，然后全部相加即可。先不考虑代码怎么写，我们来分析一下这个算法。

以题目例子中的矩阵 matrix 为例。

[

　　[0,1,1,1],

　　[1,1,1,1],

　　[0,1,1,1]

]

当统计边长为 3 的正方形时，我们的思路是从一个顶点出发，不妨假设这个顶点是右下角。那么我们的思路就是从右下角不断向左上角扩展。

当再次统计边长为 2 的正方形时，实际上就有了重复计算。我们刚才统计边长为 3 的正方形时已经计算了很多边长为 1 和 2 的正方形。

因此优化这种重复计算是解决问题的关键所在。最直接的想法是使用哈希表存储中间过程，从而避免这种重复计算。实际上仔细想一下，根本不需要。这其中的关键点是如果以某一个点为顶点，比如右下角所可以构成的最大全 1 正方形的边长是 n，那么其一定同时可以构成边长为 $1,2,3,\cdots,n-1$ 的一个全 1 正方形。有了这个思路，我们不难得出：以某一个点为顶点，比如右下角所可以构成的最大全 1 正方形的个数就是其可以构成的最大全 1 正方形的边长，因此问题转化为求矩阵中以每一个点为顶点（比如右下角）所可以构成的最大全 1 正方形的边长之和。

之所以取右下角是因为代码写起来方便，读者可以尝试找别的点比较一下差别。

仔细观察会发现，相邻点所能构成的最大正方形是有关系的。假设我们想要求解以顶点 (i,j) 为右下角所能够构成的最大正方形边长。

● 如果 matrixi 为 0，那么很明显，以顶点 (i,j) 为右下角所能构成的最大正方形的边长为 0。

● 如果 matrixi 不等于 0（实际上就是 1）。以顶点 (i,j) 为右下角所能构成的最大正方形边长就是其相邻顶点 $(i-1,j)$、$(i,j-1)$ 和 $(i-1,j-1)$ 所能构成的最大矩阵中的最小值+1。用代码表示就是 min(dp[i - 1][j], dp[i][j - 1], dp[i - 1][j - 1]) + 1。

如下图所示。

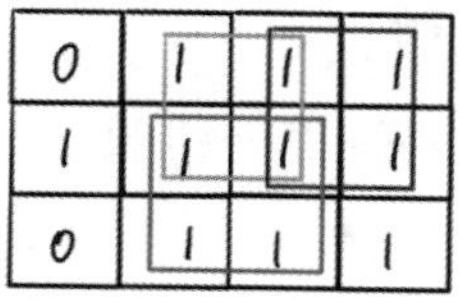

代码

```
01  class Solution:
02      def countSquares(self, matrix: List[List[int]]) -> int:
03          res = 0
04          m = len(matrix)
05          n = len(matrix[0])
06          dp = [[0] * (n + 1) for _ in range(m + 1)]
07          for i in range(1, m + 1):
08              for j in range(1, n + 1):
09                  if matrix[i - 1][j - 1] == 1:
10                      dp[i][j] = min(dp[i - 1][j], dp[i][j - 1],
                            dp[i - 1][j - 1]) + 1
11                      res += dp[i][j]
12          return res
```

复杂度分析

● 时间复杂度：这里使用了两层循环，因此时间复杂度为 $O(mn)$，其中 m 为矩阵行数，n 为矩阵列数。

● 空间复杂度：这里使用了 $m \times n$ 的 dp 矩阵，因此空间复杂度为 $O(mn)$，其中 m 为矩阵行数，n 为矩阵列数。

相关题目

第 221 题最大正方形与本题几乎一模一样，读者可以用这个解法试一下。

20.3.2　子串的最大出现次数

题目描述（第 1297 题）

给你一个字符串 s，请返回满足以下条件且出现次数最大的任意子串的出现次数：子串中不同字母的数目必须小于或等于 maxLetters。子串的长度必须大于或等于 minSize

且小于或等于 maxSize。

示例 1

输入：s = "aababcaab"，maxLetters = 2，minSize = 3，maxSize = 4

输出：2

解释：子串 "aab" 在原字符串中出现了 2 次。它满足所有的要求：2 个不同的字母，长度为 3（在 minSize 和 maxSize 范围内）。

示例 2

输入：s = "aaaa"，maxLetters = 1，minSize = 3，maxSize = 3

输出：2

解释：子串"aaa"在原字符串中出现了 2 次，且它们有重叠部分。

示例 3

输入：s = "aabcabcab"，maxLetters = 2，minSize = 2，maxSize = 3

输出：3

示例 4

输入：s = "abcde"，maxLetters = 2，minSize = 3，maxSize = 3

输出：0

提示

- $1 \leqslant s.length \leqslant 10^5$。

- $1 \leqslant maxLetters \leqslant 26$。

- $1 \leqslant minSize \leqslant maxSize \leqslant \min(26, s.length)$。

- s 只包含小写英文字母

暴力法（超时）

题目给的数据量不是很大，$1 \leqslant maxLetters \leqslant 26$，我们试一下暴力法。

思路

暴力法如下。

- 先找出满足长度大于或等于 minSize 且小于或等于 maxSize 的所有子串（平方阶的复杂度）。

- 对于满足"不同字母数小于或等于 maxLetters"的子串，统计其出现的次数。
- 最终返回最大的出现次数。

代码

```
01  class Solution:
02      def maxFreq(self, s: str, maxLetters: int, minSize: int,
                    maxSize: int) -> int:
03          counter, res = {}, 0
04          for i in range(0, len(s) - minSize + 1):
05              for length in range(minSize, maxSize + 1):
06                  if i + length > len(s):
07                      break
08                  sub = s[i : i + length]
09                  if len(set(sub)) <= maxLetters:
10                      counter[sub] = counter.get(sub, 0) + 1
11                      res = max(res, counter[sub])
12          return res
```

复杂度分析

- 时间复杂度：$O(n)$，计算 sub 需要 length 的时间，而 length 不大于 26，因此时间复杂度为 $O(26^2 n)$，其中 n 是字符串的长度。

- 空间复杂度：$O(n)$，在最坏的情况下，sub 各不相同，counter 最多存储 26^2 个记录，因此总的空间复杂度为 $O(26^2 n)$，其中 n 是字符串的长度。

上述代码会超时，下面利用剪枝来进行优化。

剪枝

思路

还是暴力法的思路，不过我们在此基础上进行一些优化。首先需要仔细阅读题目，如果你足够细心或足够有经验，可能会发现其实题目中 maxSize 没有任何用处，属于干扰信息。

也就是说没有必要统计长度大于或等于 minSize 且小于或等于 maxSize 的所有子串，只需统计长度为 minSize 的所有子串即可。原因是如果一个大于 minSize 长度的子串满足条件，那么该子串中必定有至少一个长度为 minSize 的子串满足条件，因此一个大于 minSize 长度的子串出现了 n 次，那么该子串中必定有一个长度为 minSize 的子串出现了

n 次。基于此，我们完全没有必要统计长度大于 minSize 的子串，只需要统计长度为
minSize 的子串即可，这就是剪枝。

代码

```
01 class Solution:
02     def maxFreq(self, s: str, maxLetters: int, minSize: int, maxSize:
                    int) -> int:
03         counter, res = {}, 0
04         for i in range(0, len(s) - minSize + 1):
05             sub = s[i : i + minSize]
06             if len(set(sub)) <= maxLetters:
07                 counter[sub] = counter.get(sub, 0) + 1
08                 res = max(res, counter[sub])
09         return res
```

复杂度分析

- 时间复杂度：$O(26n)$，即 $O(n)$，其中 n 是字符串的长度。

- 空间复杂度：$O(26n)$，即 $O(n)$，其中 n 是字符串的长度。

另外本题还可以使用滚动哈希算法进行优化，时间和空间复杂度可以降低至 $O(n)$，
感兴趣的读者可以研究一下。

20.4 降维与状态压缩

状态压缩同样是一个很常见的算法，比如《编程之美》1.2 节的中国象棋将帅问题，
再如 "如何将 IP 地址用 4 个字节来表示" 等。在实际做题的过程中，很多时候并不
会直接要求你进行状态压缩。更多的情况是**若不进行状态压缩，则很可能发生内存溢出**。
为了减少内存占用，避免内存溢出，我们不得不使用状态压缩的技巧。

举个例子来说明一下。假如我们需要判断一个字符串中的字符是否全部唯一。简单
起见，假设字符串仅包含小写英文字母。

一个简单的思路是进行一次遍历并用集合记录出现过的字母。如果加入集合前发现
集合中已经存在了当前的字母则直接返回 False。核心代码如下。

```
01 seen = set()
02 for c in s:
03     if c not in seen: seen.add(c)
```

```
04      else: return False
05 return True
```

由于字符串只包含小写字母，因此也可以使用一个长度为 26 的数组来统计每个字母出现的次数，如果某个字母出现次数大于 1 则直接返回 False，但是这种做法并没有在空间上带来优化。下面我们使用状态压缩技巧来进行优化。

仔细考虑上面的数组思路会发现，我们只关心**某一个字母出现次数是否大于 1**，因此如果某个字母出现次数等于 1，并且又出现了一个同样的字母，直接返回 False 即可。也就是说，这里的数组的值只需要用一个二进制位保存即可，即 0 和 1。**对于这种二值性的存储问题，都可以用位运算来压缩存储状态。**只不过有些题目没有必要使用压缩也可以通过，有些题目则必须使用压缩。如果题目中的数据范围在 32 以内，需要存储的状态很多且具有二值性，那就可以考虑使用状态压缩。

由于只有 26 个字母，因此使用一个 int（32 位）存储是足够的，这也是前面提到的数据范围在 32 以内的原因之一。只不过这里的 26 并不是题目显性给出的，而是一个需要大家自己发掘的条件。

关于上面使用集合的那个算法，我们使用了集合的两个操作，分别是**将元素添加到集合中**和**判断元素是否存在于集合中**。

这里使用位运算来实现这两个操作，用 int 来代替集合即可。

具体来说，我们使用 int 中的 26 位存储 26 个字母的出现次数，0 表示出现 0 次，1 表示出现 1 次。初始化为 0，这时表示所有的字母都出现 0 次。

```
01 # 初始化为 0
02 seen = 0
```

接下来定义一种简单的映射，将字母 a 映射到 int 的最后一位，字母 b 映射到 int 的倒数第 2 位，以此类推。这样我们就可以用简单地位运算对所有的字母进行计数了。

比如对于变量 c，它应该用 int 的第几位（从低到高）表示呢？我们可以用 ord(c) - ord('a')计算出来。假如变量 c 的值是字母 b，那么就可以通过 ord（'b'）- ord（'a'）计算出来，也就是 1，我们就可以用 int 的第 2 位（从低到高）存储字母 b 的出现次数。

ord 函数会返回参数字符对应的 ASCII 数值。

有了上面的知识，我们就可以使用异或运算进行计数了。这对应上面提到的两种操作中的**将元素添加到集合中**。

```
01 # c 为当前遍历到的字母
02 seen |= 1 << ord(c) - ord('a')
```

关于位运算的基本操作，在前面的位运算的内容中已经讲述过了，这里不再赘述。

另外一个操作是**判断元素是否在集合中存在**，使用与运算即可完成，代码如下。

```
01 if seen & 1 << ord(c) - ord('a') != 0: return False
```

这种解法和使用数组的思路没有什么大的不同，**不同的只是具体的操作而已**。读者可以将使用位运算的代码和使用集合的代码比较一下，感受一下这种差异和相似性。完整的代码如下。

```
01 class Solution:
02     def isUnique(self, s: str) -> bool:
03         # 相当于 set
04         seen = 0
05         for c in s:
06             # 相当于判断 c 是否在 set 中
07             if seen & 1 << ord(c) - ord('a') != 0: return False
08             # 相当于将 c 加入 set
09             seen |= 1 << ord(c) - ord('a')
10         return True
```

降维和状态压缩类似，降维指的是将高维的数据转化为低维的数据。比如将一个二维数组转化为一维的字符串，这种技巧在 BFS 中用的比较多。在 BFS 中，我们首先要明确的是开始状态和结束状态，而如果这个状态是一个二维数组，在通常情况下都需要对其进行降维处理，甚至降维之后还要再使用上面提到的状态压缩技巧。如果足够细心，应该会发现这种题目的数据范围都是一个较小的项，通常在 32 以下，这就提示我们可以对这个较小项进行降维和状态压缩。

下面结合一道经典的题目——生命游戏进行分析，这道题已经在第 4 章讲过了，这里尝试使用状态压缩来解决。

生命游戏

题目描述（第 289 题）

生命游戏，简称为生命，是英国数学家约翰·何顿·康威在 1970 年发明的细胞自动机。

给定一个包含 mn 个格子的面板，每一个格子都可以被看作一个细胞。每个细胞具有一个初始状态 live(1)，即为活细胞，或 dead(0)，即为死细胞。每个细胞与其 8 个相邻位置（水平、垂直、对角线）的细胞都遵循以下生存定律。

- 如果活细胞周围 8 个位置的活细胞数少于 2 个，则该位置活细胞死亡。
- 如果活细胞周围 8 个位置有 2 个或 3 个活细胞，则该位置活细胞仍然存活。
- 如果活细胞周围 8 个位置有超过 3 个活细胞，则该位置活细胞死亡。
- 如果死细胞周围正好有 3 个活细胞，则该位置死细胞复活。

根据当前状态，写一个函数来计算面板上细胞的下一个（一次更新后的）状态。下一个状态是将上述规则同时应用于当前状态下的每个细胞所形成的，其中细胞的出生和死亡是同时发生的。

示例

输入：

```
[
    [0,1,0],
    [0,0,1],
    [1,1,1],
    [0,0,0]
]
```

输出：

```
[
    [0,0,0],
    [1,0,1],
    [0,1,1],
    [0,1,0]
]
```

进阶

你可以使用原地算法解决本题吗？请注意，面板上所有格子需要同时被更新：你不能先更新某些格子，然后使用它们更新后的值再更新其他格子。本题中，我们使用二维数组来表示面板。原则上，面板是无限的，但当活细胞侵占了面板边界时会造成问题。你将如何解决这些问题？

常规方法

思路

常规方法是深拷贝原矩阵，然后用复制的矩阵根据规则来更新细胞状态。

代码

```python
01  import copy
02
03  class Solution:
04      def gameOfLife(self, board: List[List[int]]) -> None:
05          m = len(board)
06          n = len(board[0])
07          if m <= 0 or n <= 0:
08              return []
09          old = copy.deepcopy(board)
10
11          def cntLiveCell(i: int, j: int) -> int:
12              cnt = 0
13              directions = [
14                  (0, 1),
15                  (0, -1),
16                  (-1, 0),
17                  (1, 0),
18                  (1, 1),
19                  (1, -1),
20                  (-1, 1),
21                  (-1, -1),
22              ]
23              for (dx, dy) in directions:
24                  if i + dx >= 0 and i + dx < m and j + dy >= 0 and j + dy < n:
25                      cnt += old[i + dx][j + dy]
26
27              return cnt
28
29          for i in range(m):
30              for j in range(n):
31                  # 8个方向有几个活细胞
32                  cnt = cntLiveCell(i, j)
33                  if old[i][j] == 0 and cnt == 3:
```

```
34              board[i][j] = 1
35          if old[i][j] == 1 and (cnt > 3 or cnt < 2):
36              board[i][j] = 0
```

复杂度分析

● 时间复杂度：这里进行了两次循环，因此时间复杂度为 $O(mn)$，其中 m 为矩阵的行数，n 为矩阵的列数。

● 空间复杂度：这里完整地复制了一次原矩阵，因此空间复杂度为 $O(mn)$，其中 m 为矩阵的行数，n 为矩阵的列数。

$O(1)$ 空间复杂度

思路

题目的进阶是使用 $O(1)$ 的复杂度来完成的，但是细胞之间的状态是互相关联的，一个细胞的状态取决于周围 8 个细胞的状态。我们注意到题目的信息，board 中的数字只能是 0 或 1，因此可以从这个信息入手。一个常用的方法是位运算，为什么从位的角度思考是可行的呢？这是因为刚才提到的 board 中的数字只能是 0 或 1（对应前面提到的二值性）。假如 board 中的数字范围很大，比如占据了 int 所占的字节，那就需要考虑溢出了。

回到题目，由于 board 中的数字只能是 0 或 1，我们考虑用一个 bit 来存储这个信息。然后将这个细胞周围有多少活细胞这个信息存储到高位（即从第 2 位开始）。

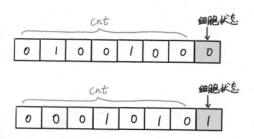

先对数据进行预处理，之后进行一次遍历，将之前存储的数据取出来，最后一位表示之前的细胞状态，剩下的位表示周围的活细胞个数。计数逻辑，以及这之后的逻辑就和上面的解法一样了。

代码

```
01  import copy
02
03  class Solution:
04      def gameOfLife(self, board: List[List[int]]) -> None:
05          m = len(board)
06          n = len(board[0])
07          if m <= 0 or n <= 0:
08              return []
09
10          def cntLiveCell(i: int, j: int) -> int:
11              cnt = 0
12              directions = [
13                  (0, 1),
14                  (0, -1),
15                  (-1, 0),
16                  (1, 0),
17                  (1, 1),
18                  (1, -1),
19                  (-1, 1),
20                  (-1, -1),
21              ]
22              for (dx, dy) in directions:
23                  if i + dx >= 0 and i + dx < m and j + dy >= 0 and j + dy < n:
24                      cnt += board[i + dx][j + dy] & 1
25              return cnt
26
27          for i in range(m):
28              for j in range(n):
29                  # 8 个方向有几个活细胞
30                  cnt = cntLiveCell(i, j)
31                  board[i][j] |= cnt << 1
32          for i in range(m):
33              for j in range(n):
34                  # 变化之前当前格子的值
35                  cell = board[i][j] & 1
36                  cnt = board[i][j] >> 1
37                  if cell == 0 and cnt == 3:
38                      board[i][j] = 1
39                  elif cell == 1 and (cnt > 3 or cnt < 2):
40                      board[i][j] = 0
41                  else:
42                      board[i][j] = cell
```

复杂度分析

● 时间复杂度：这里进行了两次循环，因此时间复杂度为 $O(mn)$，其中 m 为矩阵的行数，n 为矩阵的列数。

● 空间复杂度：这里使用了原地算法，因此空间复杂度为 $O(1)$。

其实由于每一个细胞的状态只由周围的细胞决定，并不是由整个 board 的细胞决定，因此使用固定空间来存储也是可行的，感兴趣的读者可以尝试一下。

力扣（LeetCode）第 957 题 n 天后的牢房，与本题非常像，是这道题的简化版本，约束条件更少，并且是一个一维数组，读者可以用来练手。

20.5 猜测tag

本书作者序中讲到初学者可以按照 tag 刷题，原因就是 tag 相同的算法很类似，可以起到加强训练的作用。那么反过来，假如你看到一道题，可以猜测到这道题对应的 tag，是不是说就可以将算法范围进一步缩小了呢？本节就来介绍一下如何根据题目信息来猜测其 tag。

题目信息中会有很多关键词，这些关键词对于猜测 tag 至关重要。比如题目中出现连续子串、连续子数组，那么就可能使用滑动窗口。如果题目中出现有序，就有可能使用双指针。

除此之外，复杂度也是一个很好的提示。$O(1)$ 空间复杂度意味着可能要使用原地算法，就有可能需要进行数据压缩。如果时间复杂度要求 $O(logn)$ 就有可能需要二分法。

比如题目要求最小距离、最小次数。那么就有可能需要使用 BFS 来解决。题目中提到树，并且数据规模不大，可以通过递归来解决。再比如让你求出所有的组合，那么就很有可能使用回溯法，但是一定要注意数据规模，并进行必要的剪枝处理，不然容易超时。

再比如，题目中包含以下信息：

● 比当前元素更大的下一个元素；

● 比当前元素更大的前一个元素；

● 比当前元素更小的下一个元素；

● 比当前元素更小的前一个元素。

这就告诉我们很可能可以使用单调栈来解决。比如第 42 题接雨水，第 84 题柱状图中最大的矩形，第 496 题下一个更大的元素 I，第 503 题下一个更大的元素 II，第 739 题每日温度，第 901 题股票的价格跨度等。

同时读者也可以自己总结一些特征，比如第 19 章的第 k 问题，将来碰到这种关键词的话，可以快速从大脑中进行检索。随着经验和知识越来越多，你的总结也会越来越多，从大脑中提取信息的速度会越来越快，从而达到融会贯通，举一反三的境界。类似这样的例子还有很多，读者可以在刷题的过程中进行总结。同时结合解题模板，快速、"少 Bug"地完成算法。

总结

本章介绍了几个非常重要且实用的小技巧，具体如下。

● 看限制条件。其中主要包括数据规模和复杂度限制。题目给定的限制条件一方面是限制，另一方面也是提示。我们可以根据其限制条件得到一些信息，包括但不限于可以采用的大致算法、哪些算法是不行的。有了这样的敏感度，我们也许能够快速锁定可用的算法。

● 数据预处理。数据预处理是一种空间换时间的策略，其思想也很简单，就是提前将计算结果存起来，方便在之后的计算过程中直接使用。

● 不要忽视暴力法。暴力法在很多情况下能够获得意想不到的结果，就算暴力法不适用也没有关系，至少能够给我们提供一些解题思路。如果你正在参加一场面试，那么暴力法不失为一个好的兜底策略，可以帮你缓解压力。另外，很多时候，暴力法可以通过合理地剪枝，达到很好的效率。

● 降维与状态压缩。状态压缩可以起到减少空间消耗的作用，有些题目也会明确要求使用原地算法，因此状态压缩不失为一种好的做法。在做 BFS 题目时，通常需要用到状态，以判断什么时候可以终止搜索。而状态有时可能是二维的，将二维的数据转化为一维的数据，从而简单地进行对比，这就需要用到降维的技巧了，实际上本章的第 1284 题转化为全零矩阵的最少反转次数就用到了这种技巧。

● 猜测 tag。我们知道相同类型的题目有着非常类似的思路和解法，因此推荐新手按照 tag 进行练习，这能够帮助你更好地掌握刷题的节奏。如果对于一道全新的题目，你能够知道其 tag，那说明你已经可以大致锁定其思路和解法，这无疑是一项很重要的能力。而做到精准地猜测 tag，除需要不断积累经验之外，还需要一点技巧，比如本书提到的通过关键字来猜测。